心清一碗茶

皇帝品茶

向斯　著

故 宫 出 版 社

前言

一

夏天，北京很闷热，十里长街上鲜有一丝凉风。太阳像火球一样高悬着，虚空之中，仿佛有一团烈焰在不停地燃烧。大暑之后，京城更是烈日炎炎，热浪滚滚。天地之间，似乎只有耀眼日光下的闷热，看山不是山，看水不是水，人好像重新回到了混沌一片的原生时代。在这样炎热的日子里，走进皇宫，行走在连绵起伏的宫殿楼阁之间，踩着澄浆砖铺砌的甬道，在杨柳依依的金水河边漫步，那实在是一种享受。似乎只有这样，一颗被炎热鼓动的心才能慢慢地平静下来。

凉风吹拂，送来北海荷花的阵阵清香。坐在静寂的宫院之中，品着略带栗香的清茶，在一片草色烟光之中，看夕阳西下，一时不知身在何处，今夕何夕。一曲悠扬的古笙不知从何处飘来，仿佛天籁之音。不知不觉间，随手写下了一首《浣溪沙》：

> 天长日下十里荷，天朝何处最花多，玉液池畔夕阳和。
>
> 天恋春光人寂寞，光阴须得茶消磨，且来风里听笙歌。

其实，繁华都市或者穷乡僻野，天恋春光是真的，人心寂寞也是真的，光阴需得茶消磨则未必。因为，光阴荏苒，无论你做什么，都是日月如梭，不一定非得要茶来消磨。事实上，中国人喝茶，并不是消磨光阴，而是一种情趣，一种品位，一种味道，一种与众不同的韵味。一个字，就是品。当品茶品出了一套程序，当品茶品到一定境界的时候，就是茶艺和茶道了。这些带有文化意味的活动，就是茶文化。

品茶不仅仅是消磨时光，更是一种享受的过程。何为茶文化？沸水冲瓯，叶片翻滚，茶杯中有一茎竖立，人称茶仙。点茶、品茶以及赏茶的过程和活动，就是茶文化。按照民间的说法，茶仙出，主有贵客将至。清代大才子俞樾写《一枝春·嫩展旗枪》，将点茶、赏茶、品茶描写得淋漓尽致：

　　嫩展旗枪，有灵根，袅袅亭亭斜倚。伶仃乍见，便是藐姑仙子。纤腰倦舞，又罗袜，踏波而起。休误认，杯内灵蛇，负了雨前清味。天然一茎摇曳，爱云花雾叶，青葱如此。擎瓯细品，漫拟苦心莲蕊。灵机偶动，又添得，喜花凝聚。应卜取，佳客连翩，桂舟共舣！

　　事实上，古人最初喝茶，并不是品茶，而是将茶叶煎煮了，当药一样地饮。《诗经》之中的《谷风》是透彻的人生写真，描写的是一个痴情女人，作者是以女人的哀怨来诉说男人的无情。最后，女人感叹说，比起我心伤悲来，茶哪能算得上苦啊，简直就是甘甜如荠！原来，茶成为苦的代称了。古时候，人们称茶为荼。《谷风》诗云："行道迟迟，中心有违。不远伊迩，薄送我畿。谁谓荼苦？其甘如荠！宴尔新婚，如兄如弟！"

　　有趣的是，中国人早期的茶，不是冲泡，而是煎煮。据说，较早的茶，分为两类，一是饮汁茶，一是清汤茶。关于这两类茶的特点和区别，古书语焉不详，并没有讲得十分清楚，可能前者较浓，后者较清淡些。大约在三国吴时，就流行饮汁茶。这可能是中国最早的煎煮茶，古人称为茗茶。将茶煎煮，熬成汤，较为稀薄些，就是清汤茶了。后来，生活水平提高，讲究生活品位的人，开始对这种熬汤煮菜的清汤茶不满了。熬汤之后，就加上不同的调料，加盐，加姜，加花椒，茶汤如同中药，虽然不大清雅，但也胜过淡而无味了。

　　直到这时，人们只知道，茶不过是像菜和药一样，是煮着、熬着喝的。人们并不知道，茶不仅仅是喝以解渴，茶还是可以品的。所以，茶圣陆羽嘲笑早期人们的喝茶，就是喝煮烂的下沟水。当饮茶成为人们休闲生活的一种方式时，人们才开始知道什么是品茶了。

生活富裕、讲究生活品位的人喜欢饮茶，他们在疏星明月之下，书窗残雪之前，沐风赏景，品茶赋诗。淡月，残雪，醉人的茶香沁人肺腑，那感觉真是飘飘欲仙。有趣的是，在一些文人的眼中，品茶这种幽趣，只可在心里品味，不可与俗人道也。唐代大诗人白居易喜欢茶，一天饮起码两碗。他说，只要喝了茶，就没有什么愿望了："暖床斜卧日熏腰，一觉闲眠百病销。尽日一餐茶两碗，更无所要到明朝。"（《全唐诗·白居易》）大唐时代，人文灿烂，才子辈出，特别可喜的是，出了一位讲究生活品位的圣人，他就是精通茶事的学者陆羽。陆羽研究茶事数十年，足迹遍布大江南北，写出了一部划时代的杰作，就是《茶经》。可以说，从这部巨著问世之后，茶才真正被人们认识，才正式进入人们的生活，才名正言顺地登堂入室，进入官宦贵族和文人雅士的生活圈，进入皇帝生活的皇宫。

茶，分品茶和品茗，茶和茗是有所不同的，南人和北人在饮茶习惯上也有所不同。大约在唐玄宗时，泰山灵岩寺僧人学禅，开始饮茶。人们争相仿效，煮饮品茗，遂成风俗。从齐鲁到江南，从江浙到京城，茶肆林立，品茶蔚然成风。唐代学者封演说："茶，早采者为茶，晚采者为茗。《本草》云：'止渴，令人不眠。'南人好饮之，北人初不多饮。"茶分早茶、晚茶，早茶是指春茶，晚茶就是秋茶。这里的早与晚，可能是指凌晨采摘为茶，下午采摘为茗。

唐代大诗人卢仝，济源人氏，自号玉川子，人称丹丘子。年轻的时候，卢仝就性情孤僻，隐居少室山中，博览群书。他不愿做官，洁身自爱，自称：上不事天子，下不识王侯。才华横溢和隐居深山，让他声名远播。皇帝特旨授予他谏议大夫，朝廷派遣专人备齐礼品，宣读皇帝诏书。可是，他充耳不闻，不奉诏，不受礼。他一生孤傲，只是好茶，而且嗜茶成癖，后人尊他为茶中亚圣。他深得品茶三昧，喜欢品尝好茶。他的朋友谏议大夫孟简知道他之所爱，特地赠送新春团茶让他品尝。细品新茶之后，他即兴写下了一首闻名遐迩的咏茶七言诗，这就是传诵千年的杰作《走笔谢孟谏议寄新茶》，世称《饮茶歌》、《七碗茶歌》：

日高丈五睡正浓，军将打门惊周公。

口云谏议送书信，白绢斜封三道印。

开缄宛见谏议面，手阅月团三百片。

闻道新年入山里，蛰虫惊动春风起。

天子须尝阳羡茶，百草不敢先开花。

仁风暗结珠蓓蕾，先春抽出黄金芽。

摘鲜焙芳旋封裹，至精至好且不奢。

至尊之余合王公，何事便到山人家？

柴门反关无俗客，纱帽笼头自煎吃。

碧云引风吹不断，白花浮光凝碗面。

一碗喉吻润。

二碗破孤闷。

三碗搜枯肠，唯有文字五千卷。

四碗发轻汗，平生不平事，尽向毛孔散。

五碗肌骨清。

六碗通仙灵。

七碗吃不得也，唯觉两腋习习清风生。

二

早期的茶都是烹茶、煮茶，直到唐宋之时，才开始发生改变。大约从宋代开始，饮茶从烹茶、煮茶变成冲泡式的冲茶。这样，饮茶更加方便简洁，不同品质的茶和茶具开始进入千家万户。当然，精选茶叶，赏茶和品茶作为一种生活时尚，享受最顶级的美茶，皇帝当仁不让。皇帝将各地发现的最好茶叶，确定为各地进献的贡品。宋人饮茶，以团茶、草茶为主。进贡宫廷的是龙凤团茶，品质卓越，茶味香浓，制作十分精细。宋太宗喜爱喝茶，即皇帝位后，就钦派贡茶使到北苑督造皇帝御用的贡茶，并且别出心裁，特地颁赐龙凤图案模型，制作皇室专用的龙凤团茶。大臣丁谓、蔡襄等人都做过皇帝钦定的贡茶使，文化名流苏轼、欧阳修、梅尧臣、郭祥正、秦观等人都有吟咏贡茶的诗、文、词作

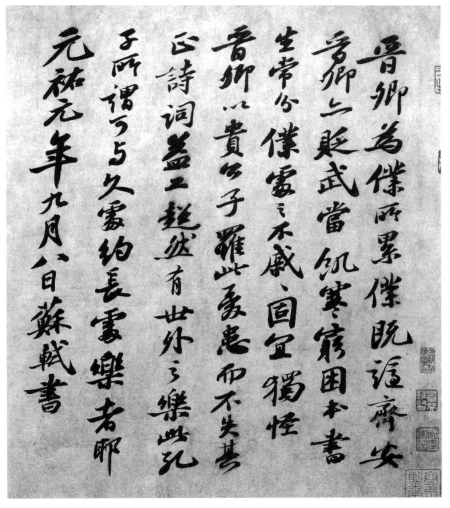

宋·苏轼《题王诜诗帖》

传世。

苏轼一生嗜茶，对于种茶、煎茶、品茶，有着独特的见解。苏轼喜品新茶，风流才子，爱茶如命，将佳茗比作佳人：

> 仙山灵草湿行云，洗遍香肌粉未匀。明月来投玉川子，清风吹破武林春。要知冰雪心肠好，不是膏油首面新。戏作小诗君一笑，从来佳茗似佳人。

这首诗的意思是说，福建壑源如同仙山一样，这里出产的茶叶定为贡茶，天生丽质，清香宜人。这种明月龙团茶，就是茶仙卢仝所描述的仙灵好茶。品了这明月龙团，感觉两腋清风，好像古城杭州的春天真的来了！要知道龙团贡茶的冰雪品质，就要仔细品味鲜茶，不是看她油头粉面的茶饼。我写这首小诗，博你一笑。不过，自古以来，上品好茶就像上品佳人一样，是天生丽质啊！

苏轼爱茶，留下了大量的诗作吟茶、咏茶、赞茶，包括《雪诗》、《试院煎茶》、《汲江煎茶》、《和蒋夔寄茶》等。当然，人们津津乐道的，更多的是苏轼的词作，真是佳句纷呈，主要是三首：《玉兔茶》、《木兰花》、《行香子》。《行香子》很清雅，写的是一种品尝香饼贡茶的感觉：

> 绮席才终，欢意犹浓。酒阑时，高兴无穷。共夸君赐，初拆臣封。看分香饼，黄金缕，密云龙。斗赢一水，功敌千钟。觉凉生，两腋清风。暂留红袖，少却纱笼。放笙歌散，庭馆静，略从容！

宋人喝茶，最大的特点是点茶法。唐人喝茶，是将茶末直接放入茶铛之中，煮茶品尝。宋人的点茶法，关键是在点，点的意思是滴注。汤，是沸水。点茶前，将茶饼碾成末，方法是：把团茶拿出来，用绢或者纸包裹密实，持钤烘焙，称为炙茶。然后，用槌捶碎。包裹团茶的东

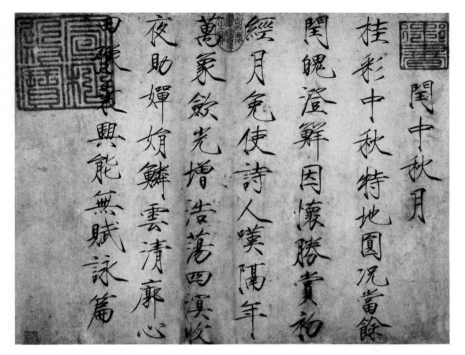

宋·赵佶楷书《闰中秋月诗帖》

西通常是黑色的，而茶末本身看上去是白色的，所以，诗人陈渊在《留龙居士试建茶既去辄分送并公布之》一诗中描述："末下铃槌黑如漆，已入筛罗白如雪。"从史料上看，宋代贡茶团茶，以白色为最贵。宋人将茶末放入茶盏之中，用茶瓶注汤点啜，称为点茶。

不过，宋代最懂得品茶的人，不是苏东坡，而是宋徽宗。他是宋神宗的儿子，哲宗的弟弟，十八岁即皇帝位，在位二十五年。他喜爱喝茶，大约在二十五岁时，他写了一本研究茶的专著《大观茶论》。这本书，是宋徽宗对大观年间茶事的概述和总结，尤其对大观时期的贡茶进行了深入的研究和比较。应该说，这部著作是品评宋代贡茶的经典之作。《大观茶论》共二十篇，两千八百余字，内容包括产茶、采茶、制茶、品茶、藏茶、品茗，等等。宋徽宗不仅是品茶方面的高手，还是一位精通茶艺的行家。他在赐宴群臣时，经常赐茶，还亲自煎茶、煮茶，展示茶艺。宰相蔡京写《延福宫曲宴记》，记载了宋徽宗的茶艺："宣和二年十二月癸巳，召宰执、亲王设曲宴于延福宫。……上命近侍取茶具，亲手注汤击沸。少顷，白乳浮盏面，如流星淡月。顾诸臣曰：此自布茶。饮毕，皆顿首谢。"

皇帝带笑品新茶，以香汤玉食，赏赐台臣。皇帝爱茶，可是皇帝但寻香茗，不求贤才，让自视清高的文人们苦恼不已，于是，他们写了一首《采茶歌》讽刺皇帝，此歌一时风行天下：

山之巅，水之涯。

产灵草，年年采摘当春早。

制成雀舌龙凤团，题封进入幽燕道。

黄旗闪闪方物来，荐新趣上天颜开。

海滨亦有间世才，弓旌不来不与媒。

长年抱道栖蒿莱，捻髭吟尽江南梅。

吁嗟人与草木异，安得知贤若知味！

明代时，明太祖朱元璋发布禁造团茶令，饮茶方面发生了一个重大变革，由煮茶变而为冲泡。明洪武二十四年（1391 年），明太祖下令："罢废福建建安团茶进贡皇宫，禁止制造团茶，唯采芽茶进贡。"这道诏书的意思是说，唐宋以来以龙团茶进贡的制度至此终结，各地禁造团茶，只采最好的芽茶进贡皇宫。也就是说，碾碎团茶、饮用末茶的习惯到明初时结束了，代之以新鲜的芽茶进贡。伴随着末茶习俗的没落，饮用末茶的茶具、点茶法茶艺也渐渐消逝。习惯成自然，曾经让宋徽宗引以为自豪的白乳浮盏茶艺，到明中期时，许多人竟然不知为何物，甚至于一些训诂学者也不知道什么是茶筅。

明代皇帝喜欢饮芽茶，明令天下，产茶区各地政府的最高长官，每年选择最好的茶叶作为贡品是其首要任务之一。政府特别规定，必须按时按量缴送贡茶，缴送贡茶的好坏也是品评官员政绩的重要内容。明代以后，芽茶冲泡，简单明了，饮茶成为日常生活之所需，喝茶成为寻常事，茶叶进入千家万户。明人的冲泡法较独特，以投茶冲泡为主，而文人雅士则讲究品茶。明晚期学者张源写《茶录》，他在书中《投茶》一节中说："投茶有序，毋使其宜。先茶后汤，曰下投。汤半下茶，复以汤满，曰中投。先汤后茶，曰上投。春、秋中投，夏上投，冬下投。……探汤成熟，便取起。先注少许壶中，祛荡冷气，倾出，然后投茶。茶多寡宜酌，不可过中失正。"

饮茶方法变了，茶器也发生了变化。宋代容量大的茶瓯、茶碗渐渐消失了，代之以明代造型美观、灵巧秀气的茶杯、茶盅和茶碗，历清二百余年延续至今。明代宫廷之中，就有许多这种清秀的茶盅，包括：洪武红釉印花龙纹茶盅、永乐甜白半脱胎划花龙纹茶盅、宣德宝石红茶盅、宣德黄釉堆花绿龙纹茶盅、嘉靖青花云龙纹茶盅、嘉靖白色暗花纹茶盅、万历青花梵文茶盅、万历暗花云龙宝相花全黄茶盅，等等。明人品茶，从选茶、选水到茶器、人数等方面都很讲究。通常地说，明人重视雨前茶，就是谷雨前出产的茶，视为上品。

明人讲究品茶，从茶器上可见一斑。明末学者高濂写《饮馔服食笺》，列茶具十六器。水是茶之母，泉水是品茶的最佳之选。品茶以人少为贵，人多则喧，不宜品尝。所以，明人喝茶，崇尚独酌，人数不同，有不同的品茶之境：独啜曰神，二客曰胜，三四曰趣，五六曰泛，七八曰施。明人的理想品茶境界是独酌，其次就是二人胜境。从郭纯的《人物》、唐寅的《品茶图》，到沈周的《煮茗图》、李士达的《坐听松风图》，可以看出独酌是明人品茶的最高意境。诗人赵原题《煎茶图诗》，诗中的品茶之境，也就成为人们品茶神境的写照：

山中茅屋是谁家，兀自闲吟到日斜。

俗客不来山鸟散，呼童汲水煮新茶。

三

清代皇帝雅好翰墨之娱，对于品茶也是情有独钟。康熙、雍正、乾隆三位皇帝，从贡茶到茶器到品茶，都很讲究。清康熙初年，宫中开始出现大量宜兴紫砂壶。据说，这些江苏宜兴紫砂胎珐琅彩茶壶、茶碗、茶盅，都是一器二地制作：由宜兴御窑场制坯、成胎，烧制成白瓷器，经过精选之后，再送到圆明园清宫造办处，由宫廷画师珐琅彩绘，进行二次低温烘烧而成。当时，各种各样花型、款式的器具，绝大多数只烧一对，很少大量生产，而且，这些器具上，都有"康熙御制"款识，故人称宫廷紫砂壶。如宜兴胎画珐琅五彩四季花盖碗。康熙皇帝喜欢西洋画珐琅彩，特地在中国宫廷之中成立珐琅作，制造各种珐琅彩器。

雍正皇帝更加喜爱这种西洋画珐琅彩器，从器形图样到胎釉、彩绘，他都参与其中，品评优劣，比较质量高下，选出最精之器，所以雍正朝的画珐琅茶器精美绝伦，可称为清代珐琅彩器之王。如瓷胎画珐琅节节双喜白地茶壶、瓷胎画珐琅墨梅花白地茶盅、画珐琅万寿长春白地茶碗，等等。有趣的是，为政严厉的雍正皇帝是一位品茶高手，他时常将自己喜爱的茶器赏赐给自己信任的大臣，而且，出手极其大方。他经常赏赐云贵总督鄂尔泰、河东总督田文镜、大学士嵇曾筠等人，每次都是赏赐贡茶茶叶、茶叶罐和珐琅彩瓷。

从康熙到乾隆百余年间，清宫出现了数量可观的珐琅彩茶碗、茶盅、茶壶和茶叶罐。乾隆年间，宫廷的珐琅彩器极大地繁荣。从宫廷《陈设档》可以看出，乾隆年间的宫廷茶器是清宫之中造型最独特、也是最丰富多彩的，而且，每一件瓷器都极精美。如瓷胎画珐琅锦上添花红地茶碗、瓷胎画珐琅山水人物茶盅、瓷胎画珐琅三友白地茶碗等。乾隆时期，最有代表性的当然是三清诗茶碗了。这种乾隆皇帝一生钟爱的三清诗茶碗，有青花的，有矾红彩的。宫中《陈设档》记载了许多茶具，有关三清诗茶器，包括：青花白地诗意茶盅十件、红花白地诗意茶盅十件以及乾隆宜兴朱泥三清诗茶壶、乾隆珐琅彩三清诗茶壶等。

三清茶诗，是乾隆皇帝在乾隆十一年秋天写的。那一年，他三十六岁，巡视五台山。回京时，经过定兴，突然遭遇大雪。浪漫多情的乾隆皇帝站在皇帝御用的黄色毡帐中，让侍卫以雪水烹煮三清茶。乾隆皇帝品尝之后，感觉十分滋润，兴之所至，挥笔写下了《三清茶诗》。乾隆十四年（1749 年）正月，乾隆皇帝陪同母亲西巡五台山，特地在清凉寺以雪水烹三清茶，乘兴写下了《雪水茶》诗。乾隆皇帝多次谈到三清茶，他在乾隆三十三年（1768 年）《御制诗》中，有"三清瓯满啜三清"一句，他在注解中说："向以三清名茶，因制瓷瓯书咏其上，每于雪后烹茶用之。"

说到《三清茶诗》，就要讲到重华宫三清茶宴了。乾隆皇帝在重华宫长大成人，结婚生子，与重华宫结下了很深的茶缘。因为，重华宫是乾隆皇帝登上皇帝宝座前的旧邸，这里的一切他都感觉亲切。所以，即位以后，乾隆皇帝经常来到这里，举行各种私人性的宴会和家庭式的聚餐活动。乾隆皇帝一生喜爱喝茶，讲究品茶，对茶叶、水质、品茶器具都很挑剔，务求至美。以风雅自居的乾隆皇帝别出心裁，在龙潜之地的重华宫创设了一种特殊的宴席，称之为茶宴，人称三清茶宴，或者叫重华宫茶宴。据说，唐玄宗即位前在兴庆宫生活，即位以后曾在兴庆宫举行翰墨宴。乾隆皇帝以玄宗自比，开创重华宫茶宴。这件雅事，乾隆皇帝曾写诗吟咏："兴庆宫中翰墨筵，每教令日纪韶年。"

从乾隆元年（1736 年）开始，每年的元月某日（初二至初十日之间选定一日），乾隆皇帝在重华宫开设内廷茶宴，召集诸王、大学士、内廷翰林前来宴聚。最初，茶宴的人数不定，大多是皇亲国戚和王公大臣，特别是侍从在皇帝身边的内值词臣居多。从乾隆三十一年开始，五十六岁的乾隆皇帝正式确定参与茶宴的人数是十八人，取登瀛学士之寓意，也就是十八学士品茶。当时，在乾隆年间，能够奉乾隆皇帝御旨进入重华宫品茶，是朝野臣工和文人士子最为荣耀之事。可以说，每年元

清·乾隆金胎画珐琅执壶

且以后，期盼乾隆皇帝茶宴圣旨，是每一个皇帝宠信大臣新春时节的头等大事，他们和家人时时刻刻都在期待着圣旨的降临，他们在心里也无数次地设想和参与这新年春节乾隆皇帝推崇的内廷清雅茶宴。一旦奉旨，大臣、文士和他们的家人就会欣喜若狂，奔走相告，同僚和好友自然也会额手称庆，大家一起设筵祝贺。

乾隆时期，奉旨入宫品茶，起码有三层深意：一是表示皇帝恩宠。元旦以后的新春时节，在乾隆皇帝龙兴潜邸的重华宫品茶，这本身就意义非凡。而且，能够入选十数人之列，说明在皇帝的心中有着特殊的位置，其身份和地位，自然是在众臣之上了，这是何等的荣耀。二是表示前程无量。入宫品茶之人，都是皇帝特别信任和倚重的大臣，每个人都身居要职，参与决策军国大事。新春之时，奉旨入内廷品茶，当然仕途光明，前程阳光灿烂。三是表示品位高雅。重华宫位于紫禁城后廷深处，在御花园西部。在这样一个后宫禁地，这样一处任何外臣都无法涉足的地方，由乾隆皇帝举行宴会，宴会上只是喝茶、赋诗、听乐、观舞，没有一定的修养、品位，乾隆皇帝是不会邀请入宫的。

重华宫茶宴上，君臣共品的茶不是普通的茶，而是乾隆皇帝发明的清雅茶品，称为"三清茶"。什么是三清茶？就是将松实、梅花、佛手三样清雅的材料，通过雪化的水烹制而成的宫廷茶品。乾隆皇帝很讲究情趣和品位，对于品茶特别讲究。每当京城大雪，乾隆皇帝总要吩咐宫人和侍臣，采集最干净的积雪，保存起来。然后，将积雪融化，从中选出最纯净的雪水，用于烹制三清茶。乾隆喜爱沃雪烹茶，他自然喜欢在御用的瓷瓯上，刻上御制、御笔的咏三清茶诗。夏仁虎的清宫词赞道：

> 松仁佛手与梅英，沃雪烹茶集近臣。
> 传出柏梁诗句好，诗肠先为涤三清。

四

贡茶是中国专制时代的特有产物，也是中国古代生活之中的一种特殊社会现象。贡茶是由皇帝钦定或者地方纳献的，将地方品质最佳的茶叶进呈给皇帝的一种贡献制度。也就是说，贡茶，就是将茶叶品质极好的、产茶地区最为优质的茶叶进贡给皇宫，成为皇帝和皇室成员独享的御用茶品。从历史上看，中国的贡茶制度历史悠久，虽然贡茶使产茶地区和广大茶农承受艰辛，但是客观上说，贡茶制度在相当程度上保护了地方名优产品，推动了产茶地区茶叶的生产和发展，促进了茶叶的精工细作和技术改进，极大地丰富了中国的茶文化。同时，贡茶成为一个品牌，如同名牌商标一样，成为地方经济的支柱。可以说，贡茶是一个地方的名片，是带动地方经济繁荣、文化兴盛的金字招牌。贡茶以其优良的品种、精细的技艺、风雅的茶道和精良的茶具，成为引领一个地区甚至一个时代的一面大旗。

中国的专制时代大约有两千余年的历史，贡茶制度的确立是专制强权的产物。根据史料记载，大约在公元前一千余年的周武王时期，贡茶制度初步形成。当时，周武王伐纣，命令巴蜀地方以特产的优质茶叶等物品纳贡。这是一种极富有政治色彩的现象，具有极为鲜明的征服性质。纳贡，就是将最好的特产缴送给征服者，这也就意味着君臣关系的正式确立。在中国古代的强权社会中，纳贡有三层含意：一是确立君臣关系，将疆域纳入统治范围；二是将地方最好的产品贡献出来，表示效忠；三是享受贡品，用来满足君主、皇室及上层阶级的物质享用和文化生活之需。

唐朝时，贡茶开始形成制度，并确立下来，历代相传，直到清朝灭亡，延续了上千年。可以说，唐代是中国贡茶制度确立时期，贡茶最为繁荣的时代是宋代和清代。唐代的贡茶制度较为完备，主要有两种形式，一是地方献纳的纳贡制，二是朝廷直属的贡茶院制。纳贡，就是由地方献纳贡物。朝廷知道什么府什么州盛产茶叶，就选择茶叶品质最为优异的府州确定一定的额度，定期由地方纳贡。地方贡茶几乎囊括了所有盛产优质茶叶的名茶，包括：雅州蒙顶茶、常州阳羡茶、湖州顾渚紫笋茶、荆州团黄茶、福州方山露芽茶等，涉及二十多个州的数十种名茶。当时，雅州蒙顶茶号称第一，人称仙茶。

宋代时，经济较为发达，地方进献皇帝的贡茶基本沿袭的是唐朝制度。宋代设立御茶园，北苑贡茶名扬天下。北苑坐落在建安（今建瓯）境内的凤凰山麓，从南唐至元代，这里就是朝廷贡茶的主产地。御茶园内有御泉，泉水甘甜清澈，专门用于制造贡茶。制作贡茶的焙场，人称龙焙、正焙、官焙。数百年间，北苑龙焙名扬天下。从皇帝到大臣再到儒生，纷纷著书，谈论品茶，对北苑贡茶情有独钟。宋徽宗的《大观茶论》、蔡襄的《茶录》、丁谓的《北苑茶录》、赵汝砺的《北苑别录》、沈括的《梦溪笔谈》、宋子安的《东溪试茶录》、熊蕃的《宣和北苑贡茶录》、姚宽的《西溪丛语》等书，分别从不同的视角记载和描述了北苑贡茶的盛况。宋代黄庭坚写《西江月》，生动地描写龙焙头纲之美：

龙焙头纲春早，谷帘第一泉香。

已醺浮蚁嫩鹅黄，想见翻成雪浪。

兔褐金丝宝碗，松风蟹眼新汤。

无因更发次公狂，甘露来从仙掌。

宋徽宗懂得品茶，他在《大观茶论》中对当年贡茶的记述十分生动。他说：

本朝之兴，岁修建溪之贡，龙团凤饼，名冠天下。而壑源之品，亦自此而盛。延及于今，百废俱举，海内晏然。垂供密勿，幸致无为。缙绅之士，韦布之流，沐浴膏泽，熏陶德化，盛以雅尚相推，从事茗饮。故近岁以来，采摘之精，制作之工，品第之胜，烹点之妙，莫不盛造其极。

意思是说：从本朝兴建以来，每年要进贡福建建溪茶叶，称为龙团凤饼贡茶，名冠天下。福建壑源的珍品茶叶，因此也繁荣昌盛起来。直到今天，国家各种各样的事务，百废俱兴，四海太平。正是因为君臣共勉，勤奋治国，所以，才有幸达到清静无为的太平盛世。这样的时候，不论是达官贵人，还是平民百姓，都承受皇帝的恩泽，享受朝廷的福利，接受道德文教的熏陶。一时之间，高雅的风气流行于天下，人们以饮茶为每天之必需。近年以来，茶采摘的精细、制作的精巧、品质的优胜、烹煮的高妙，无不达到空前未有的境界，真是盛世啊！

清代皇帝好茶，对于贡茶十分重视。据《康熙朝宫中奏折档》记载，康熙年间，进贡宫廷的贡茶包括：福建武夷山岩顶新茶、江西雨前芽茶、云南普洱茶以及女儿茶等。雍正时期，进贡宫廷的贡茶有：武夷莲芯茶、小种茶、郑宅茶、花香茶、六安茶、银针茶、松罗茶、金兰茶等。乾隆皇帝不仅爱茶，而且懂得品茶，乾隆时期的茶叶最为丰富多彩，乾隆皇帝喜爱的主要有三清茶、龙井茶、顾渚茶、武夷茶、郑宅茶、观音茶、六安茶、黄茶。乾隆皇帝自己喜爱好茶，还将好茶作为重要国家礼品，送给外国国王。乾隆五十八年（1793 年）七月十二日，军机处拟赏给英国国王和特使大量礼品，其中包括普洱茶、武夷茶、六安茶、女儿茶、砖茶，等等。

有清一代，皇帝、后妃都喜爱喝茶，贡茶主要包括以下几类。福建贡茶：北苑茶、先春茶、探春茶、次春茶、紫笋茶、武夷茶、花香茶、三昧茶、莲芯茶、莲芯尖茶、郑宅芽茶、郑宅香片茶、功夫花香茶、小种花香茶、天柱花香茶、乔松品制茶；浙江贡茶：黄茶、内素茶、大突茶、小突茶、日铸茶、龙井茶、龙井芽茶、龙井雨前茶、桂花茶膏、人参茶膏；四川贡茶：仙茶、涪茶、观音茶、春茗茶、锅焙茶、灌县细茶、邛州砖茶、青城芽茶、蒙顶山茶；安徽贡茶：六安茶、雀舌茶、珠兰茶、松罗茶、梅片茶、黄山毛尖茶、君山银针茶；江西贡茶：庐山茶、永安砖茶、永新砖茶、安远砖茶、宁邑芥茶、赣邑储茶；湖北贡茶：砖茶、通山茶、郧尔茶；湖南贡茶：安化茶、界亭茶、君山银叶茶；江苏贡茶：阳羡茶、碧螺春茶；云南贡茶：普洱茶进宫、普洱茶雅事、普洱珠茶、普洱芯茶、普洱芽茶、普洱大茶、普洱中茶、普洱小茶、普洱女茶、黄缎茶膏。

其实，茶无绝品，至真为上。心境清凉之时，自然能够品出茶的好滋味。金代王哲写《解佩令》，认为不论贡品、俗品，一定要有真性情，才能神清气爽。他是品茶高手，一首茶词，真实地道出了品茶三昧：

> 茶无绝品，至真为上。相邀命，贵宾往来。盏热瓶煎，水沸时，云翻雪浪。轻轻吸，气清神爽。 卢仝七碗，吃来豁畅。知滋味，赵州和尚。解佩新词，王害风，新成同唱。月明中，四人分朗！

清代大才子孔尚任，曾设想着宫中贡茶和宫廷饮茶的盛况，写下了《续古宫词》，描述玉碗之中的龙团贡茶清香：

桐荫低设碧厨凉，煮熟龙团玉碗香。几度梦回不敢献，私教鹦鹉让君王！

当然，宫廷贡茶，要用好茶碗。清慈禧太后就喜爱喝茶，对茶具十分讲究。宫中的茶碗，以白玉为碗，黄金为托。慈禧太后喜欢用这种白玉碗，放入贡茶，加金银花少许入玉碗内，注水之后，满室清香馥郁。这件雅事，《清宫词》如此描述：

绿荫浓护好楼台，小坐宫嫔带笑陪。
采得上林花两宝，黄金茗碗玉为杯！

目录

上编

品茶

一　品茶养性

风流雅戏

风流一词，大概在两千年前的汉代，就开始流行了。它的本意是贬义的，后来转化为赞美和肯定的，是指风气流行、风化流溢。汉历史学家班固说："上天下泽，春雷奋作……郑卫荒淫，风流民化，涵涵纷纷。"班固的意思是说，日月星辰，雷鸣雨泽，都是自然天象。先王圣主观察天象，制礼作乐，教化百姓，让人们按照自然之理生活，整个社会才有秩序，国家才能和平安宁。可是，后来，礼制破坏了，先王之乐也毁弃了，社会陷入了一种无序的状态，奢侈荒淫的郑卫之乐开始广泛传播，风气流行，泛滥成灾。

魏晋时期，玄学兴起，清谈蔚然成风。这个时期，人们称赞那些才能俊秀、见识高远之士最流行之词，就是风流。晋成帝时，丞相王敦曾说："卫洗马当改葬，此君风流名士，海内所瞻，可修薄祭，以敦旧好！"魏晋以后，风流之词开始风行，词意也开始丰富多彩。其中，风流最常用的意思，就是美丽、多情。梁简文帝好写艳诗宫词，开创了中国宫体诗之先河，文辞清丽，格调柔美，用词委婉香艳，充满柔情蜜意，人称艳诗、宫体诗、玉台体。梁简文帝是艳诗高手，他最有名的代表作，就是《美女》：

佳丽尽关情，风流最有名。

约黄能效月，裁金巧作星。

粉光胜玉靓，衫薄拟蝉轻。

蜜态随羞脸，娇歌逐软声。

朱颜半已醉，微笑隐香屏！

在人世间，不仅仅风华、美色可以风流，中国人甚至将日常生活中的品茶也变成了一件有滋有味的风流雅事。每天一早醒来，人必须面对的七件事，就是柴米油盐酱醋茶。前六件日常事，是每天生活的必需品，是世间的俗事。可是，茶却不同，从俗事中脱颖而出，既是生活的必需，也是丰富日常生活的一种休闲方式。茶成为人们生活的必需，始于何时？从史料记载上看，茶很早就进入了中国人的生活。茶之起源，有多种说法，主要是三种：食用起源说、饮用起源说、药用起源说。茶作为佳禾美饮，起码在汉代就进入了中国宫廷。

早期的茶，基本上都是煎煮茶。茶分两类，饮汁茶和清汤茶。三国吴时，就流行饮汁茶，这是最早的煎煮茶，称为茗茶。不过，只是到了唐代，学者陆羽写出《茶经》之后，茶才真正进入官宦贵族和文人雅士的生活圈，也就从这时开始，茶才真正在社会上广泛传播，进入寻常百姓家。懂得品茶的人，关键是懂得品，要知道品鉴茶的高下，还要知道茶与茶具、水质的关系，要懂得选茶和煮茶。大概从品茶开始，茶事就开始变成为人世间的一件雅事。所以说，品茶的人，不仅要懂茶，而且关键在于懂得品，如何品。从品茶进而品人生，明了世间百味，人生百态，随处都是真知妙赏，遍地都是卓识洞见。

早期的茶都是烹煮茶，直到唐代陆羽之时才开始发生改变。饮茶方式的变革，大约是从宋代开始的：饮茶变得更加方便简洁，从烹煮茶变成冲泡式。从此，饮茶成为生活的一项重要内容，在宫廷之中，饮茶成为一种生活时尚，皇帝也正式将各地的名茶列入贡品。明代时，产茶地区的各地政府最高行政长官，每年的主要工作之一，就是选择最好的茶叶作为贡品，按时缴送皇宫。同时规定，贡茶的质量和数量、产茶区经营的好坏也是品评官员政绩的重要内容。

　　饮茶，开始悄悄进入中国人的生活，也开始丰富中国人的日常生活内容，成为人际交往的重要手段。随着茶品的多样和茶具的丰富多彩，品茶渐渐成为中国文化人的一种休闲方式，也成为一些清高之士闲适生活中的一种风流雅戏。在疏星明月之下，在书窗残雪之前，从容品茶，能让人飘飘欲仙："竹风一阵，飘扬茶灶。疏烟梅月，半弯掩映。书窗残雪，真使人心骨俱冷，体气欲仙。"（《娑罗馆清言》卷上）当然，在一些雅士眼里，品茶这种幽趣，只可在心里品味，不可与俗人道也："山堂夜坐，汲泉煮茗。至水火相战，听松涛倾泻入杯，云光潋滟。此时幽趣，未易与俗人言。"（《徐氏笔精》卷八）唐代大诗人白居易喜欢茶，一天起码两碗。他说，只要喝了两碗茶，就没有什么愿望了："暖床斜卧日熏腰，一觉闲眠百病销。尽日一餐茶两碗，更无所要到明朝。"（《全唐诗·白居易》）

　　唐代大诗人元稹品茶入诗，将茶做成了一种风流雅戏，这就是茶诗塔：

茶。

香叶，嫩芽。

慕诗客，爱僧家。

碾雕白玉，罗织红纱。

铫煎黄蕊色，碗转曲尘花。

夜后邀陪明月，晨前命对朝霞。

洗尽古今人不倦，将至醉后岂堪夸！

　　茶入诗词歌赋，从此代不绝书，绵延不断。

　　宋代大学者杨无咎喜好交友，常以茶会友，品茗赋诗。他写了一首《玉楼春》，传唱天下：

《万国来朝图》

酒阑未放宾朋散，
自拣冰芽教旋碾。
调膏初喜玉成泥，
溅沫共惊银作线。

已知于我情非浅，
不必宁宁书碗面。
满尝乞得夜无眠，
要听枕边言语软。

宋代大词人苏轼，写《西江月·茶词》，将贡茶描写成神仙绝品：

龙焙今年绝品，
谷帘自古珍泉。
雪芽双井散神仙，
苗裔来从北苑。

汤发云腴酽白，
盏浮花乳轻圆。
人间谁敢更争妍，
斗取红窗粉面。

苏轼的好友黄庭坚也是一位雅士，一生喜爱品茶，他感于茶的美好，喜欢苏轼的茶词，也曾附和写了一首《西江月》：

龙焙头纲春早，
谷帘第一泉香。

已醺浮蚁嫩鹅黄,

相见翻成雪浪。

兔褐金丝宝碗,

松风蟹眼新汤。

无因更发次公狂,

甘露来从仙掌。

陆游一生豪情满怀,写下了大量金戈铁马、收复旧河山的豪迈诗句。可很少有人知道,这位忧心国事的侠义儒生,也是一位品茶高手。在陆游的心中,品茶是一种享受,更是一种境界:

飕飕松韵生鱼眼,

汹汹云涛涌兔毫。

促膝细论同此味,

绝胜痛饮读离骚。

束书旧隐棋岩下,

惯碾春风傲北窗。

唤起庄生尘土梦,

赖君圭璧一双双。 (《戏作》)

在陆游的梦想中,他所想象和向往的生活很放浪,也十分简单:想放弃眼前的荣华富贵,远离官场的丑恶百态,到山林之中,品茶吟诗。山林幽静,只有鸟声。半窗茶影,半榻诗书。月明星稀,梦枕涛声。哪怕穷困一点儿,又有何妨?每天柴门深闭,烟火仅通,手里拿一卷《茶经》,品味清茶,就心满意足了:

平生万事付天公，

白首山林不厌穷。

一枕鸟声残梦里，

半窗花影独吟中。

柴荆日晚犹深闭，

烟火年来只仅通。

水品茶经常在手，

前生疑是竟陵翁！　（《戏书燕几》）

金代诗人马钰好茶成癖，竟称茶水为紫芝神汤，每日必饮。他以一枝风流绝代的生花妙笔，写《长思仙》，赞美茶香高洁：

一枪茶，

二旗茶，

休献机心名利家，

无眠为作差。

无为茶，

自然茶，

天赐休心与道家，

无眠功行加。

紫芝汤，

紫芝汤，

一遍煎时一遍香，

一杯万事忘。

神砂汤，

神砂汤，

服罢主宾分两厢，

携云现玉皇。

明代学者谢肇淛藏书极富，他的理想生活就是在负山临水之地，建几间竹楼，疏松修竹；在万卷书前，约几好友，临窗品茶，那才是真正的风流雅趣，才是不问米盐的真正神仙境界："竹楼数间，负山临水。疏松修竹，诘屈委蛇。怪石落落，不拘位置。藏书万卷其中，长几软榻，一香一茗。同心良友，闲日过从，坐卧笑谈，随意所适。不营衣食，不问米盐，不叙寒暄，不言朝市，丘壑涯分，于斯极矣！"（《五杂俎》卷十三）

谢氏好野趣，喜欢品茶，更喜欢观赏采茶。不过，他对上品好茶进贡皇宫，心存忧虑。他的《采茶曲》写得兰风吹动，回肠荡气：

布谷在山处处闻，

雷声二月过春分。

闽南气候由来早，

采尽灵源一片云。

郎采新茶去未回，

妻儿相伴户长开。

深林夜半无惊怕，

曾请禅师伏虎来。

紧炒宽烘次第殊，

叶粗如桂嫩如珠。

痴儿不识人生事，

环境熏床弄雉雏。

雨前初出半岩香，

十万人家未敢尝。

一自尚方停进贡，

年年先纳县官堂。

两角斜封翠欲浮，

兰风吹动绿云钩。

乳泉未泻香先到，

不数松萝与虎丘。

清代皇室贵胄喜爱用露水煮茶，特别是荷叶露水烹茶，别有一番味道和情趣。乾隆是一位长寿皇帝，也是一位才华横溢的风流皇帝，他写了许多茶诗，其《荷露烹茶》写得清香四溢：

秋荷叶上露珠流，

柄柄倾来盎盎收。

白帝精灵青女气，

惠山竹鼎越窑瓯。

学仙笑彼金盘妄，

宜咏欣兹玉乳浮。

李相若曾经识此，

底须置驿远驰求！

晚清时期，恭亲王奕䜣也喜爱品茶，尤其喜爱荷露烹茶。可以说，他是王公贵戚的代表，对于品茶有自己的独到见解。他曾以评茗客的身份品尝荷茶甘露，感觉极佳：

烹露为茶味独多，
乘凉晨起诣溪荷。
满倾沆瀣盘珠泄，
小爇瓶笙橐玉罗。

梦醒每怀评茗客，
诗清欣拟采莲歌。
幸依太液恩波近，
得赐金茎遍饮和。

携来仙露甚清华，
消渴闲烹顾渚茶。
七碗莲香幽客座，
一窗松影老诗家。

瓶珠泄碧金茎撷，
炉火初红石鼎烨。

宫中水井

闻说月团天上味,

得尝屡沐圣恩加。

草木养生清心

中国人很早就懂得养生,特别是在自然养生方面,知道草木清纯之性对于人体养生的重要性。可以说,草木养生既是中国人对大自然进行不懈探索的智慧结晶,也是中国人在医学和养生方面对世界作出的特别贡献。《礼记》是中国较早的儒家经书,记载礼仪制度和社会生活。早在两千多年以前,中国的先民们就对草木养生有了很深刻的认识,并将这些认识,编写成书,就是孔子删定的六经,《礼记》是其中之一。中国古人认为,一年分四季,四季皆有疠。疠是什么?疠是疾病。也就是说,人在四季之中,都会有身体不适的时候。人如果不适,怎么办?就要养。如何养?最简单的办法,就是以五味、五谷、五药养之。人生病了,疡医就会以五毒攻之,以五气养之,以五药疗之,以五味节之。疡医用药,以酸养骨,以辛养筋,以咸养脉,以苦养气,以甘养肉,以滑养窍。

何为五味?五味是指酸、甜、苦、辣、咸五种味道。何为五谷?五谷是指五种谷物。《周礼》上说,以五谷养其病。郑玄注解:五谷,麻、黍、稷、麦、豆。何为五毒?五毒就是用以治病的五种毒药。《周礼》说:凡疗疡,以五毒攻之。郑玄注解:五毒,五药之有毒者——石胆、丹砂、雄黄、礜石、慈石。何为五辛?五辛就是五荤,谓其辛臭昏神。佛家说,五辛是大蒜、小蒜、兴渠、慈葱(葱)、茖葱(韭)。兴渠又叫阿魏,叶似蔓菁,根如萝卜,生熟味道都像蒜。

在中国古代宫廷之中,有专门负责皇帝和皇室饮食的食医官,他们的具体职责就是负责皇帝的饮食。也就是说,食医官的工作,就是负责五谷、五味、五药来调养皇帝的身体,以六食、六饮、六膳、八珍、百酱、百馐来安排皇帝和皇室成员的四季生活。在食医官的食谱中,特别注意春食、夏羹、秋酱、冬饮。讲究四季禁忌：春酸、夏苦、秋辛、冬咸。他们知道，皇帝食五谷杂粮，容易生病，必须调以滑甘，品茶解毒，注重羊宜黍，猪宜稷，狗宜梁，雁宜麦，鱼宜菰，膳食宜牛。

古时环境恶劣，古人感觉生命短促。所以，有识之士一直在探求长生之路。长生之路虽然艰难，但古人生命不息，探求不止。古人探求长生，一个重要的成果，就是金石药饵。后来，在具体的使用过程中，人们发现，金石药饵不仅有助于长寿，还有着非凡的能量，有着神奇的效力。可是使用过量，不仅不能长生，而且还要折寿，与长生、长寿背道而驰。金石药饵之路不通，怎么办？于是，聪明绝顶的先民开始将探索的眼光投向草木，从草木中求取养生之道。

精通长生术的仙家葛洪相信养生可以长寿，所以，他提出了一个著名的论断。他说：我命在我，不在天。北齐大学者颜之推提出了相反的看法，认为人力有限，性命在天。不过，葛洪也好，颜之推也好，他们都认为，草木养人。颜之推正式提出了草木养生观，认为长寿之道很简单，就是经常服食草木，也就是服食术、杏仁、枸杞、黄精、车前草，包括喝茶，就可以成神仙。他说：神仙之事，未可全诬。但性命在天，或难钟值。人生居世，触途牵絷。幼少之日，既有供养之勤。成立之年，便增妻子之累。衣食资须，公私驱役。而望遁迹山林，超然尘滓，千万不遇一尔！加以金玉之费，炉器所须，益非贫士所办。学如牛毛，成如麟角。华山之下，白骨如莽，何有可遂之理？考之内教，纵使得仙，终当有死。不能出世，不原汝曹专精于此。若其爱养神明，调护气息，慎节起卧，均适寒暄，禁忌食饮，将饵药物，遂其所禀，不为夭折者，吾无间然。诸饵药物，不废世务也。庾肩吾常服槐实，年七十余，目且看字，须发尤黑。邺中朝士，有单服杏仁、枸杞、黄精、术、车前得益者甚多，不能一一说尔！（《颜氏家训集解》卷五）

中国中医所称的药，实际上就是治病的药草，许多都是可以当茶来饮的。事实上，中国古人喝茶，就是煮茶，是煮食草木，饮以健身。《山海经》是中国先秦时期的一部十分特殊的古籍，内容较为奇特，主要记述的是古代神话、地理、动物、植物、矿物、巫术、宗教、古史、医药、民俗、民族等方面的内容。据统计，其记载最多的两类就是动物和植物，动物六十余种，植物五十余种。汉代时期问世的志怪小说《神仙传》，也记载了大量的草木植物，其中许多是可以当茶冲饮的，包括：桂、桂芝、葵、松叶、菊花、桃李苞、百草花等。所以，茶圣陆羽说，茶作为饮品，起源于尝遍百草的神农氏。也就是说，茶最早是作为草药进入人们的生活的。《本草》说：神农尝百草，一日而遇七十毒，得茶以解之。今人服药不饮茶，恐解药也。茶的解毒功效，由此可见一斑。

古往今来，人们都在感叹人生短暂。这种感觉，在六朝时期的皇室贵族和文人士子之中十分风行。对于每个人来说，人生最大的苦恼莫过于生命太短，仅仅几十年。如此短暂的生命，还要有一半的时间用于睡觉。良宵美景，睡觉可惜，于是有人就说，既然昼短夜长，何不秉烛夜游：人生不满百，常怀千岁忧。昼短苦夜长，何不秉烛游！（《古诗十九首》）可是，秉烛夜游，也是虚耗生命，浪费光阴。一些文化人认为，与其通宵游乐，不如珍惜良宵，静夜烹茶读书，也不失为人生一大乐趣：良宵燕坐，篝灯煮茗。万籁俱寂，疏钟时闻。当此情景，对简编而忘疲，撤衾枕而不御，一乐也。（陆廷灿《续茶经》卷三）不仅如此，静夜烹茶，独坐冥想，还会聚集清灵之气，清灵之气聚于身，则神清气爽，烦恼全消。所以，学者李日华说：洁一室，横榻，陈几其中。炉香茗瓯，萧然不杂他物。但独坐凝想，自然有清灵之气来集我身。清灵之气集，则世界恶浊之气，亦从此中渐渐消去！（《六研斋三笔》卷四）

在文人雅士的心目中，茶是南方嘉木，是百草中的精华，更是天地山川之间至灵至性的仙品之物。茶圣陆羽在《茶经》中开宗明义地宣称：茶者，南方之嘉木也。唐代大诗人杜牧喜爱花草，更喜爱茶，称茶为瑞草中的魁首：山实东吴秀，茶称瑞草魁。北宋大臣丁谓喜欢喝福建建安茶，称赞它是至灵之物：建安茶品，甲于天下，疑山川至灵之卉，天地始和之气，尽此茶矣！大文豪苏轼更是爱茶，他将好茶比作倾心喜欢的美人：要知冰雪心肠好，不是膏油首面新。戏作小诗君莫笑，从来佳茗似佳人！一生风流浪漫的宋徽宗特别懂得享受生活，讲究品位，对于品茶也有独特的见解。他在《大观茶论》中说：茶之为物，擅瓯闽之秀气，钟山川之灵禀！

良宵品茗，自是别有幽趣。品茗，能够消减水苦，清污去浊，排解胸中之闷，令人神清气爽。如果有幸，能得皇帝所赐宫廷御茶香品，自然是神仙中人，心中别有一番滋味。当然，人生世上，能有几人有此幸运？大才子苏轼一生坎坷，可是，在品茶方面有相当口福，不仅任职之地大多都是产茶之区，而且，还有幸获得皇帝赏赐的贡茶。苏轼对富贵无所求，对宫廷香茗却别有滋味在心头，于是，他写下了《行香子》茶词，将皇帝赏赐贡茶的草木茶香描绘得栩栩如生：

> 绮席才终，欢意犹浓，酒阑时，高兴无穷。共夸君赐，初拆臣封。看分香饼，黄金缕，密云龙。斗赢一水，功敌千钟。觉凉生，两腋清风。暂留红袖，少却纱笼。放笙歌散，庭馆静，略从容。

相距苏轼八百年，两江总督阮元同样喜爱花草树木，同样喜爱品茶。在阮元家中，一年四季，都有各种树木，都有各种花卉盛开。他自己动手在大堂中种植了一百余株桃花，在庭院之中栽种了十余株木棉花。阮元总督对于草木花卉的气味很喜爱，对于草木养生，特别是品茶养生，很有感觉，也很自鸣得意。他喜爱苏轼和白居易，十分有趣的是，他和白氏是同一天出生，也就是生日是同一天。白居易好品茶，白氏的"绿茶千片火前春"之句，他极其喜爱。所以，这位学问渊博的封疆大吏，写下了《煮茶》诗，描述了自己喜爱草木养生的感受和山堂煮茶的独特情趣：

> 又向山堂自煮茶，
> 木棉花下见桃花。

> 地偏心远聊为隐，
> 海阔天空不受遮。

> 儒士有林直古茂，
> 文人同苑最清华。
> 六班千片新芽绿，
> 可是春前白傅家。

　　乾隆皇帝人称长寿帝君，对于养生，更有独到的见解。他将草木香茶养生提升到了一个精神的高度。乾隆皇帝喜爱读书，每天读书，常至深夜。深夜万籁俱寂，何物可浇书？他回答：苦茶。乾隆皇帝这样写道：

> 清夜迢迢星耿耿，
> 银檠明灭兰膏冷。
> 更深何物可浇书？
> 不用香醅用苦茗。

> 建城杂进土贡茶，
> 一一有味须自领。
> 就中武夷品最佳，
> 气味清和兼骨鲠。

> 葵花玉夸旧标名，
> 接笋峰头发新颖。
> 灯前手擘小龙团，
> 磊落更觉光炯炯。

水递无劳待六一,
汲取阶前清淑井。
阿僮火候不深谙,
自焚竹枝烹石鼎。

蟹眼鱼眼次第过,
松花欲作还有顷。
定州花瓷浸芳绿,
细啜慢饮心自省。

清香至味本天然,
咀嚼回甘趣逾永。
坡翁品题七字工,
汲黯少憨宽饶猛。

乾隆帝古装像

饮罢长歌逸兴豪，

举首窗前月移影。

品茗养性

　　大诗人李白，号太白、青莲居士，陇西成纪人（甘肃秦安）。隋末时，他的祖先流寓到大唐安西都护府碎叶（吉尔吉斯斯坦北部托克马克），李白就出生在这里。幼年的时候，他随父亲迁居绵竹昌隆的青莲乡（四川江油），那里的云雾胜景给他留下了深刻的印象，培育了他风流浪漫的文人气质。他好读书，少年之时就吟诗作赋，才华横溢。李白喜好行侠仗义，行游天下。二十五岁时，他离开四川，开始漫游各地。他生长在大唐盛世的天宝年间，唐玄宗李隆基也是一位风流浪漫的诗人皇帝，由大臣吴筠推荐，名冠天下的诗人李白奉诏入宫，被皇帝破格授予文学侍从，成为在皇帝身边的御用翰林。

　　可是，文人浪漫与官场黑暗无法相容，仅仅一年时间，具有浪漫情怀的李白怀着一颗伤痛之心不得不离开首都长安，又开始了他浪迹天涯的风流人生。李白的诗风雄奇豪放，一生浪漫风流，好诗，好酒，好品茶，留下了大量的诗作。李白诗歌丰富，品茶方面的佳作不少。哀伤时事的杜甫，人称诗圣。杜甫欣赏李白的才气，特别是李白那"天子呼我不上船"的风流个性，令他十分敬仰，他称李白为谪仙、诗仙，并写诗赞颂：

昔年有狂客，号尔谪仙人。

笔落惊风雨，诗成泣鬼神。

声名从此大，汩没一朝伸。

文彩承殊渥，流传必绝伦。

龙舟移棹晚，兽锦夺袍新。

白日来深殿，青云满后尘。
乞归优诏许，遇我宿心亲。
未负幽栖志，兼全宠辱身。

戏谈怜野逸，嗜酒见天真。
醉舞梁园夜，行歌泗水春。
才高心不展，道屈善无邻。
处士祢衡俊，诸生原宪贫。

稻粮求未足，薏苡谤何频。
五岭炎蒸地，三危放逐臣。
几年遭鵩鸟，独泣向麒麟。
苏武先还汉，黄公岂事秦。

楚筵辞醴日，梁岳上书辰。
已用当时法，谁将比义陈。
老吟秋月下，病起暮江滨。
莫怪恩波隔，乘槎与问津。

　　有一次，谪仙李白游历湖北荆州，在山清水秀的玉泉寺，发现了
一种十分特殊的仙茶，他特地记载下来，并写诗吟咏，这种茶因此得以
流传天下。原来，这里青山逶迤，绿树成林。山上有山洞乳窟，窟中玉
泉流溢。清澈的玉泉旁，茗草滋生。茗草郁郁葱葱，枝叶碧绿如玉。李
白发现，当地人喜欢采茗而饮，山人个个健康长寿。最奇特的是，他所
见到的一位老翁，每天都要饮此香茗，八十余岁，依然鹤发童颜，容貌
鲜艳如桃。这种香茗，就是茶，李白称之为仙人掌茶。

　　李白感叹仙人掌茶的神奇，这样写道："余闻荆州玉泉寺，近清溪
诸山。山洞往往有乳窟，窟中多玉泉交流。其中，有白蝙蝠，大如鸦。

清·康熙粉彩描金太白醉酒像

按仙经，蝙蝠，一名仙鼠，千岁之后，体白如雪，栖则倒悬，盖饮乳水而长生也。其水边，处处有茗草萝生，枝叶如碧玉。惟玉泉真公常采而饮之，年八十余岁，颜色如桃李。而此茗清香滑熟异于他者，所以，能还童振枯扶人寿也。余游金陵，见宗侄中孚示余茶数十片，拳然重叠，其状如人手，号曰仙人掌茶，盖新出乎玉泉之山，旷古未觌。因持之见遗，兼赠诗，要余答之，遂有此作。后之高僧大隐，知仙人掌茶，发乎中孚禅师及青莲居士李白也。"

大诗人李白对仙人掌茶十分喜欢，因写诗纪念：

常闻玉泉山，山洞多乳窟。

仙鼠如白鸦，倒悬青溪月。

茗生此中石，玉泉流不歇。

根柯洒芳津，采服润肌骨。

丛老卷绿叶，枝枝相接连。

曝成仙人掌，似拍洪崖肩。

举世未见之，其名定谁传。

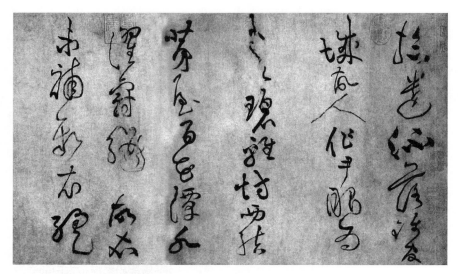

宋·黄庭坚草书《浣花溪图引》

> 宗英乃禅伯，投赠有佳篇。
>
> 清镜烛无盐，顾惭西子妍。
>
> 朝坐有余兴，长吟播诸天。

宋人喜欢御茗龙团茶，不仅皇帝喜爱，几乎所有的风流文人也都喜欢。北宋诗人、书法家黄庭坚是分宁人氏（江西修水），字鲁直，号涪翁、山谷道人。他是宋英宗时期的进士，为皇帝所赏识，以校书郎超迁《神宗实录》之检讨官。但是，因为耿直，修实录不实，遭遇文字狱，被皇帝放逐。他与苏轼齐名，世称苏黄。他十分讲究修辞造句，追求新奇风流的诗风，论诗标榜杜甫，提倡写诗无一字无来处，认为用字当夺胎换骨，点铁成金。他极喜爱龙团御茶，特地写了一首《满庭芳》，将品饮龙团茶的感觉描写得淋漓尽致：

> 北苑龙团，
>
> 江南鹰爪，
>
> 万里名动京关。

碾深罗细，

琼蕊暖生烟，

一种风流气味。

如甘露，

不染尘凡。

纤纤捧，

冰瓷莹玉，

金缕鹧鸪斑。

相如方病酒，

银瓶蟹眼，

波怒涛翻。

为扶起樽前，

醉玉颓山。

饮罢风生两腋，

醒魂到，

明月轮边。

归来晚，

文君未寝，

相对小窗前。

大文人苏轼，号东坡居士，是北宋诗人、词人、书画家，可谓宋代第一风流才子。他也是一生喜爱品茶，写了大量诗词吟咏名茶。苏轼笔下的《月兔茶》，别具风采：

环非环，

玦非玦，

中有迷离月兔儿，

一似佳人初上月。

月圆还缺缺还圆，

此月一缺圆何年。

君不见，

斗茶公子不忍斗小团，

上有双衔绶带双飞鸾！

江苏仪征人阮元是清代著名大学者，他是乾隆时期进士，历任湖广总督、两广总督、云贵总督，官至体仁阁大学士。他在杭州创立了诂经精舍，在广州创立了学海堂，提倡朴学，罗致了大量的博学之士在他的身边，一起研究经史，编纂《经籍纂诂》，校刻《十三经注疏》，汇刻《皇清经解》。他一生喜爱读书，在经史、古文、诗词方面造诣很深，并在天文、历算、地理诸方面多有涉猎。他思维活跃，见识卓越，论文重文笔之辨，倡导以用韵对偶者为文，无韵散行者为笔，提倡骈偶。他是一位严谨的官员，也是一位风流雅士，几乎每天都离不开品茶。他向往种茶生活，曾写了一首《试雁山茶》，名扬天下：

嫩晴时候焙茶天，细展青旗浸沸泉。

十里午风添暖渴，一瓯春色斗清圆。

最宜蔬笋香厨后，况是松篁翠石前。

寄语当年汤玉茗，我来也愿种茶田。

阮元喜爱苏轼的作品，更喜爱苏轼的风流情调，他曾用苏公诗韵，写了一首《试院煎茶》：

我闻玉川七碗两腋清风生，

又闻昌黎石鼎蚓窍苍蝇鸣。

未若风檐索句万人渴，

湖水煮茶千石轻。

封院铜鱼一十二，

闲学古人品茶意。

古人之茶碾饼煎，

今茶点叶但煮泉。

坡公蒙顶一团自夸蜀，

不闻龙井一旗绿如玉。

得茶解渴胜解饥，

我与诗士同扬眉。

开帘放试大快意，

况有笔床茶灶常相随。

今年门生主试半天下，

岂似坡公懊恼熙宁新法时！

乾隆皇帝在二十五岁即位之前，就一直生活在宫中。他是十七岁结婚，在十七岁至二十五岁的八年间，一直居住在御花园西边的重华宫。做皇子时期的乾隆皇帝喜爱读书，特别注重修身养性，静心品茶，就是他修养身心的日常功课：

烟光凝远岫，

晚景向西斜。

旧熟神仙境，

重游山水嘉。

风声送归骑，

月影照栖鸦。

漫忆十年事，

心清一碗茶。

制茶五法

　　大约两千年前，中国人就已经掌握了很高超的制茶技术。魏晋时期，制茶技术臻于成熟，记载当时文明成果的中国古书《广雅》，较真实地记录了当时的制茶技术："荆巴间采叶作饼，叶老者，饼成以米膏出之。欲煮茗饮，先炙令赤色，捣末置瓷器中，以汤浇覆之，用葱、姜、橘子毛之。"这段话的意思是说：在湖北、四川一带，人们采摘茶叶做成茶叶饼。特别是要采摘较老的茶叶，添加米汤，凝固成茶饼。烹煮茶饼时，先将饼茶烤至红色，接近焦化状态。然后，将焦化状态的茶饼捣碎，放入喝茶的瓷器之中。注入沸水，加进葱、姜、橘子皮之类的调味品，拌均匀后即可饮用。

　　唐代茶圣陆羽写《茶经》，谈到制茶技术时，讲了制茶七道工序："晴，采之，蒸之，捣之，拍之，焙之，穿之，封之。"也就是说，天气晴朗的时候，将采摘来的茶叶放在专用的茶器里蒸。然后，用茶杵在茶臼里将茶叶捣碎。最后，放进茶叶模具内，拍打成饼。成形以后，将饼穿起来，焙干收藏。茶圣所说的这七道工序，是中国古代经典的制茶技术。其实，这七道工序，关键工序只有五道：采茶，蒸茶，捣茶，拍茶，焙茶。

　　陆羽认为，制茶的第一道关口，就是采茶。采茶，就要选择茶叶。选择茶叶，就有选择茶叶的标准："凡采茶，在二月三月四月之间。茶之笋者，生烂石沃土，长四五寸。若薇蕨始抽，凌露采焉。茶之芽者，发于丛薄之上。有三枝四枝五枝者，选其中枝颖拔者，采焉。"茶圣的意思是说：采茶的日子通常选择在二月到四月之间。这个时期，茶叶的叶尖旺盛，生长在烂石之中，长到四五寸的样子。当茶芽抽放时，就要在早晨的露水中采摘了。茶芽生机勃勃，有三枝、四枝、五枝的，可以选择清莹挺拔的采摘。茶圣所说的是阴历二月至四月，这是春茶，古人只重春茶。到了后来，人们才开始采夏茶、秋茶。古人采春茶，讲究在露水中采摘。后来，人们觉得以不带露水的茶叶或者说不是早晨采摘的茶叶更好。

采摘茶叶，要用茶筐。茶圣陆羽对茶筐也很重视，作了明确的描述："籯，一曰篮，一曰笼，一曰筥，以竹织之，受五升，或一斗、二斗、三斗者，茶人负以采茶也。"竹篮结实，通风条件好，合适的尺寸适宜于存放新鲜的茶叶。特别是就着露水采摘茶叶，如果积压时间久，发酵，茶叶就变味了。竹篮是很好的采茶茶具，不仅通风好，还能保鲜，对于绿茶的制作是十分重要的。茶圣所说的茶叶方面的技术和工艺，基本上都是他亲自动手和切身感受的东西，不过，他的有些说法，从今天的眼光来看，值得商榷：其日有雨不采，晴有云不采。这一要求，对于采茶来说，显然太苛刻了。

蒸茶，就是茶叶杀青。采摘回来的新鲜茶叶，要放入专门的茶具和茶灶之中，上蒸杀青：灶要无突者，釜要唇口者。用唇口的釜，以便与无突之灶完全吻合，一方面能够很好地上蒸杀青，防止烟煤熏坏茶叶，一方面能够节省能源，预防热量散失。杀青的蒸屉是用竹篮做成的，水沸腾之后，将装满茶叶的竹篮放进木制的蒸笼之中，有的则是用陶制的蒸笼，进行杀青。陆羽说，上蒸杀青之后，用三杈木枝将茶叶拨散，摊开散热，使茶叶能够快速冷却、干燥，防止茶汁流失。这是唐人的杀青之法，与宋人制茶刚好相反。宋人宋子安在《东溪试茶录》中认为，杀青制茶，务必：蒸芽必熟，去膏必尽。蒸芽未熟，则草木气存，适口则知。去膏未尽，则色浊而味重。去膏，意思是说，上蒸之后压榨、冲茶所含汁液。宋人认为，应该将茶叶蒸熟，去汁必尽。

杀青上蒸，时间是关键。陆羽认为，上蒸时间以 30 分钟为宜，这样，杀青后的茶叶呈淡黄色，为上品末茶，也就是陆羽所说的其色缃也。同时，陆羽认为，宿制者则黑，日制者则黄。也就是说，时间太长了，就变成黑色，黑色和黄色，与时间长短有关。如果上蒸之后，没有迅速降温，就会出现闷黄。但通常认为，杀青以后，以绿色茶为佳。绿色茶，不能上蒸时间太长，以 30 分钟为宜，而且，上蒸以后，要迅速降温。相比之下，宋人在上蒸时间过与不足上，更倾向于过分杀青，因为这样，才可以做到蒸芽必熟，去膏必尽。过分蒸青，就会使茶叶发黄。发黄的茶叶，味道依旧甘甜清香，显然比上蒸不足的茶叶更好。这就是宋人黄儒在《品茶要录》中所说的："故君谟论色，则以青白胜黄白。余论味，则以黄白胜青白。"

捣茶，就是蒸青之后，用茶臼、茶杵等工具将茶叶捣碎。蒸青时间长，茶容易捣成饼状。通常在什么地方捣？捣多少下为宜？一般地说，蒸熟的茶叶，放入臼中，用杵捣碎，捣一千次以上，而且，要就热时捣。捣茶，接近于捣药丸，药丸通常捣一千次以上：犀角丸捣三千杵，小麝香丸捣一千杵。茶叶捣碎了，茶汁溢出，黏附在茶叶表面，便于凝固成饼，也便于在沸水点茶时迅速溶解，味道也极纯正。这种捣茶，有点儿接近现代制茶流程中的揉捻工序，共同之处就是便于将精心制作的茶叶成型。

拍茶，就是将捣碎的茶叶拍打成型。捣茶之后，茶叶变成了糊状，将这糊状茶叶倒入不同的模具之中，就形成了不同形状的茶饼。《宣和北苑贡茶录》中记载了大量的贡茶，对于贡茶的成型，也记录甚详："玉清庆云，银模，银圈，方一寸八分。宜年宝玉，银模，银圈，直长三寸。瑞云祥龙，银模，铜圈，径二寸五分。南山应瑞，银模，银圈，方一寸八分。龙苑报春，银模，银圈，径一寸七分。太平嘉瑞，银模，银圈，径一寸五分。金钱，银模，银圈，径一寸五分。玉华，银模，银圈，横长一寸五分。寸金，银模，竹圈，方一寸二分。万春银叶，银模，银圈，两尖径二寸二分。"

焙茶，就是干燥、收藏。拍茶成型以后，将饼茶放在芘莉上。什么是芘莉？史料记载：芘莉，一曰籯子，二曰篣筤，以二小竹，长三尺，躯二尺五寸，柄五寸，以篾织方眼，如圃人土罗，阔二尺，以列茶也。成型的茶饼，放在芘莉上，通风极好，能够很快干燥。然后，用尖木削成的锥刀，行内人称为棨的东西，将茶饼穿透，打个洞。最后，将打好洞的茶饼，用朴穿连起来。朴是什么？朴是用来隔茶饼，防止黏边在一起的东西：朴，一曰鞭，以竹为之，穿以解茶也。前面一系列工序完成之后，就进入了最后一道工序，就是将茶饼送入焙炉烘烤干燥：焙，凿地深二尺，阔二尺五寸，长一丈。上作短墙，高二尺，泥之。在焙炉之上，要建造一座双层的茶炉棚，用贯将茶饼穿在一起，送进焙炉，架在棚上烤：棚，一曰栈，以木构于焙上。编木两层，高一尺，以焙茶也。茶之半干升下棚，全干升上棚。贯是什么？贯，削竹为之，长二尺五寸，以贯茶焙之。

乾隆美茶十咏

品茶，讲究茶具之美。题咏茶具，是中国历代皇帝和文人之所好。在众多的茶具之中，入贡宫廷的瓷器，无人能够见到，人们只是听到传说。传说宫廷瓷器，颜色奇特，因称秘色瓷。唐诗人徐夤喜茶，他在《贡余秘色茶盏》一诗中这样描述：

> 捩碧融青瑞色新，陶成先得贡吾君。巧剜明月染春水，轻施薄冰盛绿云。古镜破苔当席上，嫩荷涵露别江滨。中山竹叶香初发，多病那堪中十分！

当然，在众多题咏茶具的人群之中，最具代表性吟咏茶具的人物，恐怕就是唐代大诗人陆龟蒙、明代画家文徵明和清代长寿之君乾隆皇帝了。

陆龟蒙，字鲁望，长洲（江苏吴县）人。陆氏性情清高，曾任湖州、苏州从事，后厌恶官场生活，隐居甫里。他一生嗜茶，特地在贡茶之地的顾渚山下置园，岁取租茶，自判品第，乐在其中。张又新《煎茶水记》中记载了有关他的茶事活动，《新唐书》之《隐逸传》中，也记载了陆龟蒙的事迹：不喜与流俗交，虽造门不肯见。不乘马，升舟设蓬席，赍束书、茶灶、笔床、钓具往来，时谓江湖散人，或号天随子、甫里先生，自比涪翁、渔父、江上丈人。

《乾隆观画》图轴（局部）

陆龟蒙的诗、文十分犀利，对于官场黑暗一针见血，故与皮日休齐名，人称皮陆。皮日休，字袭美，曾作《茶中杂咏》。陆氏好茶，写过不少茶诗，包括《茶坞》、《茶文》、《茶笋》、《茶焙》。其中，最负盛名的茶诗，就是《奉和袭美茶中十咏》。《全唐诗》称《奉和袭美茶具十咏》，可能有误：一是陆龟蒙是和皮袭美的《茶中杂咏》，二是十咏之中，《茶人》、《煮茶》显然不是茶具，所以，诗名应该以《奉和袭美茶中十咏》更加贴切：

一、《茶坞》：

　　茗地曲隈回，野行多缭绕。向阳就中密，背涧差还少。
　　遥盘云髻慢，乱簇香篝小。何处好幽期，满岩春露晓。

二、《茶人》：

　　天赋识灵草，自然钟野姿。闲来北山下，似与东风期。
　　雨后探芳去，云间幽路危。惟应报春鸟，得共斯人知。

三、《茶笋》：

　　所孕和气深，时抽玉茗短。轻烟渐结华，嫩蕊初成管。
　　寻来青霭曙，欲去红云暖。秀色自难逢，倾筐不曾满。

四、《茶籝》：

　　金刀劈翠筠，织似波纹斜。制作自野老，携持伴山娃。
　　昨日斗烟粒，今朝贮绿华。争歌调笑曲，日暮方还家。

五、《茶舍》：

　　旋取山上材，架为山下层。门因水势斜，壁任岩隈曲。
　　朝随鸟俱散，暮与云同宿。不惮采掇劳，只忧官未足。

六、《茶灶》：

无突抱轻岚，有烟映初旭。盈锅玉泉沸，满甑云芽熟。
奇香袭春桂，嫩色凌秋菊。炀者若吾徒，年年看不足。

七、《茶焙》：

左右捣凝膏，朝昏布烟缕。方圆随样拍，次第依层取。
山谣纵高下，火候还文武。见说焙前人，时时炙花脯。

八、《茶鼎》：

新泉气味良，古铁形状丑。那堪风雪夜，更值烟霞友。
曾过赤石下，又住清溪口。且共荐皋卢，何劳倾斗酒。

九、《茶瓯》：

昔人谢堰椊，徒为妍词饰。岂如圭璧姿，又有烟岚色。
光参筠席上，韵雅金罍侧。直使于阗君，从来未尝识。

十、《煮茶》：

闲来松间坐，看煮松上雪。时于浪花里，并下蓝英末。
倾余精爽健，忽似氛埃灭。不合别观书，但宜窥玉札。

文徵明生活在 16 世纪的明世宗时期，是明代著名的书画家和文学家。他是长洲（江苏吴县）人，自号衡山居士，工行书、草书，擅长画山水、花鸟和人物。可以说，他是名重一时的大才子，弟子遍天下，人称吴门画派。他的画独树一帜,名声远播,与沈周、唐寅、仇英齐名,史称明四家。他一生两痴,一是画痴,二是茶痴。他嗜茶如命,曾写《是夜酌泉试宜兴吴大本所寄茶》诗,诗中有两句可称为名句:

　　　　醉思雪乳不能眠,活火沙瓯夜自煎。

　　文徵明不仅嗜茶,还是一位品茶高手。他在《茶煎赠履约》中,描写了自己品尝新茶的感受:

　　　　嫩汤自发鱼生眼,新茗还夸翠展旗。谷雨江头佳节近,惠泉山下小船归。山人纱帽笼头处,禅榻风花绕鬘飞。酒客不通尘梦醒,卧看春日下松扉。

　　文徵明是画家,曾绘《乔林煮茗图》,风靡一时。图为素绢本,淡彩着色,画款上题:

　　　　不见鹤翁今几年,如闻仙骨瘦于前。只应陆羽高情在,坐荫乔林煮石泉。

　　又题:

　　　　久别罪罪,前承雅意,未有以报。小诗拙画,聊见鄙情。徵明奉寄如鹤先生。丙戌五年。

　　上有四印:赤鉴、虹月楼、赏卧庵所藏、唯庚寅吾以降。丙戌五年,是明世宗嘉靖五年(1526 年)。这一年,文徵明五十六岁。随后,文徵明继续痴迷于茶具,精绘《茶事图》,闻名遐迩。

　　《茶事图》为宣德笺本,精巧别致的水墨画独具一格:一间茅屋,十分敞亮。屋中置茶几，茶几线条简洁明朗。几上左书右壶，几前端坐二人，相对品茶。旁边一小舍，舍中一童子，正在侍候炉火煮茶。画上，文徵明题《茶具十咏》五律诗十首，诗末称："嘉靖十三年，岁在甲午。谷雨前二日，支硎，虎阜茶事最盛。余方抱疴，偃息一室，弗能与好事者同为品茶之会。佳友念我，走惠三二种。乃汲泉以火烹啜之，辄自第其高下，以适其幽闲之趣。偶忆唐贤皮、陆故事，《茶具十咏》，因追次焉。非敢窃附于二贤后，聊以寄一时之兴耳。漫为小图，并录其上。文徵明识。"正是这幅《茶事图》，留下了文徵明十分珍贵的《茶具十咏》诗，此诗让乾隆皇帝赞赏不已：

一、《茶坞》：

> 岩隈艺云树，高下郁成坞。雷散一山寒，春生昨夜雨。
> 栈石分瀑布，梯云探烟缕。人语隔林闻，行行入深迁。

二、《茶人》：

> 自家青山里，不出青山中。生涯草木灵，岁事烟雨功。
> 荷锄入苍霭，倚树占春风。相逢相调笑，归路还相同。

三、《茶笋》：

> 东风凌紫苔，一夜一寸长。烟华绽肥玉，玉蕤凝嫩香。
> 朝采不盈掬，暮归归倾筐。重之黄金如，输贡充头纲。

四、《茶籯》：

> 山匠运巧心，缕筠裁雅器。丝含故粉香，篛带新云翠。

携攀萝雨深，归染松岚腻。冉冉血花斑，自是湘娥泪。

五、《茶舍》：

结屋因岩阿，春风连水竹。一径野花深，四邻茶莽熟。
夜闻林豹啼，朝看山麇逐。粗足办公私，逍遥老空谷。

六、《茶灶》：

处处鬻春雨，青烟映远峰。红泥侵白石，朱火燃苍松。
紫英凝面落，香气袭人浓。静候不知疲，夕阳山影重。

七、《茶焙》：

昔闻凿山骨，今见编楚竹。微笼火意温，密护云芽馥。
体既静而贞，用亦和而燠。朝夕春风中，清香浮纸屋。

八、《茶鼎》：

斫石肖古制，中空外坚白。煮月松风间，幽香破苍壁。
龙颜缩蚕势，蟹眼浮云液。不使涤明嘲，自适王濛厄。

九、《茶瓯》：

畴能炼精珉，范月夺素魄。清宜鬻雪人，雅惬吟风客。
谷雨斗时珍，乳花凝处白。林下晚来收，吾方迟来屐。

十、《煮茶》：

> 花落春院幽，风轻禅室静。活火煮新泉，凉蟾浮圆影。
> 破睡策功多，因人寄情永。仙游恍在兹，悠然入灵境！

清乾隆皇帝自视风雅，更是一位数一数二的品茶高手。他在御书房题《钱谷〈惠山煮泉图〉》诗，视角不同，别有韵致：

> 腊月景和畅，同人试煮泉。有僧亦有道，汲方逊汲圆。此地诚远俗，无尘便是仙。当前一印证，似与共周旋。

这是甲辰暮春所题的茶诗，这一年，乾隆皇帝七十四岁。从宫廷收藏的乾隆皇帝御题作品上看，乾隆皇帝对于茶具确实是情有独钟，他先后题《姚绶〈煮茶图咏〉》、《文徵明〈茶事图〉》、《钱选画〈卢仝烹茶图〉》、《文徵明〈茶具十咏〉》等。其中，最负盛名的诗篇，自然就是乾隆皇帝在养老之地的宁寿宫所写、和文徵明诗的《茶具十咏》了。诗后题：壬辰新春上元后一日，用文徵明《茶具十咏》韵题画，御笔。壬辰是乾隆三十七年，这一年，乾隆皇帝六十二岁。十咏如下：

一、《茶坞》：

> 云归天池峰，春温虎丘坞。茶事盛东南，良时逮谷雨。
> 林扉密疑关，岩径细如缕。白花似蔷薇，引人入幽迁。

二、《茶人》：

> 虽云六经舍，却见尔雅中。取弃固有时，造化宁无功。
> 季疵开其端，三吴传斯风。珍重图里人，卢陆可能同。

三、《茶笋》：

崖洞非行鞭，簇簇抽芽长。吐蕤玉为朵，布气兰想香。
忆在龙井上，亲见倾筠筐。汲泉便煮之，底藉呈贡纲。

四、《茶籯》：

岩阿耸苍稂，裁作贮荈器。烟粒含宿润，晓箬带生翠。
倾则未觉盈，携之犹怜腻。高咏夷中诗，伊人岂无泪。

五、《茶舍》：

覆屋几株松，迎门数竿竹。试问是何境？九龙径路熟。
豫游春朝忆，光阴流水逐。偶展居节画，兴飞惠山谷。

六、《茶灶》：

置处传无突，抱来喜有峰。傍根堆碎石，炊陉燃枯松。
辛苦哪觉疲，功夫不惜重。安得逢髻神，美女装艳浓。

七、《茶焙》：

二尺凿碧岩，一方编绿竹。慢煨琼液干，不碍灵髓馥。
去湿弗欲燥，戒烈惟取燠。花脯与杉林，可试云浆渥。

八、《茶鼎》：

听松传朴制，竹鼎圬灰白。肖之不一足，置傍幽斋壁。
高僧缅逸韵，雅人试仙液。颇复有伦父，谓之遭水厄。

九、《茶瓯》：

色拟云一片，形似月满魂。问斯造者谁？越人与邢客。
落底叶瓣绿，浮上花乳白。何用谢堰堤，直可罢履展。

十、《煮茶》：

皮陆首倡和，清词寄真静。文翁继其韵，契神非认影。
居节只为图，识高兴亦永。拈毫赓十章，如置身其境。

雪水煎茶

雪水煎茶、雪水煮茶的故事在中国流传很久，几乎历代都有。从史料记载上看，最早的雪水煮茶，应该发生在宋代，和大才子陶榖有关。据记载，陶榖，字秀实，他是宋代一位性情独特的风流雅士，曾自称：头骨当做珥貂冠。宋太祖建隆年间，他任翰林承旨学士，文才第一，独步当世。有趣的是，有一年，其子陶炳考试登第，因为他一生无拘无束，放浪形骸，没有时间教导孩子，所以，皇帝不相信其子会登第。皇帝说：榖不能训子。皇帝不相信陶氏之子能登弟，就吩咐中书复试其子，结果，其子是真才实学。可见，陶榖风流倜傥，敢想敢为，皇帝都知道，风流天下知。据说，党太尉有一个家姬，甚美。陶氏很喜爱，竟然将这个家姬抢来，收纳为妾。男才女貌，两人性情投合，如漆似胶。有一天，突然大雪，风流多情的陶氏别出心裁，竟然取雪水烹

《乾隆观孔雀开屏图》（局部）

茶。雪水清纯，茶格外清香，感觉美妙无比。陶瞉品着仙茶，得意忘形
地问妾：党家太尉，有此风味吗？妾笑容可掬地说：太尉是大老粗，哪
懂得此种风情！

　　雪水烹茶，历代文人都有此雅兴。唐代大诗人白居易喜茶，对于雪水茶情有独钟。他在《吟元郎中白须诗兼饮雪水茶因题壁上》一诗中，对于雪水茶有生动的描述："冷咏霜毛句，闲尝雪水茶。城中展眉处，只是有元家！"宋代大诗人苏轼一生浪漫，特别喜爱以雪水烹茶，尤其是烹贡茶，感觉味道不同凡响。他写下了雪水茶诗，这是唐诗人中最长的一首诗名《十二月二十五日大雪始晴，梦人以雪水烹小团茶，使美人歌以饮。余梦中为作回文诗，觉而记其一句云：乱点余花唾碧衫。意用飞燕唾花故事也。乃续之，为二绝句云》，诗曰：

　　酥颜玉盏捧纤纤，乱点余花唾碧衫。歌咽水云凝静院，梦惊松雪落空岩。空花落尽酒倾缸，日上山融雪涨江。红焙浅瓯新火活，龙团小研斗晴窗。

　　宋代大文豪陆游性情豪迈，一生感叹没能王师北伐，收复中原。可是，这样一位金戈铁马的大词人，对于品茶很在行，也极细腻。他知道雪水纯洁，喜欢用雪水烹茶，还特地写了一首《雪后煎茶》诗："雪液清甘涨井泉，自携茶灶就烹前。一毫无复关心事，不枉人间住百年！"明代文学家王九思一生好茶，曾写《朝天子·扫雪煎茶》："党家醉倒，袁家冻倒，两件儿都不妙。凤团香煮扫琼瑶，只有个陶家俏。锦帐羊羔，金樽欢笑，论风流哪个高？俺高你豪，少一个人儿道。"明末诗人杜伏心情沮丧，认为只有喝雪水茶，才能平复亡国之恨。《明遗民诗》中收录他的《雪水茶》："瓢勺生幽兴，檐楹恍瀑泉。倚窗方乞火，注瓷想经年。寒气销三夏，香光照九边。旗枪如欲战，莫使乱松烟。"同是明末遗民，诗人胡虞逸在情绪上更进一步，认为要敲冰煮茶更好："煮冰如煮石，泼茶如泼乳。生香湛素瓷，白凤出吞吐。"

　　清代大剧作家李渔性情极儒雅，喜爱雪水茶。他写的《煮雪》诗中，描述了自己煮雪烹茶的感觉："鹅毛小帚掠干泉，撮入银铛夹冻煎。天性自寒难得热，本来无染莫教煎。比初虽减三分白，过后应输一味鲜。更喜轻烟浮竹杪，鹤飞不避似相怜。"《红楼梦》中描写贾母一行来到栊翠庵，清高自许的妙玉以旧年蠲的雨水泡老君眉茶，送给众人品尝；用五年前所收的梅花雪水泡茶款待宝钗、黛玉，脱俗不凡。所以，有这样一副对联问世：茶香高山云雾质，水甜幽泉霜雪魂。当然，清代最风雅的皇帝自然是乾隆皇帝了，他喜欢雪水烹茶，并用三清茶招待他所宠信的大臣。夏云虎在《清宫词》中，描述了乾隆皇帝三清茶的盛况：

> 松仁佛手与梅英，沃雪烹茶集近臣。
> 传出柏梁诗句好，诗肠先为涤三清。

天下第一泉

喝茶，最早品鉴泉水高下的人，是唐代学者刘伯刍。唐人张又新写《煎茶水记》。在书中，他说，刘伯刍是自己的长辈，为学精博，颇有风鉴。他说，刘伯刍最早将泉水与茶相论，分别高下。张又新结合刘氏之说和自己的感受，将天下宜茶之泉、水分列七等：扬子江南零水第一，无锡惠山寺泉第二，苏州虎丘寺泉第三，丹阳观音寺泉第四，扬州大明寺泉第五，吴淞水第六，淮水第七。

张又新在《煎茶水记》中，记载了这样一件茶事：唐代宗大历元年（766年），皇帝任命御史李季出任湖州刺史。李季路过扬州，恰好遇见大名鼎鼎的陆羽正在扬州大明寺，十分高兴，邀请陆羽同舟赴任。船抵扬州驿站，停泊休息。李季做御史时，曾经听说扬子江南零泉水是天下第一品好水，煮茶最宜。现在，精通茶道的陆羽在此，陆氏也懂得品茶品水，何不一起取南零水品茶？当时，风高浪急，南零水处于长江江心旋涡之中。李季吩咐取水，军士立即前往江心取水，请陆羽煮茶品茗。

谁知，陆羽品尝之后说：此水不是南零水，而是临岸之水。军士脸色大变，面无血色，分辩说，自己确实是在江心之中取水入瓶，绝无虚假。陆羽拿起瓶，将瓶中之水倒掉一半，笑着说：这才是南零水。陆羽用此水煮茶，确实味道甘美。面对事实，军士无法狡辩，只好承认：到江心取满水后，因为风浪太大，小船颠簸，到岸边时瓶水晃出了大半，自己只好在岸边将水加满。李季听后，十分佩服陆羽的品鉴力，所以，李季就请陆羽对泡茶的泉、水作出品判，分别等级。陆羽说：楚水第一，晋水第二。随后，陆羽将天下泉、水分列二十等：

江西庐山康王谷水帘水，第一；江苏无锡惠山寺石泉水，第二；

湖北蕲州之兰溪石下水，第三；湖北峡州扇子山虾蟆水，第四；

苏州虎丘寺下之石泉水，第五；江西庐山招贤寺下潭水，第六；

江苏仪征扬子江南零水，第七；江西洪州西山瀑布泉水，第八；

河南泌阳柏岩县淮水源，第九；安徽合肥龙池山岭泉水，第十；

江苏丹阳观音寺泉水，第十一；江苏扬州大明寺泉水，第十二；

陕西汉江金州中零水，第十三；湖北秭归玉虚洞溪水，第十四；

陕西商县武关西洛水，第十五；上海吴淞江水，第十六；

浙江天台山千丈瀑布，第十七；湖南郴州圆泉，第十八；

浙江桐庐之严陵滩水，第十九；雪水，第二十。

明代学者许次好茶，曾写《茶疏》，论述了茶与水的密切关系。他说，离开水，无从谈茶：精茗蕴香，借水而发，无水不可与论茶也！明代大医学家李时珍在《本草纲目》中说：观茶味之美恶，饮味之甘渴，皆系于水、火烹饪之得失，即可推矣。清代养生学家孟英先生说：人可以一日无谷，不可以一日无水，水为食精。康熙皇帝说：人之养身，饮食为要，故所用之水最切。什么样的水最好呢？博学多才、见闻甚广的康熙说：水最佳者，其分量甚轻。如果水质太差，就应将水煮沸，取其蒸馏水烹茶。

陆羽品雪水为最末等，第二十位。乾隆皇帝则刚好相反，认为雪水最轻，列第一等，天下没有泉水能与雪水相比。乾隆皇帝十分讲究用水，他品尝天下泉水，认为喝茶，以北京香山玉泉山的泉水最佳，称为天下第一泉。从此以后，就只喝这天下第一泉，不仅在北京是如此，出巡、狩猎、六下江南，他都是只喝这天下第一泉。每次出行的时候，细心的乾隆皇帝总是不忘记带上他的心爱小宝贝：一个特别制作的银制小方斗。此斗用于称量泉水的重量。乾隆所到之处，就命侍从选取各地的泉水，然后，他用这个小方斗，精量各地泉水，评出优劣。结果，玉泉山的泉水，水分最清，水味最甜，水质最轻。乾隆皇帝亲自撰写《玉泉山天下第一泉记》一文，并刻石立碑：

> 尝制银斗较之，京师玉泉之水，斗重一两；塞上伊逊之水，亦斗重一两。济南之珍珠泉，斗重一两二厘；扬子江金山泉，斗重一两三厘，则较之玉泉重二三厘矣。至惠山、虎跑，则各重玉泉四厘，平山重六厘；清凉山、白河、虎丘及西山的碧云寺，各重玉泉一分。然则更轻于玉泉者有乎？曰：有，乃雪水也。尝收集而烹之，较玉泉斗轻三厘；雪水不可恒得，则凡出山下而有冽者，诚无过京师之玉泉，故定为天下第一泉。

从此，玉泉山的泉水，成为皇帝的御用水。清宫每年每月定时派专人到玉泉山取泉水，用的是宫里的专用水车，车上插着黄色的小旗，因系御用之物，一路之上，凡黄色小旗所到之处，通行无阻。史官记载说：若大内饮水，则专取之玉泉山也。《日下旧闻考》记载："穿青龙桥而西，得玉泉山。……玉泉山以泉名，泉出石罅，潴而为池。……玉泉诸脉，汇于西湖，易名曰昆明湖。……若其经流，则自绣漪桥南入长河，引流入京城，绕紫禁城而出。"《燕楚游骖录》称："玉泉源出县西玉泉山，汇为西湖，分流而东南，入德胜门内西水关。至皇城内太液池，由大内经金水桥流出玉河桥，过正阳门东水关，东流少北。至东便门东水关出，注惠通河。"

据说，有七十二条清泉发源于北京西山玉泉山，所以，有《清宫词》描述《玉泉山》："画栏曲曲碧桥横，戏棹龙舟打桨轻。七十二泉新雨后，玉河春水一时生。"清代皇帝一日都离不开玉泉山的泉水，太后和皇后、妃嫔也都离不开这玉泉水。慈禧太后北逃时，下令沿途各州县，不得妄事供张，不得铺张浪费，一切务从俭约。但是，慈禧太后早晚两膳，仍然依照宫廷传膳单奉进，由御膳房烹饪，御膳所需要的水不能用沿途的水，只能用玉泉山的玉泉水，以供御膳和御茗。《清宫词》有《水车随行》一首，称："石铫砖炉听煮茶，行厨唯恐食单奢。鸾浆麟脯都无用，只载城西水一车！"

天下第二泉

北京紫禁城东华门内，有文华殿，殿东传心殿院子内，有一座古井，称为大疱井，水质极为甜美。明代学者焦竑在《涌幢小品》中，品鉴了京城泉水，称大疱井泉水第二：黄谏尝作京师泉品，郊原玉泉第一，京城文华殿东大疱井第二。《日下旧闻考》称："传心殿前左侧泉味独甘，甲于别井，今作亭覆其上。"

江苏无锡西郊的惠山泉水，人称天下第二泉。惠山泉位于惠山山麓，泉水因山而得名。唐代学者独孤及写《惠山新泉记》，书中称："无锡令敬澄，字源深，考古案图。有客陆羽，有多识名山大川之名，于此峰折云相为宾主。二人相见甚欢，合力疏为悬流，使瀑布下钟，甘流湍激。"自此，惠山泉名噪天下。宋代大诗人苏轼很喜爱惠山泉水，多次踏足惠山，亲尝惠山泉。苏轼任湖州太守时，经常邀请好友秦观、参寥一起游山，他们多次游历惠山，苏轼写下了《游惠山》诗：

敲火发山泉，烹茶避林樾。明窗倾紫盏，色味两奇绝。吾生眠食耳，一饱万想灭。颇笑玉川子，饥弄三百月。岂如山中人，睡起山花发。一瓯谁与共，门外无来辙。

宋·苏轼行书《种橘帖》

苏轼称赞惠山泉水，真是不惜笔墨。此外，他又写下了《惠山谒钱道人烹小龙团登绝顶望太湖》一诗，表达了自己对于惠山泉的喜爱：

踏遍江南南岸山，逢山未免更流连。独携天上小团月，来试人间第二泉！

后来，苏轼流放海南，发现三山庵的泉水与惠山泉水相近，兴奋不已，写下了《琼州惠通泉记》：

水行地中，出没数千里外，虽河海不能绝也。唐相李文饶，好饮惠山泉，置驿以取水。有僧言，长安昊天观井水与惠山泉通。杂以他水十余缶，试之，僧独指其一曰：此惠山泉也。文饮为罢水驿。琼州之东五十里，曰三山庵，庵下有泉，味类惠山。东坡居士过琼，庵僧唯德以水饷焉，而求为之名，名之曰惠通。宋徽宗时，将惠山泉列为首品，定为贡品。皇帝下令，两淮两浙转运使赵霆必须按月送惠山泉进宫，每月一百坛。

惠山泉分三池：上池、中池、下池。二泉亭前，有一不规则池子，称为下池。下池上方，宋代建造了一座漪澜堂，堂前供奉着南海观音。据说，这座精美的观音，曾是明代礼部尚书顾可学家中的故物，是乾隆年间移来的。上池位于二泉亭内，形状呈八角形，在三池之中，水质最好。在二泉亭、漪澜堂影壁上，分别镶嵌着元代大书画家赵孟頫、清代大书法家王澍所题五个大字：天下第二泉。

二 皇朝茶事

　　贡茶，是地方纳贡的物品之一，是地方将最好的茶叶进贡给皇宫的贡品。纳贡，就是由地方献纳贡物。朝廷知道，什么府什么州盛产茶叶，朝廷就选择茶叶品质最为优异的府州确定一定的额度，定期由地方纳贡。地方贡茶几乎囊括了所有盛产优质茶叶的名茶，包括：雅州蒙顶茶、常州阳羡茶、湖州顾渚紫笋茶、荆州团黄茶、睦州鸠坑茶、舒州天柱茶、宣州雅山茶、饶州浮梁茶、溪州灵溪茶、岳州邕州含膏茶、峡州碧涧茶、福州方山露芽茶等，涉及二十多个州的数十种名茶。当时，雅州蒙顶茶号称第一，人称仙茶。常州阳羡茶、湖州顾渚紫笋茶，并列第二。荆州团黄茶，名列第三。贡院，就是由朝廷直接设立的专业制茶机构，研制贡茶。朝廷选择生态环境较好、茶树较为优良的自然优质品种，在产量较为集中、交通较为便捷的地方，设立专门的贡茶院，也就是贡焙制的茶院，专门负责收集、制作贡茶。从唐宋直到清代灭亡，贡茶制度一直延续着，大量的贡茶源源不断地送进皇宫。

东晋御茶园

　　御茶园，就是为皇帝及皇室成员提供茶事服务的地方。以茶叶作为贡品，进献给皇帝，在中国历史上很早，起码在周代就已经有所记载。大约从东汉时期开始，官府设立制茶工场，提供御用珍品贡茶。可

以肯定的是，从东晋时期起，官府正式设立御茶园，为皇帝专门提供御
用贡茶。东晋御茶园，恐怕是中国最早的皇帝御用茶园了。从此以后，
御茶园作为为皇帝提供专门的茶事服务机构，被历代延续了下来，包括
唐代顾渚贡茶院、宋代建安官焙、元代武夷山御茶园等。清代朱彝尊喜
爱品茶，曾写《御茶园歌》，详细地描述了御茶园的情况。他在题解中
说：御茶园，在武夷山第四曲，元于此创焙局，安茶槽。歌云：

> 五亭参差一井冽，
> 中央台殿结构牢。
> 每当启蛰百夫山下喊，
> 从金伐鼓声喧嘈。
> 岁签二百五十户，
> 须知一路皆驿骚。
> 山灵丁此亦太苦，
> 又岂有意贪牲醪？
> 封题贡入紫檀殿，
> 角盘瘿枕怯薛操。
> 小团硬饼捣为雪，
> 牛潼马乳倾成膏。
> 君臣第取一时快，
> 讵知山农摘此田不毛！
>
> 先春一闻省帖下，
> 樵丁芟竖纷逋逃。
> 入明官场始尽革，
> 厚利特许民搜掏。
> 残碑断臼满林麓，
> 西皋茅屋连东皋。

自来物性各有殊，

佳者必先占地高。

云窝竹窠擅绝品，

其居大抵皆岩嶅。

兹园卑下乃在隰，

安得奇茗生周遭？

但令废置无足惜，

留待过客闲游遨。

古人试茶昧方法，

椎铃罗磨何其劳。

误疑爽味碾乃出，

真气已耗若醴饁其糟。

沙溪松黄建蜡面，

楚蜀投以姜盐熬。

杂之沉脑尤可憾，

陆羽见此笑且咷。

前丁后蔡虽著录，

未免得失存讥褒。

我今携枪石上坐，

箬笼一一解绳绦。

冰芽两甲恣品第，

务与粟粒分锱毫。

大唐贡茶院

唐代是中国贡茶制度形成和发展的重要时期，唐朝的贡茶制度对后世影响很大。尤其是在繁荣鼎盛的中唐时代，社会很安定，李唐皇帝倡导道教，主张儒、释、道三教并立，从皇帝到大臣，普遍较为注重外在修养和内在修为。茶事，文人们一直视为雅事，茶性高洁，一时之间，品茶成为君臣们内在修为最理想的活动。信奉三教的众人也都奉茶事为雅事，不仅爱茶，还由衷地颂茶。当时，品茶蔚然成风，对于品茶，朝野一片赞颂之声。文人描述当时的情境：田间之间，嗜好犹切。

唐朝时，贡茶开始形成制度，并确立下来，历代相传，直到清朝灭亡，延续了上千年。唐代的贡茶制度较为完备，主要有两种形式，一是朝廷直属的贡茶院制，二是地方献纳的纳贡制。贡院，就是由朝廷直接设立的专业制茶机构，研制贡茶。朝廷选择生态环境较好、茶树较为优良的自然优质品种，在产量较为集中、交通较为便捷的地方，设立专门的贡茶院，也就是贡焙制的茶院，专门负责收集、制作贡茶。有代表性的茶院，就是顾渚贡茶院。

浙江北部的顾渚山是一座富饶之山，当年，它是湖州长兴境内的名胜之地。传说，春秋战国时期，吴王登临此山，回望山下沙洲陆地，以为可以作为都邑，故而得名。唐代时，这里就是著名的产茶区。茶圣陆羽在《茶经》中记载说，长城县（长兴县）山谷出茶。宋代《太平寰宇记》称："顾渚，在县城西北三十里。昔吴王夫差顾其渚，次原隰平衍为都之所。今崖谷林薄之中，多产茶茗，以充岁贡。"

唐代宗大历年间，在长兴虎头崖，政府设立官办手工业作坊，称为顾渚贡茶院，专门负责制造皇帝御用珍品的皇家贡茶。最初设立顾渚贡茶院是在唐代宗大历五年（770年），这恐怕是中国最早的官办茶厂，也就是中国第一个国营茶叶厂。《嘉泰吴兴记》称："长兴有贡茶院，在虎头崖后，曰顾渚。右研射而左悬臼，或耕为园，或伐为炭，唯官山独深秀。旧于顾渚源建草舍三十余间，自大历五年（770年）至贞元十六年（800年），于此造茶。急程递进，取清明到京。袁高、于頔、李吉甫各有述。至贞元十七年（801年），刺史李词以院宇隘陋，造寺一所，移武康吉祥额置焉。以东廊三十间为贡茶院，两行置茶碓。又焙百余所，工匠千余人。引顾渚泉亘其间，烹茶涤濯，皆用之。非此水，不能制也。刺史常以立春后四十五日，入山，及谷雨还。"

值得注意的是，唐代的贡茶，特别是皇帝专用的御用珍品贡茶，基本上集中在湖州、常州接壤的地方，主要是长兴、宜兴交界一带。这里东临烟波浩渺的太湖，西北是耸立入云的高山，峰峦叠翠，山间和坡地云雾缭绕，空气中弥漫着泥土的芳香。山地间土层深厚，土壤肥沃，是茶树生长的优良胜地。这一带交通便利，水运陆运交错，便于运输。正因如此，顾渚茶闻名遐迩，人称：顾渚扑人鼻孔，齿颊都异，久而不忘。尤其是两县相邻的啄木岭，俗称悬脚岭，是御用珍品贡茶的出产地，成为湖州、常州太守修贡聚会的重要场所，他们特地建造了一所亭子，取名境会亭，两州太守定期在这里欢聚，交流贡茶经验，以茶会友。

湖州、常州交会的境会亭，成为两州最高长官雅聚的场所，很快便闻名遐迩。太守茶会雅聚，也成为当时官场的一件雅事，广为传颂。每年春天，由两州太守定下吉日，在莺飞草长的境会亭，两州派出精干人员张灯结彩，举行盛大的茶会，热闹非凡。常州、湖州刺史率领百官，首先祭祀金沙泉，然后举行茶会。据说，这孔金沙泉水十分了得，碧泉涌出，灿若金星。金沙泉至今尚存，已经修葺一新，依然碧泉喷涌。唐朝规定，每年第一批贡茶，一定在清明之前入贡皇宫，以赶上宫中清明祭祖大典。

在此之前，皇帝的督茶使者不绝于途，催促贡茶入宫。因此，有诗人描述：阴岭芽未吐，使者牒已频。茶工们则日夜兼程，蓬头垢面，打造精致贡茶：扪葛上欹壁，蓬头入荒榛。……选纳无昼夜，捣声昏继晨。茶农们十分艰辛，终日疲困不堪，负责督造贡茶的官员却依旧享乐，他们"有酒亦有歌"，纵情而狂欢。可以想象，当时的茶会一定十分繁荣兴旺，盛况空前。当时，作为贡茶胜地的紫笋茶产茶区，茶会之时，通常是由太守、刺史先期品尝，然后举行茶会。茶会盛况空前，茶香飘荡四野。茶会上，美女如云，来往穿梭于茶席之间，殷切伺候各方客人，宾客们尽兴品茶，彻夜纵情欢歌。所以，大诗人白居易感叹这种雅聚，写诗这样描述：

> 遥闻境会茶山夜，
> 珠翠歌钟俱绕身。
> 盘下中分两州界，
> 灯前合作一家春。
> 青娥递舞应争妙，
> 紫笋齐尝各斗新！

　　顾渚贡茶院所在的顾渚山，与常山宜兴的唐贡山接壤。在唐代宗广德年间（763—764年），顾渚茶与常州阳羡茶同时列为皇帝专用的御用贡品。唐贡山位于宜兴县城东南三十五里，这里有一条清溪，称为罨画溪。唐时，在这里设立茶舍，相当于官办制茶作坊。两地所产的名茶，都是紫笋茶，都被列为御用贡茶，因此，分别称为顾渚紫笋、阳羡紫笋。唐代李吉甫编纂《元和郡县图志》，书中详细记载了顾渚山紫笋贡茶的情况，其生产规模之大、制茶之精，完全出人意料。书中说：役工三万，累月方毕。在官方组织下，三万余人，有条不紊地制茶，三十天方才完成，可以想象其生产规模之巨大。

　　从史料上看，贡茶院是官办机构，由作为地方长官的刺史主持其事，由观察使总负其责。也就是说，这是直属政府系统的中央直属机构，由皇帝任命的地方长官直接负责，由中央指派官吏实施管理，地方州县长官有义不容辞的督造之责。当时，采茶、制茶和造茶，都是由专业技术人员和娴熟技能的员工各负其责。当然，负责御用珍品的贡茶院在制作技术诸方面　自然要求更高，集中了当时最好的茶艺员工。贡茶院的人员，基本上都是政府认定的茶叶专业户，也就是茶农。每年春天，贡院制茶时，贡院临时以雇匠的方式，雇用这些茶农入院造茶。雇他们的报酬，一天给绢三尺，依日纳资。为了保证御用珍品的质量，朝廷三令五申，严禁地方官员克扣他们的工资，以确保能够制作出最精致

唐·杜牧行书《张好好诗》

的贡茶。

有趣的是，袁高、杜牧都曾出任过湖州刺史。他们奉旨督造御用贡茶，亲临现场，亲自监督贡茶的每一道工序，对贡茶从采摘、制造到入贡，感慨尤深。有感于茶农的艰辛，袁高刺史斗胆，写了一首《茶山诗》，进呈给唐德宗，向皇帝描述了当时贡茶的真实状况。他指出，圣明君主，修通远俗，根本之意是在固本安民。可是，贡茶骚扰地方，地方官员不敢上书直陈。一品贡茶，动辄费用千金，多少茶农因此陷入贫困，所以，希望皇帝下旨，减少贡茶的岁额：

禹贡通远俗，所图在安人。

后王失其本，职吏不敢陈。

亦有奸佞者，因兹欲求伸。

动生千金费，日使万姓贫。

我来顾渚源，得与茶事亲。

黎氓辍农桑，采摘实苦辛。

一夫旦当役，尽室皆同臻。

扪萝上欹壁，蓬头入荒榛。

终朝不盈掬，手足皆鳞皴。

悲嗟遍空山，草木为不春。

阴岭芽未吐，使者牒已频。

心争造化功，走挺麋鹿均。

选纳无昼夜，捣声昏继晨。

众工何枯槁，俯视弥伤神。

皇帝尚巡狩，东郊路多堙。

周回绕天涯，所献愈艰勤。

况减兵革困，重兹固疲民。

未知供御馀，谁合分此珍？

顾省添邦守，已惭复因循。

茫茫沧海间，丹愤何由伸！

大诗人杜牧在《题宜兴茶山》诗中，将贡茶扰民也描写得入木三分，他写道：

山实东吴秀，茶称瑞草魁。

剖符虽俗吏，修贡亦仙才。

溪尽停蛮棹，旗张卓翠苔。

柳树穿窈窕，松涧度喧豗。

等级云峰峻，宽平洞府开。

指天闻笑语，特地见楼台。

泉嫩黄金涌，牙香紫璧裁。

拜章期沃日，轻骑疾奔雷。

舞袖岚侵涧，歌声谷答回。

磬音藏叶鸟，雪艳照潭梅。

好是全家到，兼为奉诏来。

树荫香作帐，花径落成堆。

景物残三月，登临怆一杯。

重游难自克，俯首入尘埃。

唐代诗人李郢感于茶农之苦，特地写了一首《茶山贡焙歌》，生动地描绘了贡茶焙茶的盛况和艰辛：

春风三月贡茶时，逐尽红旌到山里。

……

凌烟触露不停采，官家赤印连帖催。

……

驿骑鞭声砉流电，半夜驱夫谁复见？

十日王程路四千，到时须及清明宴。

文人写诗，本来就夸张，描写贡茶的诗句，可能夸张了贡茶的扰民和茶农的艰辛，也可能是想告诉皇帝，上之所好，下必甚焉！地方官可能会把皇帝之所好，当成是一种发财之道。事实上，每一个贡茶的茶叶产区，依山坐落，风景秀丽，茶园一派欣欣向荣的繁荣景象。而且，贡茶，因为是由地方最高长官亲自监督，从采摘、制作到完成直至送进皇宫，每一道工序都是十分严格的，加上是直接提供给皇帝和皇室人员饮用，所以，贡茶有着特殊的地位，在茶区每一个人的心中是很神圣的，在朝廷之中的地位自然也是十分突出和显赫的。所以，诗人张文规描述：牡丹花笑主钿动，传奏吴兴紫笋来。

宋代茶马司

宋代时，经济较为发达，地方进献皇帝的贡茶基本沿袭的是唐朝制度。因为管理上的问题，加上茶叶的质量发生了变化，进入宋代以后，顾渚贡茶院日趋衰落，渐渐淡出人们的视野。与此同时，福建建安的北苑茶引起了朝野的关注，皇帝下令在建安设立御茶园。建安位于福建省中北部，是古地名，东汉建安年间设置，故名。自东汉以来，这里就以产茶而闻名遐迩，特别是入宋以后，设立御茶园，北苑贡茶名扬天下。北苑坐落在建安（今建瓯）境内的凤凰山麓，从南唐至元代，这里就是朝廷贡茶的主产地。宋代设立御茶园，茶园内有御泉，泉水甘甜清澈，专门用于制造贡茶。专制贡茶的焙场，人称龙焙、正焙、官焙。

数百年间，北苑龙焙名扬四海。从皇帝到大臣到儒生，纷纷著书，称赞龙茶。从他们的著述中，可以看出北宋皇帝和文人的品茶情趣，他们谈论茶的种类，讨论茶具的不同，对北苑贡茶情有独钟。宋徽宗《大观茶论》、宋人蔡襄《茶录》、丁谓《北苑茶录》、赵汝励《北苑别录》、沈括《梦溪笔谈》、宋子安《东溪试茶录》、熊蕃《宣和北苑贡茶录》、姚宽《西溪丛语》等书，分别从不同的角度记载和描述了北苑贡茶的盛况。

宋徽宗懂得品茶，特地写了一部《大观茶论》，对于北宋的贡茶情况记载得十分详细，描述生动而逼真。他说：本朝之兴，岁修建溪之

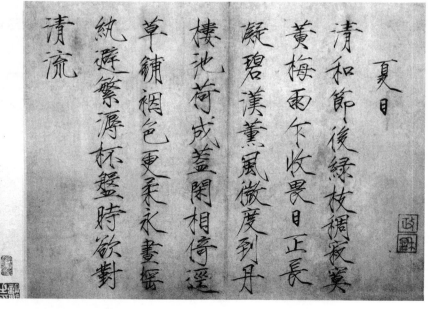

宋·赵佶楷书《夏日诗帖》

贡，龙团凤饼，名冠天下，而壑源之品，亦自此而盛。延及于今，百废俱举，海内晏然，垂拱密勿，幸致无为。缙绅之士，韦布之流，沐浴膏泽，熏陶德化，盛以雅尚相推，从事茗饮。故近岁以来，采摘之精，制作之工，品第之胜，烹点之妙，莫不盛造其极。且物之兴废，固自有时，然亦系乎时之污隆。

姚宽在《西溪丛语》中指出：建州龙焙，面北，谓之北苑。熊蕃在《宣和北苑贡茶录》中说：唐末，然后北苑出，为之最。沈括在《梦溪笔谈》中说：建溪胜处曰郝源、曾坑，其间，又岔根山顶二品尤胜。李氏时（南唐国主），号为北苑，置使领之。宋子安《东溪试茶录》记载：北苑，西距建安之洄溪二十里，东至东官（山）百里。过洄溪，逾东官，则仅能成饼耳，独北苑连属诸山最胜。

宋人蔡襄，字君谟，仙游（福建莆田）人。宋仁宗天圣八年（1030 年）进士，是北宋最著名的大臣、学者和书法家之一。他仕途通达，历官福州、泉州、杭州知府，官至起居注官。他曾任福建转运使，专门负责制造大小龙团贡茶进贡事宜。他所著《茶录》，大约成书于宋仁宗皇祐年间（1049—1053 年），全文七百余字，分上下两篇。上篇论茶，分色、香、味、藏茶、炙茶、碾茶、罗茶、候汤、烤盏、点茶十条。下篇谈茶器，分茶焙、茶笼、砧椎、茶钤、茶碾、茶罗、茶盏、茶匙、汤瓶九条。

他在序言中说：朝奉郎右正言同修起居注臣蔡襄上进，臣前因奏事，伏蒙陛下谕臣先任福建转运使日，所进上品龙茶，最为精好。臣退念草木之微，首辱陛下知鉴，若处之得地，则能尽其材。昔陆羽《茶经》，不第建安之品。丁谓《茶图》，独论采造之本。至于烹试，曾未有闻。臣辄条数事，简而易明，勒成二篇，名曰《茶录》。伏维清间之宴，或赐观采，臣不胜惶惧荣幸之至！他说的丁谓，是宋初太宗时期进士，真宗时曾官参知政事，封晋公。丁谓在任福建转运使时，始创大小龙团茶进贡，写有《茶图》、《北苑茶录》等书。

蔡襄所写序言，意思是说：朝奉郎右正言同修起居注臣蔡襄上书，从前，我因为向朝廷上书，条奏政事，承蒙皇上恩宠，任命我为福建转运使的时候，进贡给皇上的是上品龙茶，都是贡茶茶叶中最好的精品。空闲的时候，我在想，草木这样微不足道的细小东西，承蒙皇上明察和鉴赏。为人臣子，如果事事处事得当，就一定能够人尽其才了。唐代茶圣陆羽写《茶经》，没有提到过福建建安茶的品种和优质。本朝丁谓写《茶图》，只说了一点采集和制造的基本原理和方法。至于茶如何烹试，前人没有谈到。因此，我讲一点烹茶的注意事项，文字很简单扼要，也容易懂。书稿写成了两篇，取名《茶录》。恭请皇上空闲的时候，能够看一看，或许能够采用。如果能够这样，我就不胜感激了。

自南唐以后，官私贡茶之焙最盛之时达三百三十六家。当时，片茶压以银模，饰以尤凤花纹，称为龙团贡品，真是精湛绝伦。小团龙贡茶，二十饼为一斤，身价百倍，价格惊人，值金子二两。贡茶之外，成品建茶按照质量好次分成十个等级，朝廷官员按职位高低分别享用。宋代御茶园贡茶制作之精、品质之高、味道之美，都是无与伦比的，许多文人写有大量诗词加以赞叹。宋诗人苏轼对福建壑源珍品十分喜爱，曾写《次韵曹辅寄壑源试焙新茶》诗：仙山灵草湿行云，洗遍香肌粉未匀。明月来投玉川子，清风吹破武林春。要知冰雪心肠好，不是膏油首面新。戏作小诗君莫笑，从来佳茗似佳人。宋代诗人郭祥正也喜爱北苑茶，曾写《元舆试北苑新茗》：建溪虽接壤，春末始尝茶。旋汲邻僧水，同烹北苑芽。月圆龙隐飖，云散乳成花。贡入明光殿，分来王谢家。

元室御茶园

元世祖至元十六年（1279年），负责浙江省事务的最高行政长官平章名叫高兴。高兴喜爱喝茶，有一次，他路过岩茶胜地武夷山，特地监制了当地"石乳"茶，并选取了石乳茶数斤，带回京城，进献皇宫。皇帝品茶之后，十分满意，平章高兴因而受到了皇帝的特别嘉赏。三年后，至元十九年（1282年），高兴知道皇帝喜爱喝茶，特地命令富产优质茶叶的福建崇安县令亲自监制贡茶，进献皇帝。他吩咐"岁贡二十斤，采摘户凡八十"。崇安位于福建西北部，北接江西，是武夷山重要的产茶区。从元代起，就在这里设立武夷山茶场，专门负责贡茶。这里崇山峻岭，树木茂密，气候温暖，很适宜种茶。这里茶树的品种较多，主要有青茶、红茶。青茶中最为著名的就是武夷山岩茶，是闽北岩茶之冠，也是福建省最有名的茶品之一。武夷山除岩茶之外，崇安青茶也是青茶中的佳品。

元成宗大德五年（1301年），皇帝任命高兴的儿子高久住就任邵武路总管。高久住上任后，奉旨就近到武夷山督造贡茶。第二年，也就是大德六年（1302年），他在武夷山九曲溪之第四曲溪畔的平坂之地，创设了皇家焙茶局，称之为"御茶园"。从此，武夷岩茶正式成为贡品，每年定时定量贡献给朝廷，由皇帝和皇室成员专享。武夷山岩茶，每年必须精心采摘，精制加工，制成皇家专用的龙纹团饼。龙纹团饼制好后，从福建沿着专用驿站，以最快的速度传递，送进大都（今北京），专使呈送宫廷。

据记载，当时的御茶园十分繁盛，富丽堂皇。御茶园的建筑巍峨壮丽，完全是按照皇家的建筑规格和建筑模式来设计和构建的。第一进是仁凤门，迎面就是第一春殿。此外，还有清神堂、思敬堂、焙芳堂、宴嘉亭、宜寂亭、浮光亭、碧云桥等亭台殿室，还特别建造了一口通仙井，井上覆以龙亭，称为通仙亭。这些建筑，史家描述：皆极丹陛之盛。御茶园是负责皇帝御茶的专用茶园，主管部门和主管官员由皇帝亲自任命，茶园现场设有场官、工员。场官主管岁贡御茶之事，工员负责御茶的栽培、制作和生产。茶户最初是数十家，后来，随着贡茶规模的扩大，栽种、采摘、制茶的茶农最多时增加到二百五十户，每年要求采茶三百六十斤左右，精选优质茶叶，制成龙纹团饼五千枚，进贡皇宫。

元泰定帝泰定三年（1326年），崇安县令张瑞本重视御茶园，认为御茶园进贡御茶有功，特别吩咐在御茶园左右两侧，各建一座御茶园茶场门枋，建筑规模和所用色彩都是依照皇家规格，上面悬挂"茶场"大匦。当时，建宁府负责建茶的生产，建宁府治所在建安，又称建瓯。治所内，有一口著名的通仙井。据说，这座通仙井位于武夷山御茶园畔。清学者周亮工在四库抽毁书《闽小记》中说，相传，这口通仙井，平常时候，没有井水。只有在春天，御茶园造茶活动开始以后，由皇帝任命的茶事官员亲自读祭文，御茶园所有场官、工员参与祭祀活动，众人一起擂鼓、击钟，齐心协力大声喊山，这口通仙井的井水才开始涌出，直到井中水满。井水流溢，制作贡茶的茶事活动由此开始。最为神奇的是，贡茶制造完成以后，通仙井的井水开始变得浑浊，并自行消退干涸。

元宁宗至顺二年（1331 年），建宁总管察看地形以后，吩咐在通仙井之畔建筑了一个高台。其实，高台不高，只有五尺，但是，建造得十分精巧，称为"喊山台"。同时，在御茶园山上，总管还吩咐建造了一座喊山寺，寺庙巍峨雄壮，供奉着茶神。建宁御茶园喊山，渐渐形成了一套仪式。据说，每年的惊蛰日，御茶园官员都要恭请府县官员一起进山，他们一定要登山祭祀茶神，亲临喊山台喊山。喊山时，负责御茶园的主管官员主持祭祀活动，亲自宣读祭文："唯神，默运化机，地钟和气。物产灵芽，先春特异。石乳流香，龙团佳味。贡于天下，万年无替！资尔神功，用申当祭。"

祭祀之后，身穿祭服的众隶卒，一齐鸣金击鼓。这时，鞭炮齐鸣，山谷回响，祭台红烛高照。漫山遍野的茶农一起拥集祭台之下，大声高喊："茶发芽！茶发芽！"洪亮的声音响彻山谷，余音不绝于耳。据说，喊山将御茶园的祭祀活动推向了高潮，在一潮高过一潮的嘹亮喊山声中，通仙井泉水涌出，十分壮观。泉水出现，在山谷回响的喊山声中，泉水伴随着奇特的声音，慢慢上溢，清香在四野传播，甚为奇异。这一奇异现象，一直是一个不解之谜。

这一奇特现象，可以这样解释：当时，节候已经是惊蛰，土地融化，地气温热，百虫和万物苏醒，大地一片生机勃勃。这时，祭祀茶神的喊山活动如火如荼，火熏热炙，喊叫声声震四野，地温增高，在这种情况下，井水自然涌现。喊山涌泉，制作贡茶，史家记载这一现象是："茶神享醴，井水上溢。"对这一现象，当地人十分兴奋，认为这是天佑吾皇，赐福家乡。茶农的感情更质朴，直接尊称通仙井为神井，称井水为神水，爱称为"呼来泉"。

明茶马大使

进入明代以后，进贡皇宫的贡焙制在集权专制的高压下出现衰弱之势。各地的贡茶呈现出萎缩状态，只有福建武夷山依然保留着一个小型的御茶园，定额向朝廷纳贡。明太祖朱元璋，出身农民，对于民众的贫寒和疾苦他有切身感受。他常对侍臣说：民富则亲，民贫则离。民之贫富，国家休戚系焉。朱皇帝是安徽人，在江淮地区起义，转战于大江南北，对于茶事有所接触和了解，也深知茶农们的贡茶疾苦。他于南京称帝后，第一次看到进贡的龙凤团饼贡茶，惊叹不已！他说，这等贡茶，劳民伤财！朱皇帝一声令下，罢废龙团贡茶，吩咐唯采芽茶以进。从这以后，中国上千年的煮茶之法代之以冲泡之法。品茶，进入了冲泡品饮的时代。

明太祖时，设立茶局，专门管理茶叶税收及销售工作。随后，设立茶马大使，主管茶马事务。茶马大使，为茶马司的正职主官，正九品。其副职为茶马副使，从九品。明代还专设巡察御史，负责以茶易马事务，称为马政。明代的贡茶情况，从明代大臣曹琥所写《请革芽茶疏》中可见一斑："臣闻天之生物，本以养人，未闻以其所以养人者害人也！历观古昔帝王，忍嗜欲，节贡献，或罢或却，诏戒叮咛。盖不欲以一人之奉，而困天下之民。以养人之物，而贻人之患。此所以泽及生民，法垂后世，而王道成矣。臣查得本府额贡芽茶，岁不过二十斤。迩年以来，额贡之外，有宁王府之贡，有镇守太监之贡。是二贡者，有芽茶之征，有细茶之征。始于方春，迄于首夏。官校临门，急于星火。农夫蚕妇，各失其业，奔走山谷，以应诛求者，相对而泣，因怨而怒。殆有不可胜言者，如镇守之贡，岁办千有余斤，不知实贡朝廷者几何。……凡此五不韪者，皆切民之深患，致祸之本源，今若不言，后当有悔。臣今窃禄署府，目观民患，苟有所虑，不敢不陈。伏望陛下扩天地生物之心，悯闾阎穷苦之状，特降纶音，罢此贡献！"

清御膳茶房

明帝以乾清宫为寝宫，乾清宫东西两庑是皇帝日常服务性机构的所在地，东庑就是宫中女官负责皇帝起居的六尚办事处。六尚，分别是尚衣、尚食、尚功、尚服、尚寝、尚宫，是侍候皇帝饮食起居的内廷机构。乾清宫东庑最北三楹，就是清代负责皇帝茶水的御茶房。这里悬挂一匾，是康熙皇帝御书的三字匾额：御茶房。御茶房是专门侍候皇帝饮茶的机构，主要职责是提供皇帝所需的茶水、奶茶、果品和皇帝所在及可能前往宫室的饮品，还负责宫中各重要宫室的供品，参与备办宫廷节令宴席。御茶房之外，有皇后茶房、寿康宫等皇太后茶房。皇子皇孙娶福晋后，也有茶房。太后、皇后、妃嫔和皇子们喝茶，则由各自的茶房负责。他们按照规定，各有份例、银器、铜锡器皿。御茶房、茶房、清茶房器皿，每十年验收一次，将不堪使用者奏明内务府广储司银库，照原式打造、更换。

清初，设立茶膳房，地点是中和殿东围房内。雍正元年奉旨：茶房总领授二等侍卫、蓝翎侍卫，另设主事、尚茶正、尚茶副，俱为侍卫充任。乾隆十三年，乾隆皇帝以箭亭东外库改为御茶膳房：门东向，门内迤北，南北瓦房九楹，东西黄琉璃瓦房八楹，西南黄琉璃瓦房十二楹。据乾隆《大清会典》记载：清代设立御茶房，设管理事务大臣一人，负责御茶房事务，由皇帝特简深信之人担任这一职务。管理大臣之下设尚膳正三人，一等侍卫一人，二等侍卫二人；尚膳副一人，由三等侍卫入充。尚茶正三人，由一等侍卫一人、二等侍卫二人入充；尚茶副一人，由三等侍卫入充。下设尚茶六人，以三等侍卫二人、蓝翎侍卫四人入充。清雍正时，御茶膳房人数众多，浪费十分惊人，雍正皇帝不得不下旨训诫："凡粥饭及肴馔等类，食毕有余者，切不可抛弃沟渠，或与服役下人食之。人不可食者，则哺猫犬。再不可用，则晒干以饲禽鸟。"

御茶房所提供的茶水，全部都是取自北京西山玉泉山的泉水。每天都有送水车来往于皇宫至玉泉山的路上，送水车上插着小黄旗，一路畅通无阻。《国朝宫史》记载："玉泉山之水最轻清，向来尚茶，日取水于此，内管领司其事。"清代皇帝喝茶，离不开玉泉山泉水，即使是南巡也下旨带足够用的玉泉水南下随驾前往。乾隆皇帝喝茶很讲究，不仅要带足玉泉水，还下旨所到之处，将当地最好的泉水取来备用。乾隆二十一年，皇帝圣谕："朕明春巡幸江浙，沿途所用清茶水，著将静明园泉水带往备用。至山东省，著该省巡抚将珍珠泉水预备应用。至江浙省，著该省总督仍将上次巡幸江浙之泉水预备应用。"静明园，康熙年间建造，在玉泉山之阳，最初取名为澄心园。

御茶房的茶叶主要是各地进呈宫廷的贡茶，以安徽六安茶为主，宫中每年接受安徽进贡的六安茶约九十袋。内廷主位宫分，每月例用六安茶 14 斤。按照宫廷规定，每年南方进贡的果品，也是由御茶房负责接受。皇帝尝鲜之后，御茶房奉旨，将这些果品陆续分赏给王公、大臣、后妃。康熙皇帝和乾隆皇帝喜爱文墨，对于贡茶、果品之类的时鲜之物，时常赏赐给翰林大臣。康熙皇帝曾将进呈宫廷的贡品六安茶、乳酪茶、樱桃、苹果以及樱桃浆赏赐给值班的翰林。有一次，刚刚赏赐之后，宫中又收到了五台山进贡的天花，康熙皇帝尝过之后，感觉十分鲜美，说：鲜馨罕有！康熙皇帝吩咐，其余天花，一部分分送后宫，其余赏赐给入值翰林。康熙皇帝曾传旨御茶房："总管将茶房现有荔枝十四罐，赏在家阿哥，每人一罐；九十四岁刑部尚书母亲一罐，跳神妈妈一罐，贝子一罐，赏完所剩一二罐，不必发报，等福建新来时照旧发报。"

御茶房的职责是负责大内的茶膳，备其品味。按照清宫规定，茶房恭备份例：皇帝御前乳茶，例用乳牛六十头，每日泉水十二罐，乳油一斤，茶叶七十五包。皇后前，例用乳牛二十五头，每日泉水十二罐，茶叶十包。贵妃，乳牛四头；妃，乳牛三头；嫔，乳牛两头；贵人、常在等各有份例，每人每日茶叶五包。皇子、福晋，例用乳牛八头，每日茶叶8包。旗俗尚奶茶，每日供御应用及各宫廷主位应用乳牛，取乳交上茶房、茶膳房，所用糖斤，由糖仓承应。

御茶房有丰富多彩的金银器皿，金银茶具应有尽有。据记载，最盛之时，内廷备有银杯、银盘、银碗等二百余件，由茶房例用。按照规定，皇帝御前用金锅一件，金茶桶五件，金杓一件，金碗一件，银茶桶三十二件，银盘二十九件，银碗五十三件，银背壶七十四件，银壶一件，银罐七件，银双耳罐一件，银盘十件，银碗八件，银杓十一件，银漏子两件，银匙九件，银钟两件。皇后前，金茶桶两件，金碗两件，金杓一件，银茶桶五件，银盘一件，银碗三件，银罐两件，银碗盖两件，银杓三件，银壶六件，银碟银匙各一件。

清廷在多处设立茶库，由内务府管理，主要地点包括：太和门内西边南向配房、右翼门内西配房、中左门内东偏配房。茶库专司收藏贡

清·康熙款五彩万寿盘

品珍物，不仅仅是茶叶，包括人参、香纸、檀香、纸张、绒线、颜料，以及银作所需要的硼砂、宝钞、盐碱、乌梅、白芨、松香、火硝、黑台矾、珐琅料、牛金叶、琉璃珠、鹿茸草，等等。清乾隆年间，各地进贡方物，茶叶一类就十分丰富。乾隆九年六月，据《总管内务府奏销档》记载，贡茶如下：

湖广总督进砖茶五箱。

陕甘总督进吉利茶两次十八瓶。

漕运总督进龙井芽茶一百瓶。

河东河道总督进碧螺春茶一百瓶。

闽浙总督进莲芯茶四箱，花香茶五箱，郑宅芽茶、片茶各一箱。

两江总督进碧螺春茶一百瓶，银针茶、梅片茶各十瓶，珠兰茶九桶。

云贵总督进普洱大茶、中茶各一百圆，普洱小茶四百圆，普洱女茶、蕊茶各一千圆，普洱芽茶、蕊茶各一百瓶，普洱茶膏一百匣。

四川总督进仙茶、陪茶、菱角湾茶各两银瓶，观音茶两次二十七银瓶，春茗茶两次十八银瓶，名山茶十八瓶，青城芽茶一百瓶，砖茶五百块，锅焙茶十八包。

湖北巡抚进通山茶五箱。

陕西巡抚进吉利茶九瓶，安康芽茶一百瓶。

江苏巡抚进阳羡芽茶、碧螺春茶各一百瓶。

浙江巡抚进龙井芽茶一百瓶，各种芽茶一百瓶，城头菊五箱。

福建巡抚进莲芯茶十大瓶，花香茶十二大瓶，郑宅芽茶、片茶各六十小瓶。

江西巡抚进永新砖茶两箱，庐山茶四箱，安远茶三箱，介茶四箱，储茶三箱。

湖南巡抚进安化芽茶一百瓶，界亭芽茶九十瓶，君山芽茶五十瓶，安化砖茶五匣。

安徽巡抚进银针茶、雀舌茶、梅片茶、珠兰茶、松萝茶各两次八箱，涂尖茶四箱。

云南巡抚进普洱大茶、中茶各一百圆，普洱小茶二百圆，普洱女茶、蕊茶各一千圆，普洱嫩蕊茶、芽茶各一百瓶，普洱茶膏一百匣。

贵州巡抚进五斤重普洱茶一百圆，四两重普洱茶一千圆，一两五钱重普洱茶两千圆，普洱芽茶、蕊茶各五十瓶，普洱茶膏一百匣，龙里、贵定芽茶各五十瓶，湄潭芽茶一百瓶。

由于皇帝对于茶事的重视，清代二百余年，中国茶业进入鼎盛时期，全国形成了规模空前的几大茶区。清代前期，依然采取历代产茶府州定额纳贡制，各地的贡茶事业得到了蓬勃发展。特别是乾隆年间，贡茶繁荣，盛况空前。仅仅福建建瓯茶厂就不下千家，小者数十人，大者百余人，以茶为业者日众。江西《铅山县志》载："河口镇，乾隆时期，业茶工人二三万之众，有茶行四十八家。"

乾隆皇帝游历江南，巡幸各地，品尝各省名茶。他在《太湖茶思》诗中写道：

太湖临处上方通，茶磨遥思斗茗风。水厄权与陆鸿渐，用之于此岂知穷？

乾隆皇帝十分喜爱烹茶，正是因为他之所爱，所以，全国品茶之风盛行。乾隆皇帝写了很多品茶诗，其中，有一首《烹茶诗》成为品茶的经典之作：

梧砌烹云坐月明，砂瓷吹雨透烟轻。跳珠入夜难分点，沸蟹临窗总有声。静浣根尘心地润，闲寻绮思道芽生。谁能识得壶中趣，好听松风泻处鸣。

三　宫中茶宴

　　宫中茶事始于何时？据说，始于公元前的汉成帝时期。相传，公元前7年，汉成帝驾崩。当夜，汉成帝宠爱的皇后赵飞燕梦见皇帝赐茶，被左右大臣阻挠。赵飞燕大惊，啼哭不止。近侍立即摇醒皇后，赵飞燕惊醒，方觉是梦。她看着近侍，惶恐地说：我做了一个梦，在梦中，见到皇上了。皇上赐我坐，还吩咐进茶。可是，左右侍从进言皇上，说我一向侍候皇上不谨慎，不配喝此贡茶！这是中国宫廷之中有关茶事的最早记载，说明茶已经进入了汉代宫廷，而且，皇帝赐茶是宫廷之中的最高礼遇。

　　茶，进入宫廷，日渐扮演着重要的角色，茶宴随之诞生。茶，在宫廷宴会之中，开始发挥着非同寻常的重要作用。三国时期，吴主孙皓经常大宴群臣。孙皓的特点是，每宴必饮，每饮必须喝酒，不能少于七升。孙皓是位嗜血成性的君主，杀人如儿戏。大臣之中，韦曜是孙皓的宠臣，但是，他不能喝酒。每次宴会，韦曜总是十分紧张。吴主孙皓特别下旨，让韦曜以茶代酒。韦曜奉旨，自然感激涕零。这段记录，是中国宫廷中以茶代酒的最早记载。

　　隋代时，宫中盛行喝茶。可以说，这个时期，茶在人们的心目中，已经成为神仙圣物，奉之如神。隋开国皇帝杨坚与茶有不解之缘。《隋书》记载说：隋文帝微时，梦见一神，易其脑骨。从此以后，他的脑袋就经常痛。忽然，有一天，他遇见一位僧人，僧人见他脑痛不已，对他说：山中有茗草，煮而饮之，当愈。他立即上山采摘，煮饮，当即痊愈。于是，天下人视为神草仙药，竟采茗草。这山中茗草，就是茶。当时，有茶歌风行天下，人们争相传唱：穷春秋，演河图，不如载茗一车！

隋唐以后，茶登堂入室，进入中国宫廷，成为宫廷生活之中的重要角色，也是开门七件事的重要一项，茶宴也在宫中不停地上演。清代文人舒位喜欢喝茶，特别感叹每天开门的七件事：柴、米、油、盐、酱、醋、茶。他将这七件事，分别吟咏，写成七律七首，其中，《茶》诗云：

> 谷雨清明取次过，采茶人少吃茶多。
> 开花日日莺啼树，饮水家家鼠满河。
> 饭颗山头饥欲死，酒泉郡里醉时歌。
> 不如自听瓶笙曲，消渴文园奈尔何！

吴主孙皓以茶代酒

茶，在中国历史悠久。记载古史的《诗经》之中，就有茶的身影。《谷风》中说："谁谓荼苦。"荼，就是古代的茶。中国孔子删订的其他儒经之中，没有出现茶字，可见春秋战国以前，茶没有进入文人生活，更没有进入皇宫。最早记载茶事的书籍，恐怕就是《赵飞燕别传》了。但是，正史最早记载茶事的，却是《三国志·吴志》，说吴主孙皓举行宫廷酒宴，吩咐宠臣韦曜可以以茶代酒：吴主孙皓每召集群臣饮酒，率以七升为限。韦曜不过二升，或为裁减，或赐茶茗以代酒。

分茶宴

分茶，是中国古代的茶俗，始于晋代，唐宋时期十分风行。当时，有一定身份地位的大臣，会被召进宫中，由皇帝设宴款待。款待之后，往往能够获得皇帝赏赐的贡茶，称为分茶宴、赐茶宴。大臣将皇帝所赏赐的贡茶，包括散茶或者茶饼，分别赠送给自己的亲戚、朋友或者同僚，时人称为分茶、赠茶、寄茶、分甘。唐代学者韩翃关注茶事，他在《为田神玉谢茶表》中说：吴主礼贤，方闻置茗。晋臣好客，才有分茶。宋代大儒邵雍喜欢品茶，在《十七日锦屏山下谢城中张孙二君惠茶》诗中称："仍携二友所分茶，每到烟岚深处点。"

　　分茶活动最盛的时期，是在唐宋年间，尤其是宋代，文人们写有很多诗词，吟咏分茶。宋诗人刘子翚感叹分茶，在《分茶公美子应预为白晒之约》诗中说：

　　　　梦里壶山寻二妙，不因荔子鬀丝华。聊分茗碗应年例，故有筠笼来海涯。鲜苞尚想妃子笑，橘面何取西施靶。老馋唯作耐久计，一瞬红紫真空花。

　　宋人王十朋参与中秋宴，在清白亭分茶赏月，写下了《府帅王公中秋宴客蓬莱阁公茶》一绝：

　　　　使君开宴小蓬瀛，幕客参陪亦与荣。茗煮寒泉饮清白，酒斟佳月赏分明。白发青衫老幕官，蓬莱秋月两年看。兴来端欲乘风去，不怕琼楼玉宇寒！

　　分茶活动，在明清时期也十分风行，文人们好此雅兴，皇宫之中也流行这类雅事。明代大臣汪道会喜欢品茶，写下了《和茅孝茗试介茶歌兼订分茶之约》，对于分茶雅事和茶令酒会，有专诗描述：

　　　　昔闻神农辨茶味，功调五脏能益思。北人重酪不重茶，遂令齿颊绕膻气。江东顾渚凤擅名，会稽灵茝称日铸。松罗晚岁出吾乡，几与虎丘争市利。评者往往为吴兴，清虚淡穆有幽致。去年春茗客西泠，茅君遗我介一器。更寄新篇赋介歌，蝇头小书三百字。为言明月峡中生，洞山庙后皆其次。终朝采撷不盈筐，阿颜手泽柔蒉焙。急然石鼎扬惠泉，汤响如聆松上吹。须臾缥碧泛瓷瓯，沸然鼻观微芳注。金茎晨露差可方，玉泉寒冰讵能配。顿浣枯肠净扫愁，乍消尘虑醒忘睡。因知品外贵希夷，芳馨浓郁均非至。陆羽细碎搏紫芽，烹点虽佳失真意。常笑今人不如古，此事今人信超诣。冯公已死周郎在，当日风流犹未坠。君之良友吴与臧，可能不为兹山志。嗟予耳目日渐衰，老失聪明惭智慧。君能岁赠叶千片，我报俞麋当十剂。凉嗖杖策寻黄山，倘过陆家茶酒会。

赐茶宴

宋朝有一个惯例，就是每年进贡团茶和白羊酒后，皇帝亲自设宴，将贡茶、羊酒赏赐给两府大臣，称为赐茶宴。宋仁宗时，改革旧制，将以前赏赐现任两府旧法，改为赏赐贡茶给现任两府和前任宰相，都是每年赐团茶一斤，酒二壶，岁以为例。团茶，就是龙凤团茶，分小龙团和大龙团，是宋代最为精致、最为贵重的团饼贡品，又称月团茶。宋代诗人王十朋喜爱团茶贡品，写有《万孝全惠小龙团》诗："贡余龙饼非常品，绝胜卢仝得月团。岂有诗情可尝比，荷君分贶及粗官！"贡茶中的密云龙茶，也是极品好茶。有一年，大臣赵仲永得皇帝赏赐，将部分密云龙茶转赠给王十朋，王氏十分感动，写下了《赵仲永以御茗密云龙熏衣香见赠》诗："天上人回饼赐龙，香沾衣袖十分浓。明珠照室光生艳，三绝全胜万石封。

宋宣茶赐汤

晋代时，客至点茶，形成习俗，称为宣茶。客去时，设汤，称为点汤、赐汤。这一习俗，发展到唐宋时代尤为盛行，人称宣茶赐汤。宋人对于赐汤，十分讲究，通常是用甘香药材泡成。对于点茶，则是更加讲究，有三不点：泉水不甘不点茶，茶具不洁不点茶，客人不雅不点茶。欧阳修在《尝新茶》诗中曾吟：泉甘器洁天色好，坐中拣择客亦佳。苏东坡任维扬太守，在石塔寺试茶，写下《茶》诗：禅窗丽午景，蜀井出冰雪。坐客皆可人，鼎器手自洁。

宣茶赐汤，引入宫廷，成为皇帝礼遇近臣的一种宫廷茶俗。这一茶俗始于唐代，北宋时期已经约定俗成。唐学者李冗写《独异志》，书中记载：德秀明经制策入仕，其一篇自述云：天子下帘亲自问，宫人手里过茶汤。这段记载，应该是说皇帝策试，亲自宣茶赐汤。这段史事，应该是中国宫廷中最早的宣茶赐汤出处。宋人王说写《唐语林》，书中说：唐文宗尚贤才，尝召学士入内廷论经，比较文章高下。宫人以下，侍茶汤饮馔。《铁围山丛谈》一书，内容丰富，也记载了宫廷茶礼茶俗：国朝仪制，天子御前殿，则群臣皆立奏事，虽丞相亦然。后殿曰延和，曰迩英，二小殿有赐坐仪。既坐，则宣茶，又赐汤，此客礼也。

宋人对于茶，格外看重。宋有御史三院：一是台院，台院主官是侍御史。二是殿院，殿院主官是殿中侍御史。三是察院，察院主官是监察御史。察院厅在南边，唐武宗会昌初年，监察御史郑路修茸礼察厅，称为松厅，因为厅南栽种了一棵古松。刑察厅，称为鬼厅，因为冤鬼很多，纠缠于此。兵察厅，掌中茶，茶使购买蜀中最佳茶叶，收藏在陶器之中，以防湿暑。茶叶收藏、启封，每次都是御史躬亲监视，称为御史茶瓶。

皇帝经筵赐茶

清代经筵日讲仪十分隆重，沿自明代。顺治九年（1652年），清廷规定，春、秋仲月，各举行经筵进讲。最初时，令大学士知经筵事，尚书、左都御史、通政使、大理卿、学士侍班，翰林二人进讲。进讲前，预设御案、讲官案，列出讲章以及进讲副本，左书，右经，排列案上。届时，皇帝身穿常服，临御文华殿。记注官侍立在大柱之西，面向东。讲官等人行二跪六叩礼，行礼毕，分立左右，侍班官员分别侍立在讲官之后。纠仪官侍立在东西之隅，鸣赞官高声唱：进讲。直讲官出列，进诣御案前，跪伏，行三叩礼，礼毕之后，分列御案左右。先讲《四书》，然后讲《六经》，讲完后复位。皇帝听完讲读，皇帝宣讲，用满文、汉文讲解，阐述大义。各位官员跪伏聆听。皇帝讲毕，大学士进奏，众大臣中肯称赞皇帝圣明。讲读完毕，各位官员行二跪六叩礼。然后，皇帝率领众人，进入文渊阁。皇帝临御座，赐众官坐，赏赐贡茶。君臣一边品茶，一边议政。随后，皇帝赐宴本仁殿。

皇帝视学礼茶宴

清代皇帝在宫中举行经筵活动，讲读经史，通常是在春秋两季举行，称为春秋经筵。最初，没有茶典，到雍正皇帝时，增补茶典，称为视学礼茶宴。春秋经筵，始于康熙皇帝，只是讲授经史。雍正时，皇帝出于礼士的考虑，下旨增设赐茶典。讲学之地，设在文华殿，赐茶仪就在讲学之所的文华殿举行。乾隆时期，经筵日讲，更加发扬光大，规模空前。乾隆皇帝在位六十年，举行了四十九次经筵，作经筵论九十八篇。乾隆四十一年（1776年），文渊阁建成，乾隆皇帝下令在文渊阁举行赐茶仪。经筵之时，文武大臣、讲官、翰林等人全部参加，宴会只讲经史，只是品茶，没有歌乐。乾隆五十二年（1787年），特命演奏《抑戒》之章，以听乐清耳，品茶悦心。礼茶宴席，由光禄寺奉旨承办，每次例用六等满席二十二席，供乳茶十桶。

皇帝临雍礼茶典

皇帝临雍讲学，例行赐茶，称为临雍礼茶典。辟雍，是周代天子

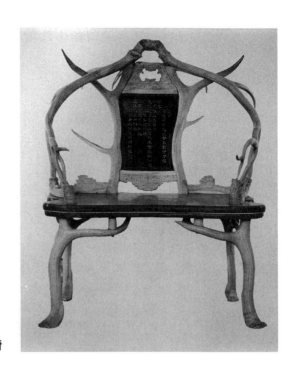

清宫鹿角椅

所设立的太学。清帝尊孔崇儒，遵循古礼。皇帝于国子监举行释奠大典，并且，皇帝亲自在彝伦堂讲学，称为视学。雍正二年（1724年），雍正皇帝亲临彝伦堂视学。礼成，皇帝随后于礼部赐宴，设汉席八十席，只供清茶。乾隆四十八年（1783年），乾隆皇帝下令，在彝伦堂前修建辟雍殿，殿外建回廊，廊外凿环池，池上建造四桥，直通四殿。辟雍圆殿建成，第二年，乾隆皇帝亲自释奠，临雍讲学，举行隆重茶典。皇帝每次临雍视学，观礼、听讲者达三千八百人，国子监生皆于廊下桥上听讲。视学第二天，礼部赐讲官、执事、大臣宴，赐品贡茶。宴会分头等、二等、三等汉席，茶用贡茶，锡茶壶，头等汉席所用茶盅以及二三等汉席茶具，都由皇帝钦定，由礼部备办。与宴官员一身朝服，进诣香案前，望阙行三跪九叩首礼，然后入座品茶。

皇帝藉田礼茶宴

皇帝每年亲临先农坛，举行扶犁三推之礼，称为耕藉礼。耕藉，古代帝王亲耕于藉田之谓。历代帝王首重农业，因为，农业生产粮食，民以食为天。帝王们效法古制，执耒耜三推三反。清代自顺治皇帝开始，行此大礼，表示对农业的重视，旨在敦本劝农。康熙皇帝时期，在西苑（中南海）丰泽园举行预演藉田礼，也预演赐茶。乾隆皇帝时，以四推表示对农业的更加重视，定为常制；到六十岁以后，才恢复三推。皇帝三推四推之后，王公大臣开始藉耕。礼成之后，皇帝在无逸殿举行赐茶礼，称藉田礼茶宴。

皇帝丧仪茶奠

皇帝去世，称为崩，又称晏驾、升遐。从入殓梓宫到入地宫之前，称为大行皇帝。清廷规定：皇帝初丧，嗣皇帝就主丧位，冠去纬，器踊，截发辫，居倚庐。后宫之中，自皇后以下，都去首饰，摘耳环。成服后，设朝、晡、午三祭奠。朝祭：嗣皇帝出倚庐，诣几筵前，东立西向，举哀。启宫门，总理丧事王公大臣及执事官员，率领尚茶、尚膳举茶、膳，由中门中路进。尚茶跪进贡茶，王公百官随跪，嗣皇帝举茶恭奠于茶几之上，行一拜礼，众大臣随行拜礼。礼毕，尚茶撤茶，众官起立。第二天，在乾清宫举行殷祭，翰林院翰林撰写祭文，具楮币九万，备祭筵二十一案。嗣皇帝几筵前痛哭，内外恸哭，行茶奠礼如仪。

御殿赐茶

清太祖时，建元立国，勤于政务，确定五日一视朝。视朝时，焚香告天，宣讲自古以来嘉言善行以及历史上成败兴废史事，训诫臣民。这是清代御殿听政的开始，但是，并没有形成定制。清太宗时，正式确定御殿仪注：设大驾卤簿，王公大臣身穿朝服，在音乐声中，恭俟皇帝出宫临御大殿。皇帝临座，赐众大臣入座。诸臣各依班次行一叩礼，入座。部院堂官出班进奏，议事。议政毕，皇帝还宫。

清顺治九年（1652年），给事中魏象枢进奏："故事，有朔望朝，有早朝、晚朝、内朝、外朝。今纵不能如往制，请一月三朝，以副励精图治至意！"大臣杨簧也进言："旧例，百官每月十一朝，似太烦琐。今每日入朝奏事，较十一朝不为少。应定每月初五、十五、二十五日行朝参礼。"清世祖允准。从此以后，确定逢五视朝之制。凡是御殿之日，皇帝都要行赐茶仪。常朝之日，赏赐大臣官员贡茶，由光禄寺承办乳茶，由八旗马甲（骁骑兵）分赐之。届时，皇帝临御太和殿，引见官员毕，皇帝赐坐，赏赐贡茶。众臣品茶，行礼谢恩。清乾隆六年（1741年），乾隆皇帝认为马甲赐茶，不甚雅观，命改由御茶房备茶，由内务府各执事人及内务府护军分别赐茶。每次，备茶四十桶，用执事人八十名，护军六十名，负责执茶桶、茶碗，按照大臣、官员座次分别赐茶。

同乐园听戏品茶

同乐园在圆明园，位于大宫门东，是清代皇帝的行宫戏园之一。同乐园听戏品茶，是清宫一种茶俗，也是宫廷中的一种娱乐方式，意在君臣同乐，共庆佳节。同乐园看台建造精巧，共有五间，大戏台建造得十分别致，有三层高台。清乾隆年间，每逢元宵佳节、万寿节，前后数天，都要在这里举行隆重的庆祝活动，看戏品茶。届时，宗室王公、大臣，蒙古王公、台吉、额驸和属国使臣，都奉旨入座，赐茶赐果赐酒听戏。朝廷文武大臣之大学士、六部尚书、御前大臣、军机大臣、内务府大臣、南书房翰林等人，经奏事处预先奏请，皆准听戏观剧，赐茶果助兴。如果皇帝临御赏戏，皇后、妃嫔必随从观赏，即于中间就座，例进茶果。其余众人，分列东西两厢四间房内，品茶看戏。上演剧目，通常是"清平见喜"、"太平有象"、"和合呈祥"、"青牛独驾"、"环中九九"等剧目。演戏时，神仙从上层而下，鬼魅自下层而上，清新悦目，煞是好看。

千叟宴茶

清帝在宫内举行千叟宴茶仪，旨在加强民族团结，和睦君臣关系。千叟宴，地点设在内廷，茶仪是以敬老尊老的方式进行。清廷规定：凡是宫廷朝会、燕飨，都有进茶仪、赐茶仪。康熙五十二年（1713年）春天，康熙皇帝六十大寿寿庆，特地在畅春园举行千叟宴，宴请各省在职、致仕汉大臣、官员、士庶六十五岁至七十岁者一千八百四十六人，七十岁至八十岁者一千八百二十三人，八十岁至九十岁者五百三十八人，九十岁以上者三十三人，共计四千二百四十人。康熙六十一年（1722年）元旦，康熙皇帝在宫廷举行千叟宴，宴请八旗在职、致仕文武官员六十岁以上人员；随后，在乾清宫宴请汉人六十五岁以上文武官员。千叟宴时，皇帝特地选择皇子皇孙和皇室子弟、侍卫人员，在席前敬茶献酒，气氛十分热烈。宴会期间，皇帝撰写诗文，与宴者唱和，事后，编成诗集，称为《千叟宴诗》。

千秋燕茶

皇太后大寿，称为千秋节。千秋节举行的宴会，称为千秋宴、千秋燕。清廷规定，每逢皇太后千秋节或者每年元旦等重大节日，都要在皇太后居住的慈宁宫举行盛大的宴会，称为慈宁宫筵宴。宴会之前，由礼部进奏，得皇帝圣旨之后，开始筹办。内务府进奏，由皇帝钦定晋爵命妇名单。尚膳内管领负责筹备御膳宴席，诸王进馔筵牲酒。届日黎明，内銮仪卫陈设皇太后仪驾卤簿仪仗，内监设乐器。公主、福晋、夫人、命妇一身朝服，聚于永康右门之外恭候。武备院在慈宁宫门外阶下正中张黄幕，内中设樽、爵、壶、杯、金卮等器物。尚膳女官一身礼服，郑重入殿入幕布席。在宝座前，设立皇太后御宴桌，加黄幕。东边设皇后御筵，左右为皇贵妃、贵妃、妃、嫔宴席，东西相向。随后是公主、福晋以下，乡君、入八分公夫人以上宴席。大殿之外丹陛左右，为公、侯、伯、子、男以及满洲一品、二品大臣命妇宴席。

届时，内监引公主以下众妇人，自永康右门进入慈宁门，按序侍立于东西两侧丹墀之上。随后，礼部尚书、侍郎转传内监，奏请皇后诣皇太后宫筵宴。皇后率皇贵妃以下具一身礼服，升舆，依次出启祥门。其时，由前引命妇恭导，直到慈祥门至徽音左门外降舆，依序进入慈宁门。皇后进至殿内，东向侍立。皇贵妃以下随后进入，在皇后稍后东西侍立。公主、福晋、夫人、命妇依序在丹陛侍立。引礼女官转传内监，奏请皇太后临御慈宁宫。皇太后一身礼服，仪态万方地出宫赴宴。中和韶乐奏豫平之章，直到皇太后升座。皇太后入座就位，音乐停止。引礼女官引皇后以下众妇人入就宴位，引公主以下众妇人各趋宴席。众人入

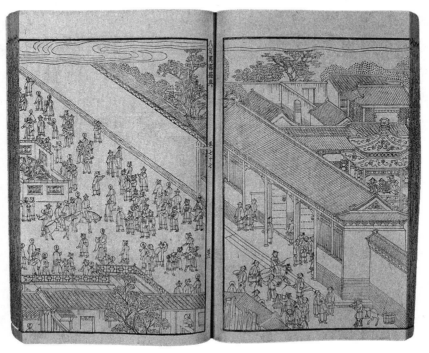

《八旬万寿盛典》书页

坐，在本座位前行一拜礼。皇太后赐坐，赏赐贡茶。丹陛清乐响起，奏
海宇升平日之章。

万寿宴茶

皇帝生日，称为万寿节。万寿节举行宴会，称为万寿宴。万寿宴
上的献茶活动，称为万寿宴茶仪。万寿宴通常设在太和殿，或者是在圆
明园正大光明殿。乾隆皇帝七十大寿时，特地在承德避暑山庄举行万寿
宴。万寿茶宴前，皇帝先遣朝官四出，分别致祭岳、镇、海、渎诸神。
万寿节的礼仪活动，都由礼部事先奏明，由领侍卫内大臣请旨，由皇帝
钦定王公大臣负责。万寿节时，备办丰盛的茶宴、羊酒、馔席，正席大
约上百桌，增补席大约数十桌，每次通常是两百桌左右，宴席豪华气
派，极尽铺张之能事。

万寿节时，都要举行隆重的宴礼和茶礼。宴席上，要跳喜起舞、
庆隆舞，由大臣领跳。茶礼之后，舞蹈十分热烈。清廷选择侍卫之中的
敏捷之人，身穿一品朝服，头戴貂帽，身披豹皮，唱国语歌，在宫殿庭
院舞蹈，宫廷乐工吹箫击鼓以和，舞者应节起舞，有古人起舞之意，称
喜起舞。庭外丹陛之上，舞者扮成虎豹异兽，八大人骑马逐射，称为庆
隆舞。有《清宫词·大宴舞庆隆》为证：

元会良辰宴太和，庆隆喜起舞嗟嗟。

但籍记注官臣笔，不缩纠仪御史呵！

四　皇家茶具

茶具，在中国历史十分悠久。可以说，中国各种各样的精美茶具琳琅满目，美不胜收。从青铜器到土陶，从硬陶、釉陶到瓷器、玉器、木器，等等，到处可见中国古代饮器的身影。从考古发现上看，没有发明文字之前的史前时期，就有了相当精致的饮器。距今约一万至四千年的新石器时代，许多文化遗址中就有大量的陶器问世。这些陶器，显然是古人用火烧造出来的生活用品，这也是人类通过自己的努力，改变自然黏土制造生活用器的开始。这一成功尝试，开启了人类文明历史的长河，从此以后，各种凝结着人类智慧的文明成果纷纷问世，其中，包括大量的茶具饮器。

茶具很实用，因饮茶之需而产生。饮食，性也，人之天性所需。因为饮食的需要，就产生了盛装液体的器物，如碗、杯、盘、盒、壶等日常用品。当然，这些器物，可以用来盛酒，可以用来盛粥，自然也可以用来装茶。这些器物，从考古上说，称为饮器。中国古代史书《周礼》、《诗经》之中，多次提到过茶。三代以降，直到秦汉时期，各种茶具纷纷出现，给人提供方便，也丰富着人们的生活。茶具是盛茶汤的，很多材质都可以用作茶具，包括竹、木、金、银、象牙、兽角、玻璃、陶器、瓷器，等等。

古人喝茶，讲究煮茶。煮茶时，不仅仅是只放茶叶，还要放别的调料调出丰富多彩的口感。古人喝茶调味品很多，主要包括盐、姜、花

一套宫廷茶具

椒、橘皮之类。不仅仅汉人喝茶加调味品，别的民族喝茶也放入调味品。蒙古人喝茶喜欢加奶，加盐，和茶叶一起，放入铜壶中煎煮，称为奶茶。藏族人喝茶，喜欢将茶、盐、酥油放在一起，称为酥油茶。新疆人更加丰富，将茶叶、盐、胡椒、桂皮、丁香碾成末，融为一体煮，成为口感十分美妙的奶茶。

　　陶器品种很多，主要分为饮器、食器、储器、礼器等多种。饮器包括杯、盉、斝、盅，等等。食器包括碗、钵、豆、簋等，当然，食器中的碗、钵、豆等也都可以当做饮器。也就是说，饮器和食器，因实用而产生，古人并没有严格地区分。由陶器发展到瓷器，饮器品种日益增多。比如，盖碗，就是中国古代饮器中的重要一类。陶器分为红陶、黑陶、灰陶、白陶等不同种类，经历了红陶、灰陶、黑陶、白陶的发展过程。陶器的问世，极大地丰富了人们的生活，其中，相当数量的陶器是饮器。夏、商、周三代时期，中国社会进入了青铜时代，青铜主要是用于礼仪和兵器，日常生活依然是以陶器为主。这时，硬陶和釉陶开始出现。到汉代时，低温釉陶的铅釉陶问世，多彩釉陶开始进入人们的生活。六朝时期，以瓷石、高岭土为原料制坯，经过 1200℃的高温烧造的瓷器获得成功，制瓷业突飞猛进，饮品瓷器开始进入千家万户。

茶兴于秦汉，发展于六朝，进入大唐以后中国茶事发展迎来了第一个黄金时期。

唐代茶事十分兴旺，皇帝喜欢饮茶，皇室贵族、官僚士子和普通百姓，都以饮茶为乐事，并且以茶来招待客人。茶事的兴旺，自然带动了茶具生产的繁荣昌盛和品种的丰富多彩。唐代大诗人卢仝喜爱饮茶，他在《走笔谢孟谏议寄新茶诗》中说：天子须尝阳羡茶，百草不敢先开花。正是因为皇帝的参与，一些地方的名茶被指定为皇帝专用的贡茶，设专人管理的御茶园开始遍及各地。当然，真正将茶作为一种事业，将茶作为提升人们生活品位的一种方式的人，是人称茶圣的陆羽。

陆羽字鸿渐，是复州竟陵人（湖北天门）。他博闻强记，好学不倦，走遍了大江南北。他专心致志，潜心研究茶，撰写了第一部茶文化专著《茶经》，创立了划时代意义的茶学，开创了茶文化的新时代。《茶经》详细地叙述了茶的起源、工具、制作、烹具、烹茶、品饮、茶事、产地，等等。书中罗列了二十八种茶具，包括：盛茶、制茶、煮茶、盛盐、盛水用具和茶具套器等。盛茶用具有碗、罐、札等。札是调茶用品，形状如毛笔，茶中放盐时用此调和。盛水用具有：水方，木制的，盛水，板缝隙用漆涂封；瓢，葫芦剖开做成，有的是用木雕的，舀水；盂，陶瓷制作的。盛盐用具有壶、盆、臼、瓶、揭等器物，揭是竹制的，取盐用品。煮茶用具有风炉、承灰、火荚、莒等。莒是盛炭的圆形箱子，竹制，或者藤制；火荚，就是火筷子，铁制，或者铜制，用于夹炭；承灰，是铁盘子，三足形状。制茶用具有碾、罗、则等。碾是用于碾碎茶叶的工具，内圆外方，有轮形碾轴，滚动时将烤过的茶饼碾碎；罗，又称罗合，就是筛子，用来筛茶末的；则，是量茶器，有铜、铁、贝、竹、木制多种，形状如小汤匙。

陕西扶风法门寺，位于扶风县城以北20里的法门镇，向东120公里是西安，向西96公里是宝鸡。1987年4月，文物工作者开始发掘法门寺地宫，出土了珍贵的佛指舍利和大量唐代宫廷文物，包括金银器一百二十一件，琉璃器十七件，秘色瓷十六件，以及绫、罗、绸、缎、纱等纺织品七百余件。法门寺始建于北魏，当时称为阿育王寺。入隋以后，这里改为道场，称为成宝寺。大唐时期，法门寺的发展进入全盛阶段，唐高祖李渊赐名为法门寺，从此以后，这座神秘的寺院成为皇帝、后妃专用的皇家寺庙。

法门寺出土的文物中，有一套宫廷专用的鎏金茶具，令人震惊。这套茶具，极其精致，制作巧夺天工，充分展示了一千多年前大唐盛世的科技成果和独具一格的文化成就。这套鎏金茶具，包括丝笼、茶碾、茶罗，等等。丝笼，通体用金丝、银丝编织而成，呈圆筒形状，有盖。盖顶部有塔状装饰，盖面、盖沿有用金丝盘成的小珠圈，精美绝伦。丝笼之外，这里出土的鎏金银茶碾、鎏金银茶碾锅轴、鎏金仙人驾鹤纹茶罗、鎏金银盐台等均十分精致，令人叹为观止。这套珍贵的唐宫茶具，封藏于唐懿宗咸通十四年（873年），一直没有人启封过。经过鉴定，这些东西正是盛唐时期的宫廷文物。

陶器、瓷器的发展，极大地丰富了茶具用品，也使人们的生活更加丰富多彩。隋、唐、五代的瓷器，基本上是南青、北白。南青，就是越窑青瓷，以造型取胜，釉色极美，特别是秘色瓷，釉色晶莹，美不胜收。仅次于越窑的青瓷，还有龙泉窑、婺州窑等。尤其是婺州窑，其青瓷茶碗闻名天下。北白，就是邢窑白瓷，是一种类似白银和雪花的瓷器，风行四海，也是皇宫中的贡品，成为皇帝和后妃们的宠爱之物。进入宋代以后，由于皇帝对茶的喜爱，茶具十分精致，穷极奢丽。宋太宗喜爱喝茶，即位的第二年，就诏令天下，向宫廷贡茶。当时，朝廷根据皇帝的指示，拟定了全国最好的产茶地区的极品茶叶作为皇帝专用的贡茶。随着贡茶制度的完善，贡茶产地渐渐设立御茶园，由专人生产、采摘、制作和管理，每年定期定量向皇宫进贡优质的茶叶。

宋代最负盛名的贡茶区自然是福建建安，尤其是凤凰山一带，这里习惯上称为北苑，所以，这里的贡茶又习称为北苑茶。北苑茶制作成茶饼，茶饼都是以龙凤形状的模具压制而成的龙凤图案茶饼，因此，北苑贡茶又称为龙凤团茶。宋真宗咸平年间（998—1003年），宰相丁谓创制了一种新颖的贡茶，茶饼上印制着大的龙凤图案，人称大龙团茶。宋仁宗庆历年间（1041—1048年），宰相蔡襄发明了另一种新颖的茶叶，比大龙团更加精致，人称小龙团茶。宋神宗元丰年间（1078—1085年），龙纹贡茶密云龙、瑞云祥龙纷纷问世，进入宫廷，成为皇帝御案上的宠物。宋徽宗是品茶高手，嗜茶如命，特地写了一部《大观茶论》论茶具之美和茶之高下。大观元年（1107年），品茶在皇宫上下、京城内外蔚然成风，特别是白茶、细水芽茶和龙团胜雪茶，贵如黄金，成为皇家的宠物。

宋人富裕，喝茶讲究情趣，各地流行斗茶。由于皇帝的喜爱，特别是宋徽宗在《大观茶论》中大力鼓吹斗茶，一时之间，斗茶成为时尚。皇帝、后妃、皇室成员、达官贵族和平民百姓，无不参与其中，乐此不疲。斗茶有一套程序和仪式：首先是温杯，用温水将茶杯温热；然后调膏，就是用茶勺将一定量的茶末挑入杯中，加点儿沸水，将茶末调成膏状；接着点茶，就是将沸水点入杯中，冲点必须准确到位，水量适当，不多不少；最后用帚状茶筅搅拌、旋转。所谓斗，就是比较茶杯中茶面颜色的鲜白、均匀，茶汤上的汤花（泡沫）是否紧贴边缘，汤花保持持久者为胜。从地方官来说，各类茶品，以斗茶优胜者，择优进贡宫廷。当时，斗茶之戏中，无匹敌者，主要是北苑贡茶，所以斗茶常常是用北苑茶。

精通斗茶者，又发明了一个游戏，就是分茶，也就是将汤花调制成各种各样的图案，以变化多端、颜色分明者取胜。斗茶、分茶之外，茶艺高手又将茶艺引入诗词书画的娱乐活动之中，使得品茶成为一种极其高雅的文化生活。宋代的文化名流和达官贵人许多都精通此道，包括王安石、欧阳修、范仲淹、苏轼、梅尧臣、陆游、黄庭坚、李清

明宜均天蓝釉鸠首壶

照、蔡襄等人都是茶艺高手，也是斗茶、分茶、品茶吟诗作画的一流人物。斗茶最佳茶具，自然是福建建窑的兔毫盏了，黑青釉色，盏底兔毫条纹银光闪烁，以此盏点茶，黑白分明，汤花清晰可见，自然是斗茶高手的首选。苏东坡先生就十分推崇这种兔毫盏，形容为：来试点茶三昧手，勿惊午盏兔毛斑。

蔡襄是宋仁宗时期的大臣，书法造诣深，是宋四大家之一。他身份特殊，曾任职福建转运使，负责监制进贡宫廷的北苑茶。他是一位精通茶艺、很有品位的官员，在他的监督和策划下，研制出了岁贡的小团龙茶。从史料上看，龙茶茶饼，无论是造型、花纹，还是选料、大小，都是极佳至美的。皇帝对这种龙团茶，十分喜爱，不肯轻易赏赐大臣，甚至于连后宫妃嫔也鲜有赏赐。据说，只有在王朝重大的郊祀典礼时，皇帝才会偶尔赏赐一饼。最值得一书的是，在宋代皇帝之中，宋徽宗是一位艺术品位极高的君主，他精通茶道，是斗茶、分茶的一流高手。他曾为大臣表演过斗茶、分茶绝技，在场大臣无不惊得目瞪口呆。据记载，大才女李清照也是一位多才多艺的茶道高手，也精通斗茶和分茶，尤其特别的是，这位独树一帜的一代女词人，一生浪漫高雅，曾别出心裁，创制茶令，在归来堂与丈夫赵明诚行茶令自娱：一人出题，另一人回答，胜者饮，输者闻。

宋代茶具丰富多彩，五大名窑争奇斗妍。进入北宋，定窑已经十分发达，尤其是乳白釉、象牙白釉和刻花、印花、划花装饰工艺闻名天下。钧窑以五彩缤纷的釉色驰名于世，特别是天青、天蓝、灰绿、葱绿釉色瓷成为其最高工艺的代表作。耀州瓷和磁州瓷以青瓷为主，也有白釉、黑釉瓷器，其刻花青瓷和划花青瓷无与伦比。有人认为，汝窑是五大名窑之首。陆游说：故都时，定器不入禁中，唯用汝器，以定器有芒也。哥窑的龟裂开片，素负盛名，也成为宫廷的珍贵收藏。

明太祖时，皇帝下令废除团茶，改贡叶茶。明以前，人们饮茶的方式是煮茶、煎茶、烹茶，进贡宫廷的茶品，就是龙团饼茶。洪武二十四年（1391年），朱元璋说：国家以养民为务，岂以口腹累人！朱皇帝正式下令，停进团饼茶，改贡散叶茶。也就是说，从这时开始，喝茶从煮茶变成冲泡茶了。饮茶方式变了，饮茶茶具自然也发生了变化。明清宫廷瓷器，以景德镇瓷器为代表。明代，在景德镇设立御器厂，负责皇家瓷器的烧造。明清时期，宫廷瓷器五彩缤纷，丰富多彩。瓷器有釉下彩、釉上彩、颜色釉等，釉下彩有青花、釉里红，釉上彩有三彩、五彩、斗彩、填彩等，颜色釉则有白釉、青釉、黄釉、铜红釉、矾红釉、孔雀绿釉等。

明人讲究品茶，从茶器上可见一斑。明末学者高濂写《饮馔服食笺》，列茶具十六器：一，商象：古鼎，煎茶。二，归洁：竹筅帚，涤壶。三，分盈：茶杓，量水重量。四，递火：铜火斗，搬火。五，降红：铜火箸，簇火。六，执权：茶枰，杓水一斤，枰茶一两。七，团风：竹扇，发火。八，漉尘：茶洗，洗茶。九，静沸：竹架，支腹。十，注春：瓦壶，注茶。十一，运锋：果刀，切果。十二，甘钝：木墩。十三，啜香：瓦瓯，啜茶。十四，撩云：茶匙，取果。十五，纳敬：茶托，放盏。十六，受污：抹布，洁茶具。

官窑是由官府直接经营的陶瓷器窑场，包括普通官窑和专门生产御用器物的御窑厂两大类。早在西周之时，中国就设立了陶正之官，管理陶业事务。起码在秦汉时期，中国已经有了正式的官府窑场。故宫博物院所藏秦刻诏陶量，证明了秦代官窑场的存在。汉、唐、辽、金，由工官、甄官署负责管理官府窑场。宋代设瓷窑务官管理官窑事务，有宣州官窑、润州官窑、定陵官窑。元统一全国，在江西景德镇设立浮梁瓷局，专门负责烧造瓷器。明初，景德镇、江西饶州等地设立政府指定的官窑，专门负责烧造官府用瓷。清代，确定门头沟璃璃渠琉璃窑场作为官方窑场，专门承制宫廷琉璃制品的烧造，其琉璃品上有"官窑"字样。故宫博物院建福宫花园旧址上出土的琉璃瓦，上有"嘉庆五年官窑敬造"八字。

官窑生产的器物，必须按照官府确定的图样、尺寸生产。早在周代，官窑器物，就有明确的官方标准，要求所造器物必须严格合乎规范。宋代时，有明确的禁廷制样、太常寺图画制样，所造器物十分工巧。明、清官窑瓷器，严格按照宫廷样式烧造，烧造的标准就是皇帝钦定的图样、木样和烫样，等等。官窑工人，秦汉前是奴隶，汉至隋唐是手工业者，宋至明清则是官定的匠人，称为官匠。唐宋时期，地方官府向朝廷进贡御用瓷器，负责贡瓷的地方包括河南府、越州、邢州、耀州、饶州、定州等地。明清时，则形成皇帝专用的御窑制度。御窑是御用窑场，是专门承担烧造皇帝及皇室成员使用的器物。明代时，称为御器厂。清康熙以后，称为御窑厂。御器厂建于明宣德元年，由皇帝派遣专人负责监督、烧造，管理御器厂事务。原则上说，御窑器物，由皇帝专人独享，只有皇帝有权赏赐和处置这些御用之物，否则，擅自使用或者处置御用器物者，就会被处以极刑。

中国宫廷之中，皇帝日常生活起居所用的珍宝、器物，琳琅满目，精美绝伦。故宫博物院收藏着清宫陶器、瓷器多达三十五万余件，其中，有关皇帝和皇室成员饮茶的茶具就十分丰富。皇帝御用及皇室成员所使用的茶具，都是十分精致的日用品，选料好，做工精，技术精湛。这些茶具，包括茶牌、茶杯、茶盘、茶托、茶盒、茶船、茶筒、茶碗、茶勺、茶匙、茶盖碗、茶盅、茶壶、茶缸、茶罐、茶渣斗等。

如：银茶点牌，银凸花鸟茶杯、道光款蓝料花草蝴蝶杯、咸丰款蓝料江素杯、宣统款绿料茶杯、宣统款蓝料茶杯、宣统款茶色料茶杯、宣统款琥珀色料茶杯、玻璃刻花填金杯，明永乐款茶花雕漆盘、白料光素茶托、明永乐剔红牡丹茶托、明永乐红雕漆茶花圆盒、红雕漆茶梅圆盒、红雕漆山茶花长方盒、黑漆描金花鸟菱花式壶，光绪款银镀金茶盘、光绪款银寿字茶船、光绪款银福寿字茶船、储秀宫茶房款银茶船、光绪款银镀金寿字茶船；银烧蓝团龙茶船、银寿字茶船、同治款银元宝式茶船、光绪款银元宝式茶船、宣统款银元宝式茶船、银元宝式茶船、同治款双喜字银镀金茶船、银烧蓝团花茶船、银镀金莲花式茶船、银镀金镂空寿字茶船，红地彩漆描金花卉船式茶托、黄地彩漆描金花卉船式茶托、绿地彩漆描金花卉船式茶托、紫地彩漆描金花卉船式茶托、黑地彩漆描金花卉船式茶托，紫漆描金勾莲皮茶筒、紫漆皮茶筒，银茶碗、银掐丝奶茶碗、明嘉靖款山茶梅花纹剔红小碗、同治款金双喜团寿茶碗、同治款金錾花双喜圆寿茶碗、银錾花茶盘碗，御茶房款银勺、御茶膳房款银勺、储秀宫茶房款银勺，永和宫茶房款银匙、御茶房款银匙，道光御茶房款银壶，乾隆款脱胎朱漆菊瓣盖碗、御制诗朱漆菊瓣盖碗、银葵花式盖碗、珊瑚顶银盖碗，紫漆描金莲花小茶几，元杨茂红雕漆花卉渣斗等。

清代皇帝雅好翰墨之娱，对于品茶也是乐此不疲。康熙、雍正、乾隆三位皇帝，从贡茶到茶器到品茶，都很讲究。清康熙初年，宫中开始出现大量宜兴紫砂壶。据说，这些江苏宜兴紫砂胎珐琅彩茶壶、茶碗、茶盅，都是一器二地制作：由宜兴御窑场制坯、成胎，烧制成白瓷器，经过精选之后，再送到圆明园清宫造办处，由宫廷画师珐琅彩绘，进行二次低温烘烧而成。当时，各种各样花型、款式的器具，绝大多数只烧一对，很少大量生产，而且这些器具上，都有"康熙御制"款识，故人称宫廷紫砂壶。如宜兴胎画珐琅五彩四季花盖碗。康熙皇帝喜欢西洋画珐琅彩，特地在中国宫廷之中成立珐琅作，制造各种珐琅彩器。

雍正皇帝更加喜爱这种西洋画珐琅彩器，从器形图样到胎釉、彩绘，他都参与其中，品评优劣，比较质量高下，选出最精之器，所以，雍正朝的画珐琅茶器精美绝伦，可称为清代珐琅彩器之王。如瓷胎画珐琅节节双喜白地茶壶、瓷胎画珐琅时时报喜白地茶壶、瓷胎画珐琅墨梅花白地茶盅、瓷胎画珐琅玉堂富贵白地茶盅、瓷胎画珐琅万寿长春白地茶碗，等等。十分有趣的是，忙碌于政务的雍正皇帝还是一位品茶高手。他不仅自己喜爱茶，还时常将自己喜爱的茶器赏赐给自己信任的大臣，而且，这位严谨的皇帝，出手极其大方。他经常赏赐云贵总督鄂尔泰、河东总督田文镜、大学士嵇曾筠等人，每次都是赏赐贡茶茶叶、茶叶罐和精美的珐琅彩瓷。

从康熙到乾隆百余年间，清宫出现了数量可观的珐琅彩茶碗、茶盅、茶壶和茶叶罐。乾隆年间，宫廷的珐琅彩器极大地繁荣，从宫廷遗留的《陈设档》记载中可以看出，乾隆年间的宫廷茶器是清宫之中造型最独特、也是最丰富多彩的，而且，每一件瓷器都极精美。如瓷胎画珐琅锦上添花红地茶碗、瓷胎画珐琅芝兰祝寿黄地茶碗、瓷胎画珐琅山水人物茶盅、瓷胎画珐琅番花寿字茶盅、瓷胎画珐琅五彩番花黑地茶盅、瓷胎画珐琅三友白地茶碗等。乾隆时期，最有代表性的当然是三清诗茶碗了。这种乾隆皇帝一生钟爱的三清诗茶碗，有青花的，有矾红彩的。宫中《陈设档》记载了许多茶具，有关题写三清诗的茶器，包括：青花白地诗意茶盅十件、红花白地诗意茶盅十件以及乾隆宜兴朱泥三清诗茶壶、乾隆珐琅彩三清诗茶壶等。

清代宫廷拥有数十万件珍贵的陶器和瓷器，茶具占有相当的比重。中国宫廷之中的各种器物都是十分精美的，因为这些器物是由皇帝及

清宫紫漆描勾莲皮茶筒

其家族成员专享的，所以，王公大臣都无由得知，更不用说普通百姓了。宫廷禁地，外人不得涉足半步，所以，宫中收藏的茶具也几乎都是鲜为人知的。然而，这些收藏在皇宫深处的茶具，由于皇帝的积极参与，其审美之脱俗、品位之高雅、制作之精致、技艺之高超、工艺之精湛，都是出乎想象的，令人叹为观止。事实上，中国宫廷的珍宝器物占相当大的数量都是按照皇帝及其眷属的旨意制作的，它们中的精品，绝大多数都是由御窑厂工匠专门制作的，它们造型美观，工艺独特，流传有绪。特别是康熙、乾隆时期，由于皇帝的艺术造诣深，欣赏品位较高，送进皇宫的御用器物十分讲究，件件都是百里挑一的精品。正是由于材料上乘，工艺精湛，技艺超群，所以，这些珍宝器物带有浓厚的宫廷味道，有着鲜明的皇家特色，这就是它们的精美、华丽和巧夺天工。

　　紫砂茶具是中国文人品茶的重要茶具中的一类。但是，很少有人知道，中国宫廷之中是否有紫砂茶具，它们是什么时候进入宫廷的，什么时候由御窑厂烧造。明代初期，宜兴开始烧造素坯紫砂器。这些瓷器做工粗糙，没能进入中国宫廷。大约从明代中叶开始，宜兴生产挂釉紫砂。这种紫砂，因为釉色接近宋代河南钧窑窑变釉瓷器，所以，明人称之为宜钧。宜钧瓷器胎薄、体轻，素胎烧好后，上釉，进行第二次高温烧造。宜钧瓷器美观、精致，成本高，容易破碎。这样精致的瓷器，恐怕只有皇帝和皇家才能享受。明学者谷应泰在《博物要览》中说：近年新烧，皆宜兴沙土为骨，釉水微似，制有佳者，但不耐用。精致的宜钧引起了宫廷的关注，宫廷提出明确的烧造标准，很快，宜钧达到了宫廷的标准，就堂而皇之地进入中国宫廷。

清康熙皇帝博学多才，喜欢各式各样的精美器物，特别是西洋的珐琅彩，他喜欢金、银、铜、瓷、紫砂、玻璃等各种胎质的珐琅彩器物。从清康熙时开始，由皇帝钦定御用器物图样，由宫中造办处负责监制。皇帝派遣专人持图样前往宜兴，烧造素坯。素坯烧好后，进呈皇宫，交宫廷造办处珐琅作御用工匠，工匠们依据皇帝钦定的宫廷画师画稿，在素坯上画珐琅彩，再用小炉窑精烧而成。相比之下，雍正皇帝更加喜爱紫砂茶具。一种可能的情况是，这位将全部热情投入到政务之中的勤奋皇帝，在政务之暇，更加喜爱质朴、天然的东西，紫砂器物的魅力正是在于其泥质天然、本色泥绘和朴实自然的造型。

据《清宫造办处各作成做活计清档·珐琅作》记载：清雍正四年十月二十日，郎中海望持出宜兴壶大小六把。奉旨：此壶款式甚好，照此款打造银壶几把，珐琅壶几把。其柿形壶的把子做圆些，嘴子放长。钦此。从这段档案记载上看，雍正时期，宫廷中打造了各种款式的宜兴紫砂壶，这些紫砂壶的款式通常是由皇帝钦定，造办处奉旨按照皇帝的意图打造。质地上有银质、珐琅质的，造型上有紫砂黑漆金彩绘方壶、柿蒂纹扁圆壶、端把壶、圆壶、扁圆壶等。雍正皇帝喜爱柿形壶茶具，喜欢在茶具上装饰柿蒂纹、花鸟纹。如宜兴柿蒂纹扁圆壶、六安铭芦雁纹茶叶罐。六安茶是安徽贡茶，宫中专门为贡茶制作了精致的茶叶罐。如六安铭、珠兰铭、莲心铭、雨前铭等，分别收藏六安、珠兰、莲心、雨前等贡茶。

雍正皇帝精力充沛，勤政之余，喜欢独自待在后宫。他在后宫燕居之时，将大量的时间投入到日用器物的烧造和制作之中，从选料、图样到釉色、款式、造型，他事必躬亲，交给专人主持烧造，务求完美，乐此不疲。这其中，有许多器物都是茶具。《清宫造办处各作成做活计清档·画作》记载：雍正六年九月二十八日，郎中海望奉旨：养心殿后殿明间屋内桌上，有陈设玉器、古玩，均是些平常之物。尔等持此出配做百事件用。雍正六年十月初一日，郎中海望持出各色玉器、古玩共六百四十三件。第一盘……宜兴挂釉仙鹤砚水壶一件。《清宫造办处各作成做活计清档·记事录》记载：雍正七年闰七月三十日，郎中海望持出素宜兴壶一件，奉旨：此壶把子大些，嘴子亦小，着木样改准，交年希尧烧造。钦此。八月初七日，据圆明园来帖内称，闰七月三十日，郎中海望持出菊花瓣式宜兴壶一件。奉旨：做木样，交年希尧，照此款式，做均窑、霁红、霁青釉色烧造。钦此。

清宫银大凸花茶筒

　　乾隆皇帝对于日用器物的投入和喜爱，直接继承了其父之热情，并在乃父遗风的基础上更加发扬光大。乾隆皇帝博学多才，兴趣广泛，一生喜爱喝茶、品茶、观茶、赏茶，并在每年正月都要在重华宫举行茶宴。他对于茶具是十分讲究的，从选择材料，包括泥土、玉器、陶瓷、金银器物，等等，到绘制图样、加工烧造，都要亲自过问。不仅如此，风流多情的乾隆皇帝才华横溢，艺术造诣深厚，一生喜爱翰墨之娱，集诗、词、书、画、印诸方面才情于一身。所以，在乾隆皇帝御用的日用器物方面，不管是陶瓷器物、金银器物，还是玉质器物等，都会出现御题诗、词，集书、画、印于一炉。茶具之中，大量出现御题诗茶器，就是乾隆年间的一大特色。

　　在日常用品上题写诗词，确实是一种很好的创意。试想，在品茶过程中，或者之前、之后，慢慢欣赏茶具上的诗、词、书、画，绝对是一种特别的享受。紫砂壶上御题诗，也像品茶一样，是一种细致的工夫活，不仅要求完整地复制皇帝的御笔墨迹，保持皇帝特有的书画韵味，而且还特别需要用紫砂的本色泥浆堆绘，复原皇帝的御笔书法或者绘画，这就要求泥土的选料必须一致，泥浆的用水也必须一致，泥浆的调制研磨也必须和研墨一样均匀、细腻和润致，泥浆的浓稠深浅必须恰到好处，只有这样，在堆绘之时才会得心应手，才能最逼真地复原和复制御笔题诗和绘画。从雍正时期的日用器物上看，泥浆堆绘工艺基本成熟。这一工艺发展到乾隆时期，已经臻于完善，在制作工艺、绘制水平诸方面都达到了登峰造极的程度。不仅如此，乾隆时期的茶具器物，呈现出一种五彩缤纷、百花争妍的态势，这从一个侧面，反映出了康乾盛世的繁荣景象。

　　事实上，紫砂茶具是宫廷茶具中很重要的一类。故宫博物院收藏有近四百件精美的紫砂器，其中，绝大部分是茶具。故宫博物院宫廷陶瓷专家王健华说：真正的宫廷紫砂以康熙时宫中烧造成功"康熙御制"款紫砂胎珐琅彩为开端，来源有两个途径，一是由内廷造办处出样在宜兴定烧，一是由宜兴地方官根据皇帝的喜好向宫廷进献，包括素坯紫砂和上釉、包漆、包银、包锡、镶玉、嵌螺钿加工的紫砂内胎的器物。素坯紫砂，呈紫红、深栗、黄白三种色调，分别为紫泥、红泥和本山绿泥烧制。

碗

碗是用于盛水的饮用器，是东方民族最早期的饮食器皿。在中国文明史上，碗有数千年的历史。特别有趣的是，数千年来，碗基本上没有什么变化。各朝各代，碗的形状几乎一样，只是在大小尺寸、容量和有无圈足上等细微处略有不同。在距今八千年左右的新石器时代，就已经有了手制砂质红褐陶圈足碗，这就是新石器中期仰韶文化陶碗。几乎与此同时，在浙江余姚河姆渡文化遗址之中，出土了一个木碗。同样，长江中游巫山大溪文化出土的彩绘陶碗，距今也有六千年的历史。

战国时期，烧窑技术较为发达。聪明的先民用土坯砌成窑床，烟囱设在窑床的上面，这样，能够保证烧出高温陶。战国时期的陶碗就是这个时期的代表作，细密的印纹令人眼花缭乱。这些印纹是拍打上去

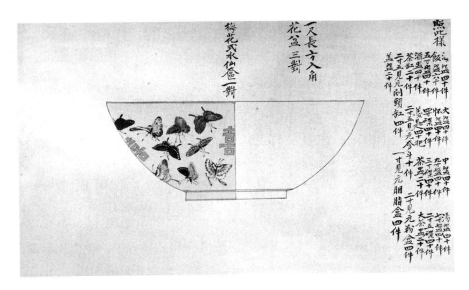

清·黄地百蝶双喜海碗图样

的，有的则是系上绳子留下的绳纹。汉代的烧陶业进一步发展，陶器表面的着釉技术基本成熟，还创制了以铜为呈色剂的低温铅釉陶。作为饮器的陶碗、陶钵，注重造型和装饰，器物上有划纹、印纹、绳纹和彩绘。中国古代的饮器彩绘色彩十分丰富，有朱绘的，有红、黄、青、绿、橙多色彩绘的，彩绘非常生动，以线条描绘的几何图案和飞禽走兽栩栩如生。

浙江绍兴、余姚、上虞一带，古称越州。这里的土质极佳，古来以烧造陶器和瓷器著称，人称越窑。起码在东汉时期，这里就有窑场了，并烧制出了最早的瓷器。从东汉到宋代，这里烧制了大量的陶器和瓷器，特别是用于日常生活的饮器也在这里大量问世。越窑瓷器的釉色最初是艾色，也就是青中带黄色；后来，衍而为湖绿色。越窑莲花纹碗是南朝时期的饮器，釉色青绿，胎质细密，莲花瓣纹十分精致，看上去真的犹如莲花盛开。南朝洪州窑青釉五盅盘，也是这一时期的饮器代表作。在中国古代的饮器中，比碗略小的一种饮器，称为盅，是品茶时用的一种小饮器。

唐代时，瓷器有两大系，一是浙江越州窑青瓷，一是河北邢窑白瓷，以越窑为这个时期的代表。进入唐代以后，已经有相当规模的越窑步入了它的繁荣期，窑场增加，瓷器更是令人叫绝，畅销海内外。越窑釉色莹润，胎质坚硬。这种瓷器，茶圣陆羽爱不释手，十分惊叹。陆羽对越窑赞不绝口，他说越窑类冰、类玉，是天下第一瓷。越窑的碗造型较为特别，主要包括荷花碗、荷叶碗、海棠碗、菱形碗。唐代时，人们喜欢喝茶，茶肆遍地，饮茶蔚然成风。盛唐时期，人们生活富裕，心胸开阔，性情较豪放，饮茶喝酒都是用碗，所以，在盛唐之时，各种各样、大大小小的瓷碗风行天下。

陆羽品评茶叶、泉水的同时，也曾品评了喝茶的碗。他说：饮茶之碗，以越窑碗最佳。越窑青瓷中的精品就是秘色瓷了。秘色的称谓，来源于唐代大臣陆龟蒙的《秘色越瓷》诗：九秋风露越窑开，夺得千峰翠色来。据史料记载，五代时期，吴越国王下旨，皇帝御用的宫廷瓷器，造型、配方、釉色和技术全部保密，瓷器由宫廷专用，部分瓷器特许后才进贡中原，王公大臣和黎民百姓不得使用。因为宫廷瓷器不为人知，人们只说是稀见之色，所以，人称秘色瓷、碧色瓷、香草色瓷。

1987年，陕西扶风法门寺发现唐代地宫，震惊天下。唐代地宫的面世，在世人面前展现了大量唐代宫廷文物。这些文物中，有瓷器十六件，其中，秘色瓷占十余件。唐代地宫出土了一本《物帐》，在这本出土的《物帐》上清楚地记载：瓷秘色碗七口，内二口银棱。唐宫的秘色瓷碗，是瓣葵口，圈足，外壁是金银团花，内壁是纯白色，釉色呈深青绿色。这些宫廷瓷碗，造型独特，胎体较薄，釉色莹润，的确是稀世之珍。专供宫廷的秘色瓷，是在浙江慈溪上林湖一带烧造的。这里风景很美，土壤极佳，许多地方依稀可见当年的御窑遗迹。

从唐到五代，白瓷集中出产于北方，人称北白。白瓷，主要出炉之地是邢窑、曲阳窑、巩县窑等处，以邢窑白瓷最为著名。邢窑兴于北朝，到唐代时发展到鼎盛阶段。越窑和邢窑都是地方进呈皇宫的贡品，从总体上说，越窑胜邢窑一筹。陆羽认为，邢窑逊于越窑，他说：邢瓷类银，越瓷类玉，邢不如越一也。邢瓷类雪，越瓷类冰，邢不如越二也。邢瓷白而茶色丹，越瓷青而茶色绿，邢不如越三也。同时，邢瓷、越瓷，也是百姓生活的日用品器物，器形多样，产品丰富，大量地进入了寻常百姓家，方便平民的日常生活。唐代白瓷碗品种多，在社会上十分流行。唐代饮茶成风，白瓷茶碗是常见的饮器。这种茶碗形如斗笠，小而浅，敞口中，厚卷唇。

龙泉窑创于北宋初期，到南宋时达到鼎盛，一直延续到清代。龙泉窑址在浙江龙泉县，因地而得名。龙泉窑以青瓷著称，从造型到釉色，都可以看到越瓷的身影。青瓷历史很悠久，它是从商代的原始瓷发展而来的，其较大特点是外饰石灰釉。这种石灰釉，黏度小，容易流釉，挂瓷则釉薄、透明。入宋以后，青瓷开始由薄釉向厚釉发展。瓷之中，龙泉青瓷是最有代表性的，其在尝试使用石灰碱釉方面获得了极大的成功。这种釉，黏度好，不流汤，挂器较厚。厚釉的结果出人意料，改变了龙泉瓷的颜色，使得这款瓷器更有质感。这款龙泉瓷，通体没有纹饰，干干净净，浑然天成。到南宋时，龙泉瓷发展成为顶尖瓷器，声望超过了越瓷。龙泉青瓷，最大的特色就是柔和、淡雅，别有韵致，其代表作是粉青、梅子青釉瓷器。现存于世的龙泉窑粉青莲瓣碗，造型美观，釉色均匀，看上去有一种朦胧的美。

宋、元时代，景德镇瓷器独步于世，以青白瓷最负盛名。元时，景德镇主要是生产青白瓷和卵白瓷。进入明代以后，景德镇瓷器以红釉、甜白釉为贵。明初洪武年间，政府在景德镇正式设立御器厂，是专门负责生产皇帝御用器物的官窑厂，每年定期定量，由专人解送贡品进宫。御器厂严格按照宫廷标准生产御用器物，分二十三作，分别生产宫廷所需要的各种物品，包括大碗作、碟作、盘作、盅作等。御器厂规模空前，最盛时，有官匠三百余人，民夫数千人。因烧造工艺的不同，明代瓷器分釉上彩和釉下彩，青花和釉里红是釉下彩瓷器。明代的釉里红碗很特别，最为特别的是它的红色，色泽鲜艳，如同红宝石。

漆器饮品，在中国同样历史悠久，其制作工艺也是令人惊叹的。明代时，漆器发展到了一个鼎盛阶段。特别是明代皇帝对于漆器的喜爱，使得大量漆器用品进入皇宫。正是由于皇家的参与，漆器工艺获得了大突破。其中，嵌螺钿漆器就是一个杰出品种。这种特殊工艺用品，不仅有超薄螺钿，还有厚实螺钿。因为明代皇帝特别喜爱这种工艺品，所以，明宫巧匠发明了一种新工艺，就是百宝嵌。薄螺钿工艺在技术上要求是很高的，通常是用贝壳、夜光螺等薄软原料，制作成薄如蝉翼的螺片，点缀在漆坯上。在螺钿的薄片底下衬以不同的颜色，是又一种精致工艺，称为衬色螺嵌。这种工艺是很精细的，没有高超的技艺根本做不出来。当然，宫廷工匠有绝活，他们做出来的这种工艺品真是鬼斧神工。可以相信，皇帝使用这种巧夺天工的衬色螺嵌，透过薄薄的螺片看见五彩缤纷的色彩，那感觉一定非同寻常。

明代宫廷留传下来的嵌螺钿人物漆碗，是漆器用品中的精品。这件珍稀古物，色彩斑斓，十分美观。螺钿又称为螺填、螺甸、钿嵌，是用贝壳的薄片拼制成人物、花卉、鸟兽图案装饰的一种工艺品。螺钿这种工艺较为复杂，活计也十分细致，主要有三道工序：第一道，将贝壳或者蚌壳打磨成薄片，按照所需要的图案拼黏在相应的器物上，比如漆坯上。第二道，上一层灰底，罩一层光漆，经过打磨、揩光，使漆面光滑如镜子。第三道，在螺钿上刻画花纹。嵌螺钿用品色彩丰富，通常是在深色的背景下效果最佳，所以，经常是在紫檀或者乌黑退光漆作上运用这种工艺。明代的嵌螺钿碗就是一件螺钿工艺的代表作，碗的工艺很精细，碗上图像分明，色彩艳丽，给人一种朴实、清雅的感觉。

青花是最著名的釉下彩瓷器，以特殊钴料作为着色剂，直接上坯描绘图画和文字，然后再罩上一层透明釉，进行高温烧造，一次性完成。钴蓝颜色湛蓝，清新醒目。据说，这种钴蓝，最早曾用于古埃及，装饰在香料瓶上，大约在公元前 15 世纪就出现在埃及宫廷之中。后来，这种工艺广泛出现在两河流域，用于陶器釉的器物上。最迟在战国时期，钴蓝就从西域传入中国，唐三彩和唐青花都有钴蓝的身影。宋代青花较少，但宋青花中开始出现了国产的钴蓝。元代时，景德镇青花瓷进入成熟阶段，所用的钴料，有进口的苏麻离青，颜色较浓；有国产的陂塘青，颜色较淡。明世宗时，从云南进贡回青和石子青混合料用于烧瓷，蓝中泛紫，非常美观。

清代，青花再次进入旺盛发展阶段，康熙年间达到了高峰。康熙青花具有自己独特的风格，一改官窑注重釉色的传统，吸收了民窑的瓷器特色，用色料明快的国产浙江料，装饰各种图案，这些装饰图案，与明代的淡描青花图案有所不同。明代的淡描青花图案，内容上有传统的仙鹤、莲花、八仙，也有人物和山水，特别注重淡雅的人物山水图。康熙时期的青花器物装饰，在传统的基础上更加丰富多彩，主要包括《西厢记》、《三国演义》等戏曲故事，文士品茶图、文会图、博古图和山水、花鸟、动物图案等。清康熙时期的青花故事人物图碗，就是一件这个时期的青花瓷器的代表作，色彩浓翠，画面清新，层次分明，是不可多得的品茶佳器。

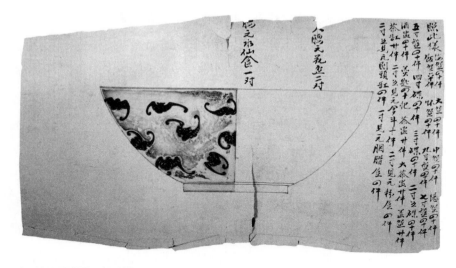

清·黄地百蝠海碗图样

　　粉彩，因为在彩料之中含有铅粉而得名，色调柔和，又称软彩。粉彩是在五彩的基础上从珐琅彩发展而来的，比五彩更加丰富多彩，最多能够达到十余种色彩。粉彩创始于康熙时期，在雍正年间大放异彩。雍正时期，在康熙五彩的基础上，用进口的上品金红，创造发明了粉彩。粉彩色彩丰富，包括胭脂红、洋黄、洋绿、洋白，涉及红、绿、蓝、黄、白五大色系，每一种色系又包含多色。如绿，包括翡翠、墨绿、松绿、大绿、淡水绿、石头绿等。粉彩制作时，是在素瓷胎上描绘轮廓，填一层五彩不用的玻璃白。然后，将色料、油料调和，在玻璃白上作画，再入窑烧造。粉彩上色较为独特：先画图样，然后再按图样填一层玻璃白，最后，让其干燥后，以色料渲染作画。因为粉彩的施彩之法取自西洋画法，故又称洋彩。清宫雍正粉彩通常是在精致的白瓷上彩绘，显得高贵、典雅、清丽，是粉彩中的绝品，十分珍贵。清雍正粉彩碗，故宫博物院藏，其造型极别致，用色鲜艳，庄重淡雅。

　　乾隆皇帝喜爱艺术，更喜爱精致、华丽的器物。乾隆时期，乾隆皇帝对于茶具是十分讲究的，宫廷中出现了大量精致、华美的茶具饮品，包括青釉暗花茶叶末釉座描金盖碗、红釉仿朱漆盖碗、白玉碗、霁红釉盖碗等。器物饰金，古代称为金彩，这种特殊工艺，起码在唐代时就已经出现。可以肯定的是，金彩工艺从问世以后就成为历代宫廷的宠物。金彩，主要包括三大类，一是描金，二是用金箔贴在器物上的贴金，三是以金包镶器物口部的扣金。描金，就是用金粉或者融金金水直接描绘或者施于器物上的装饰手法。清中期前，通常都是用金粉；中期以后，引进了德国人发明的金水。瓷器描金，就是在瓷器上装饰金粉花纹、图案，使瓷器显得更加富丽堂皇。这种瓷器，主要出现在宫廷之中，通常是装饰龙纹、花卉、鸟兽等图案。

乾隆皇帝好古，喜爱独特之器，宫廷工匠们投其所好，于是，各种各样仿旧、仿古的仿制品被纷纷送到乾隆皇帝的手中。其中，最能引起乾隆皇帝兴趣的器物之一就是仿玉器、仿漆器器物。红釉仿朱漆盖碗，就是乾隆皇帝较为喜爱的一种仿漆器饮器。红釉又称为珊瑚红，是以铁为着色剂的低温红釉。这种釉红色中显现黄色，看上去如同红珊瑚，因而得名。红釉始于康熙年间，鼎盛于乾隆时期。红釉釉色鲜艳夺目，施釉又薄又匀。红釉十分富丽堂皇，宫廷工匠有时以它为底色装饰器物，形成红珊瑚地五彩、珊瑚红地粉彩、珊瑚红地描金等新品种。雕漆是明清宫廷日常用品的主要器型之一，数量大，品种多，影响也很大。雕漆包括剔红、剔犀、剔彩多种。雕漆的主要品种是剔红，又称为雕红漆，就是在木器、金属器物上堆数层至数十层红漆，等半干之时进行画稿、雕刻，极富于立体感。清宫留传下来的红釉仿朱漆盖碗，是一件精品之作，几可乱真。精致的宫廷茶碗种类很多，包括乾隆款脱胎朱漆菊瓣盖碗、御制诗朱漆菊瓣盖碗、黑漆镶银里桃式杯、同治款金双喜团寿茶碗、同治款金錾花双喜圆寿茶碗、银錾花茶盘碗、同治款掐丝珐琅缠枝莲盖碗等。

杯

杯是很重要的一件饮器，在日常生活中很普及，它的历史也很久远。古代的杯很风雅，其造型有点儿像高脚杯。如距今约四五千年的新石器时代大汶口遗址之中，发现了一件黑陶镂孔高柄杯，高约22厘米，从上到下，每行十八个镂孔，看上去十分美观。这件高柄杯是泥质黑陶陶器，高柄，圈足，深腹，侈口。器胎极薄，如同鸡蛋壳，器表乌黑，高柄上有七行联珠状镂孔。可以说，中国历代都有不同形状、不同造型、不同质地的器物杯问世，这些杯子，极大地丰富了人们的生活，也为饮茶提供了便利。制作精美、特殊质地的茶杯，能够培养和提升人们饮茶的情趣，成为宫廷之中皇帝和后妃们重要的日常用品。

六朝、隋有青釉杯，唐代有三彩套杯、掐丝团花纹金杯，明代有青花三阳开泰杯、德化窑杯、德化窑仿犀角杯、犀角雕花卉蟠螭杯，清代有康熙款铜胎画珐琅福寿盖杯、黄釉托杯、五彩十二花神杯、珐琅彩绘白玻璃杯、黑漆镶银里桃式杯、银茶杯、红漆描金花卉船式茶杯托、银海棠式茶托、银茶托、银菊花瓣式茶托、银镀金錾花龙纹茶托、银葵瓣式凿花茶托、银荷叶式茶托、银镀金茶托、银莲瓣式茶托、素三彩螭龙纹把杯、黄地珐琅彩芝兰寿石图杯、雕象牙杯，等等。

唐三彩是唐代陶器工艺的杰出代表作，唐三彩饮器十分独特。唐三彩这种叫法是从民国时期开始的，特指唐代独特的陶器工艺，唐代并没有这个称呼。唐三彩大约是在女皇武则天时横空出世的，风行了约八十年，其造型和色彩真实地记录了大唐王朝的繁荣盛世。唐三彩的精华呈送宫廷，供女皇、皇帝和皇室专用，其窑场分布在京城周围，包括河南洛阳、巩县，陕西西安、铜川，四川邛崃等地。唐三彩是从汉代铅釉陶发展而来的，不同的是，三彩是用白色黏土做坯，用含铜、铁、锰、钴等元素的矿物釉料为着色剂，釉中的主要成分是硅酸铅。陶工将多种釉交错施于器物表面，经过烧造，釉熔产生窑变，最后形成五彩缤纷的唐三彩。唐三彩器物烧造时，主要分两步烧成：烧生坯，1050℃高温烧造；釉烧，900℃。烧制的产品色彩十分鲜艳，含有黄、白、绿、蓝、紫、褐多种颜色，故称三彩。唐三彩主要有两大类，一是生活用品，一是人物造型。生活用品中，饮器是一大类。传世的唐三彩套杯，就是一套很精美的唐代茶具。

起码在商代，中国就出现了黄金用品，主要是用于礼器和生活用品。大唐时期，繁荣昌盛，宫廷奢侈成风，大量使用金银器皿，金银器物的制作在女皇武则天时期达到鼎盛。唐代有大量的金银器，也有许多装饰金银的生活用品，包括饮器中的杯、盘、碗、碟，等等。唐代的许多饮器造型很独特，比如茶具中的高足杯、带把杯。特别是带把杯，把的造型呈"6"字形，显得特别生动别致。掐丝团花纹金杯，是一件不可多得的唐代金器，在陕西出土之后，就引起了轰动。金杯深腹，圈足，口沿微微外撇。特别不同的是，金杯腹部焊接了四朵团花，杯沿、杯底各有金丝如意祥云。四朵团花是用扁金丝精心编织而成的，上面镶嵌着珠宝。令人惊叹的是，四朵团花仿佛天然生长在杯子上一样，焊接得不留一点儿痕迹。事实上，唐代金银器物的制作和装饰技术在当时都是很高的，也是领先世界的。当时，金银器的打造和装饰，主要有锤、抛光、镂空、浇铸、焊接等方法，焊接又分为大焊、小焊和两焊法，焊接剂是锡、铜、松香和金银末等。

羊在中国，是吉祥之物。因为，羊通祥。中国最早的字典《说文解字》说：羊，祥也。羊也通阳，阳是大吉。《易经》说：正月为泰卦，三阳生于下。春天，阳盛阴衰，天地大吉之象。人们在每年岁首，常常以三阳开泰祝福吉祥。羊在道教中也有着特殊的地位，传说之一，认为道教鼻祖老子曾骑着青羊过函谷关，为关令尹喜写《道德经》。临别，老子与令尹相约，一千日后，在成都青羊肆相会。所以，成都建造有青羊宫，供奉着老子。羊在道士眼中，也是吉祥圣物。明嘉靖皇帝是一位痴迷于道教的皇帝，总想长寿。嘉靖时期，许多器物都受道教的影响，有着浓厚的道家色彩。在装饰图案上，经常出现三羊、三星、八仙和葫芦等图案。这时期的青花瓷器，也带有明显的道教色彩。青花三阳开泰杯，就是嘉靖时期的宫廷之物，高约 10 厘米，口约 11 厘米，看上去十分精致美丽。

黄釉是一种低温釉，是在 900℃以下的低温状态下，将黄色的釉经过低温釉变而烧成的瓷器。这种黄釉，大约在汉代宫廷之中就已经出

清·同治年款黄地蓝寿字纹杯

现。从陶器制造的过程中，陶工们发现，含铁的石灰釉经过氧化以后会产生黄色。在此基础上，汉代时，以铅为助熔剂，正式烧造出铁黄铅釉。清康熙黄釉托杯，是康熙时期的一件精致黄釉茶具，黄色纯正，用色均匀，釉面光滑，整个器物看上去娇嫩、光洁、平整，这种黄色，人称娇黄、浇黄，又称为鸡油黄。事实上，明代以前，没有真正的鸡油黄器物，通常都是土黄和深黄的，颜色不纯正。明正德、弘治以后，才产生真正的黄色釉器物，这就是娇黄瓷器。清康熙时期，仿弘治黄釉，加深黄色，也是一种低温釉瓷器。纯正的黄色是皇帝御用的专用颜色，王公大臣不许私用，更不用说是平民百姓了。

五彩瓷器是康熙时期宫廷日常用品之中的重要品种，也是景德镇御窑厂进贡皇宫的主要瓷器之一。明代五彩瓷取得了丰硕的成果，特别是五彩青花，令人惊叹。康熙五彩瓷在明代五彩瓷的基础上进一步发扬光大，色彩更加艳丽，品种更加丰富，同时，康熙时期的宫廷工匠还发明了一个新的瓷器品种，就是釉上蓝彩。康熙的五彩瓷是在白瓷底上施以五彩，完全不同于传统的青花五彩。康熙五彩主要有红、黄、蓝、绿、金、紫、黑多种颜料，烧造的五彩瓷器包括白地五彩、红地五彩、蓝地五彩、米地五彩、豆青地五彩等。康熙时期的瓷器还有一个特色瓷，就是仿古五彩，又称为古彩瓷。

瓷器用品中，套具瓷器大约在东晋时就已经形成，到清代时达到高潮，最多可达二百件一套。康熙时期，宫廷中流行十二花神纹饰瓷器，这种十二花神纹，用于套瓷饮器之中，十分迷人。如康熙五彩十二花神杯：十二只瓷器为一套，每月一种应时花卉，以一个历史上有名的女性为花神，每人一首诗。每月一杯，十二花神分别是：正月梅花，花神寿阳公主。二月杏花，花神杨贵妃。三月桃花，花神息夫人。四月牡丹，花神丽娟。五月石榴，花神卫子夫。六月荷花，花神西施。七月葵花，花神李夫人。八月桂花，花神徐贤妃。九月菊花，花神左贵嫔。十月芙蓉花，花神花蕊夫人。十一月茶花，花神王昭君。十二月水仙花，花神娥皇与女英。

盅

盅是中国古代的一种饮器，是没有把的杯子，主要用于喝茶或者饮酒。明清时期，宫廷日常用品之中，有这种瓷器，但数量不多。明代五彩八仙庆寿盅，清雍正时期的颜色釉黄釉盅、釉下彩青花八宝勾云纹高足盅，清嘉庆时期的杂彩瓷红彩云龙盅等都是较有代表性的茶具。早期釉上彩以红、绿彩为主，景德镇杰出的工匠们在低温釉中加入了牙硝，彩料在红、绿、黄的基础上增加蓝、紫、黑，低温烧造，形成五

清·同治年制黄地粉彩竹丛纹盅

彩。明代釉上彩品种很多，有三彩、五彩、斗彩、红绿彩等。明中期以后，五彩达到高潮，从嘉靖时的孔雀绿到万历时的五彩，釉上彩进入了鼎盛时期。宫廷瓷器装饰上，通常是用八仙、云龙、云凤、八吉祥等图案。

壶

明代晚期，紫砂壶进入了中国宫廷。时大彬，号少山，是中国古代最有成就的制壶大师之一，也是一代紫砂壶大家。万历年间，时大彬作为一代紫砂壶宗师，他将紫砂壶茶具变成一个个工艺杰作，赢得了皇帝及其皇室成员的喜爱，时大彬款的紫砂壶成为皇太后、皇帝和后妃们的家居时尚用品。故宫博物院珍藏宜兴窑紫砂壶雕漆四方壶，圆口，方身，紫砂内胎，外体通髹红雕漆，多达十余层。壶身四周红雕漆雕刻着精美复杂的图案：四周精雕锦地花纹，正面是写意画《松荫品茗图》：画面布局很简洁，天上是祥云仙鹤，左边是苍松古树。古树下有一方石桌，桌子上有一个茶杯。石桌旁边，坐着一位儒生模样的长须文人。文

明·宫宜兴时大彬款紫砂雕漆四方壶

人旁边是手执茶壶的侍童，右边是茶壶，似乎在冒着热气。

这件精致的红雕漆四方壶确实十分完美，它的左边是曲流壶嘴，壶嘴面雕刻着杂宝花卉图案。壶身右边是环形柄，这一面有红漆雕刻花卉图案，栩栩如生。壶嘴、壶柄雕饰着精美逼真的飞鹤、流云纹，它们左右对称，上下呼应，看上去，流云造型很美。四方壶的底部，髹以黑漆，黑漆下罩四个字，竖款楷书：时大彬造。据故宫博物院陶瓷专家说，时大彬款紫砂胎雕漆壶，传世的仅一件，收藏在北京故宫博物院。故宫博物院另有一件紫砂壶雕漆提梁残壶，是皇太后寝宫的遗物。据清室善后委员会点查记载，壶内有一黄签，上书：宜兴提梁壶一对，寿康宫。

宫廷中的许多地方都有各种各样的壶，不管是太后、皇帝、后妃的寝宫，还是臣工办公场所以及太监、宫女们生活的地方，所不同的是，茶壶的质量、造型，千差万别。太后、皇帝、后妃们所用的茶壶都是十分精致的，造型美观，装饰华丽，带有浓厚的皇家气息。如：乾隆款掐丝珐琅勾莲壶、宜兴窑御题诗松树山石图壶、宜兴窑描金御题诗烹茶图壶、宜兴窑御题诗烹茶图壶、画珐琅团菊花方茶壶、御茶房款银壶、银端柄茶壶、宣统永和宫茶房款银提壶、光绪二十三年银茶壶、咸丰御茶房款银提壶、银小茶壶、光绪年长春宫茶房款银把壶、画珐琅菊花茶壶、画珐琅花蝶小壶、宜兴窑紫砂黑漆描金彩绘方壶、宜兴窑紫砂绿地描金瓜棱壶、宜兴窑紫砂黑漆描金吉庆有余壶、宜兴窑紫砂黑漆描金菊花壶、宜兴窑紫砂粉彩百果壶等。

乾隆皇帝是位很风雅的皇帝，喜爱茶，喜欢在不同环境中品茶，更喜欢在品尝了美茶之后写诗作词，表达自己内心的不同感受。乾隆皇帝对于茶具是十分挑剔的，也很热衷于茶具的装饰。大臣们附庸风雅，投皇帝所好，纷纷将乾隆皇帝的御题诗雕刻在皇帝御用的物品上。所以，在乾隆年间，专供宫廷御用的官窑瓷器、陶器和玉器上，出现了大量的御题诗器物。乾隆皇帝喜爱题诗，御题诗器物就是以皇帝有关器物的御题诗作装饰，将诗、词、书、画、印融为一体，形成御题诗御用器物系列。御题诗装饰用于陶器、瓷器，特别是紫砂壶，以风雅自居的乾隆皇帝十分喜欢。这些御题诗用品，由清宫造办处和御窑厂联合制造。御题诗紫砂壶，就是由清宫造办处主持，绘出造样，送交宜兴定制，制坯、加工、上漆描金，烧好素胎，再不远千里由专人押送进宫，进行第二次烧造成形。

御题诗松树山石图壶，呈扁圆形，小弯流壶嘴，小流线曲柄。这款壶，小圆盖微微发鼓，看上去肥嘟嘟的，十分可爱。壶身是紫红色的砂泥质地，砂质极细腻。浑圆的壶身上，雕刻着乾隆皇帝御笔题写的《雨中烹茶泛卧游书室有作》。诗句末尾，钤篆文圆形"乾"字印和篆文方形"隆"字印。御题诗对应的另一面，雕刻着《松树山石图》。乾隆皇帝的御题诗，是一首七言律诗，写于乾隆七年（1742 年）。这一年，乾隆皇帝三十二岁。出巡途中，乾隆皇帝冒雨烹茶，泛舟品茗，有感而发，写下了这首品茗诗。人们一直奇怪，不知道卧游书室在何处？查遍了皇宫、苑囿，没有一处是卧游书室。其实，这不是地名，而是一艘乾隆皇帝乘坐的御用游船。据说，这艘游船十分舒服，乾隆皇帝坐在或者躺在船中，品茶、看书、写诗，均极适意，乾隆皇帝很高兴，就赐名卧游书室。这首品茗诗，用词准确，朗朗上口，意境很美，是乾隆皇帝的佳作之一：

溪烟山雨相空濛，生衣独坐杨柳风。
竹炉茗碗泛清籁，米家书画将无同。
松风泻处生鱼眼，中泠三峡何需辨？
清秀仙露心诗脾，座间不觉芳转堤。

宜兴窑御题诗烹茶图壶，直腹圆筒形状，用浅粉色砂泥制作而成。茶壶两面有长方形开光，一面是乾隆皇帝御题诗《雨中烹茶泛卧游书室有作》；另一面是堆绘《庭院烹茶图》：庭院十分幽静，高大的松树和槐树环抱之下，隐约可见依山而建的房屋。画面上，厅堂、房舍和游廊显

清·宜兴窑乾隆御题《雨中烹茶泛卧游书室有作》诗及烹茶图壶

得非常宽敞，室内家具齐全，窗明几净。堂屋之中，高朋满座，主人正盛情地招待来访的客人，宾主品茶论道，谈兴正浓。旁边一个琴童，正在弹琴助兴。游廊连接的东屋亭台内，茶炉炉火正旺，一壶香茶正在沸腾，清香四溢。茶炉前，小侍童正在卖力地干活，使劲摇扇助火。院子里，一个茶童端着茶盘，正从东屋亭台内前往厅堂。院落很空旷，秀石堆成假山，山后别有洞天。从画面上看，整幅画感觉很清爽，构图简洁，主题明确，就是庭院品茶。画面线条清晰，凹凸分明，极富于质感和立体感。应该说，这是一幅极其精致的庭院烹茶图。这把雕刻烹茶图的宜兴茶壶，是一件十分精美的茶具，也是中国宫廷中茶器的代表作之一。

大约在清雍正年间，中国宫廷中出现了一种全新的茶壶，这种壶，就是紫砂壶全身包裹彩釉的紫砂彩釉壶。应该说，这种造型的紫砂茶壶是较为独特的，世间极罕见。历史上，雍正皇帝是一位勤于政务的皇帝，他根本没有多少空余时间闲坐品茶。所以，这种紫砂彩釉茶壶在雍正年间出现以后，便昙花一现。到了嘉庆、道光时期，由于经济发展和皇帝的喜好，这种粉彩壶重现江湖，开始大量出现在宫廷御用茶具之中，并且形成规模，流行宫中。宜兴窑紫砂粉彩百果壶，呈扁圆形，紫砂内胎，壶身外部装饰着粉彩百果。粉彩茶壶是茶具之中十分稀有的器物，只有财力丰厚的皇家、巨室才会拥有。这种茶壶，通体为淡黄色，造型美观，赏心悦目。

清宫紫砂粉彩百果壶为淡黄色，全身布满百果：壶柄是菱角造型，三节藕做成的壶嘴栩栩如生。壶身造型恰如一只成熟的石榴，身上满是秋天的累累果实。壶盖是一只蘑菇，盖钮是盖上次生的一只小蘑菇。茶壶的肩部，装饰着各种干鲜水果，包括红豆、黄豆、花生、栗子、西瓜子、葵花子。茶壶足部十分独特，也是由各种瓜果造型做成的壶足支撑着壶身。茶壶的腹部是黄底粉彩画，以绿色的彩釉为主调，五彩缤纷，构成了一幅十分生动的山水图：阳光明媚，大地清宁。远处崇山峻岭，祥云朵朵。近处苍松掩映，楼阁耸立。碧水幽幽，一位文人悠闲地坐在小舟之中，观赏着湖光山色。画面十分优美，真可谓人间仙境图也。

罐

茶叶怕潮湿，潮湿了容易变质。盛茶叶的器物，大些的称罐，小些的称盒。瓷罐作为一种方便实用的盛器，大约在汉代时，就已经出现在日常生活之中，进入东汉以后就流行于世。湖州的东汉墓中，发现了一种青瓷瓮，上面写着一个字：茶。这种瓮，就是一种密封较好的罐。不同时期，罐的器形、大小、釉色是各不相同的。从实用角度上说，收贮茶叶，较好的一种器物，就是盖罐了。茶圣陆羽曾经设想用纸特制一种纸囊，贮存茶叶，以保持茶叶的清香；用于做纸囊的纸，最好是用浙江剡溪的剡藤纸，双层缝制。事实上，无论多好的纸，都是没法让茶叶保鲜的。最好的器物，恐怕就是罐一类的东西了。五代时期的青釉雕花三足罐，就是一件取用方便、密封极好的茶叶贮存器。

清·宜兴窑乾隆御题《雨中烹茶泛卧游书室有作》诗梅树纹描金茶叶罐

盏托

　　盏、托是一套喝茶的茶具，由两件器物组成。盏是小杯子，就是茶盏。托是托小杯子的器物，就是茶托。起码在东晋时，中国就已经有了成套使用的盏托。六朝时期，江南地区经济繁荣，手工业制作十分发达。在江南三省、江西和福建等地，流行着青瓷日用品，其中，包括茶盏、茶托的成套茶具。南朝青瓷盏托，托略微大些，中心部位有盏底大小的圆形下凹，正好卡住茶盏，不让其移动。从这些器物的造型上看，茶托放置茶盏，是怕烫着客人，说明在六朝时期中国人用茶来招待客人是一项人际交往中的重要礼节。当时，喝茶与现在有所不同。首先，是将茶叶捣碎，做成茶饼，串连起来，烘干。喝茶的时候，将贮藏起来的茶饼掰碎，用锅煎煮，喝茶汤。这就是早期喝茶的方法，陆羽称为煎茶法。

清·乾隆紫檀竹编竹籧及宫廷饮茶附件

　　进入唐代以后，喝茶品茶，蔚然成风，喝茶用的茶具也兴旺起来。南方越州窑和北方的耀州窑出产了大量生活用品，其中，就有一定数量的盏托。当时，耀州瓷是很成熟的瓷器，成为皇亲国戚和达官贵人的主要生活用品之一。史料称：耀州瓷方圆大小，皆中规矩。瓷器质地极好，击其声，铿铿如也；视其色，温温如也。文物部门在耀州瓷所在的铜川考古发掘数十年，发掘窑炉、作坊各六十七座，出土瓷器一百余万件。五代瓷器，以青釉为主，有天青、淡青、青黄、碧绿等多种颜色。青釉贴花凤纹镂孔盏托，是五代时期的一件典型的喝茶套具，淡青釉色，镂空贴花，看上去精美而雅致。

　　宋代时，流行斗茶，人们喜欢用黑釉杯盏。当时，黑釉风行一时。喝茶，黑釉盏成为一种时尚。江西吉安永和镇的吉州窑是中国最大的民窑之一，以出产黑釉著称。它的产品种类很多，造型也较独特。黑釉瓷，在装饰方面极为丰富多彩。黑釉中，茶盏的装饰方面也很丰富，有叶纹、剪纸纹、玳瑁纹、鹧鸪斑、虎皮斑纹等。吉州窑黑釉木叶纹盏就是一件黑釉器物的代表作，富于立体感，很精致和完美。像这样的艺术杰作，在制作上也是很讲究的：首先，在胎上施一层黑釉；然后，选择半片或者一片叶子，或者几片叶子叠加在一起，通常是菩提叶，或者是桑叶，将叶子进行特殊处理，在叶子上也施一层淡釉；最后，将施釉的叶子黏在黑釉瓷胎坯上，高温烧造，就是木叶纹黑釉瓷。

福建建阳水吉镇是宋代又一处影响极大的黑釉瓷生产基地，人称建窑瓷。建窑瓷始于唐代，历五代、两宋、元、明、清，长达上千年。兔毫黑釉盏是建窑的代表作，这种瓷器在上层贵族中流行，也进入了宫廷之中。宋徽宗就很喜爱黑釉，特别是黑釉盏，他认为用这种盏喝茶，别有情趣。宋徽宗喜爱喝茶，特地写了一本《大观茶论》，他在书中特别说到了兔毫黑釉盏，说只有这种兔毫盏才是品茶的上品之器：盏，色贵青黑，玉毫条达者为上。为什么宋徽宗如此推崇黑釉盏？这与宋人的斗茶有关。宋人斗茶，先选半发酵的茶膏，将茶膏碾成末，放入茶盏。然后，以沸水冲泡。冲泡之后，茶水会泛起大量白沫。宋人认为，白沫越多越好，越持久越好。相比之下，黄釉、绿釉、蓝釉观察茶水，衬托白沫，当然都不如黑釉效果更好。

兔毫，就是一种排列细密的黑白相间的细毛。黑釉兔毫盏，就是在黑釉上显现出一种如同兔毫纹饰的、铁锈色结晶纹饰的瓷器盏。黑釉，是以氧化铁为主要着色剂的，当含铁量达百分之十左右时，釉色就会呈现黑色。据专家说，瓷胎中部分铁在高温下熔入釉里，釉层中产生的气泡将铁带到釉面，在1300℃的高温下釉层流动，铁质就会形成条纹状，冷却后，就会出现赤铁矿小晶体，这就是铁锈色的兔毫纹。大文豪苏东坡很喜爱喝茶，也讲究喝茶的茶具，他对于兔毫盏格外欣赏，曾特地写了一首《水调歌头》赞颂它：已过几番雨，前夜一声雷。旗枪争战，建溪春色占先魁。采取枝头雀舌，带露和烟捣碎。结就紫云堆，轻动黄金碾，飞起绿尘埃。老龙团，真凤髓，点将来兔毫盏里。霎时滋味舌头回，唤醒青州从事。战退睡魔百万，梦不到阳台。两腋清风起，我欲上蓬莱。

明清时期，宫廷日常生活用品中，有大量的饮器，喝茶套具的盏托自然也为数不少，而且精致美观，主要包括：青花釉里红盏托、银茶托、喜庆款银茶托、道光款银茶托、瓷库款银茶托、同治款海棠式双喜银茶托、银万寿无疆茶托、银镀金茶托、银荷叶式茶托、银菊瓣式茶托、银桃花式茶托、银格茶托，等等。青花釉里红是一种特殊的工艺，是在高温 1200℃的情况下还原烧造而成的：先在瓷胎上用铜红料描绘纹饰。然后，在上面罩一层透明釉。铜在釉下，经过高温，变成红色，所以，称为釉里红。青花、釉里红，都是釉下彩瓷器。青花釉里红始于元代，明初一度再现，到雍正、乾隆时期达到鼎盛，色彩艳丽。这种器具，青浓红淡，十分雅致。乾隆皇帝喜爱这种器物，在乾隆时期的生活用品之中，就大量出现青花釉里红，包括喝茶的饮器茶碗、茶杯、盏托，等等，上面装饰着各种花卉、果品、云龙、海水、梅花等图案。

茶臼

古人喝茶讲究煎煮，称为煮茶。煮茶时，里面要放盐，还要加姜，调味、健身，对人体极为有益。所以，古人喝茶，茶水类似于中药，有相当的药用价值。很早的时候，茶叶不便于保存，要做成茶饼。喝茶时，掰碎了煮。掰碎了，有许多茶末，要细火熬。问题是，什么时候放茶？什么时候放末？这在时间上，都是有讲究的。茶圣陆羽认为，水沸后再放茶末，这样煮出来的茶才会有茶的清香，才会保留有茶的本味。也就是说，在喝茶之前，要将茶饼掰碎，那么，掰碎以后，碎片茶叶放在何处？茶臼就应运而生了。掰好碎片茶叶以后，就放在茶臼上，再碾成末，水沸之后再入锅中煮，这就是古人的煮茶或者煎茶。

唐代的白瓷很发达，传世的白瓷茶臼十分精致：口径 12 厘米，盘状，浅底，臼底略平。茶臼瓷胎细薄，外壁施以白釉，内壁明显分成四个等分，线条优美，斜线错落有致，线条间剔压着麟纹。大约在唐代中后期，白瓷的工艺技术达到了鼎盛，进入了繁荣发展的黄金时期，文人士子、达官贵族和皇室贵戚，都喜爱这种茶具。历宋、明、清上千年的发展，白瓷在上层社会人们的生活之中，一直占有一席之地。事实上，在中国宫廷生活用品中，都有相当数量的白瓷用品，特别是釉色晶莹的白瓷，胎薄瓷白，茶圣称之为类银、类雪。北宋大词家秦观也极喜爱喝茶，对于白瓷茶具尤其偏爱，曾专门写《茶臼》，赞美白瓷茶具为白玉缸：

幽人耽茗饮，刳木事捣撞。

巧制合臼形，雅音伴枳桹。

虚室困亭午，松燃明鼎窗。

呼奴碎圆月，搔首联铮从。

茶仙赖君得，睡魔资尔降。

所宜玉兔捣，不必力士扛。

愿携黄金碾，自比白玉缸。

彼美制作妙，俗物难与双。

风炉

风炉，就是煮茶用的炉子。风炉煮茶，是宋代以前常用的烹茶用品，通常是用铁、铜铸造而成，外形有点儿像鼎，三足，或者四足，炉身装饰着文字或者图案，烧炭煮茶。这种炉子的膛、壁间有间隔，以耐烧的东西填充。炉膛用泥烧成，炉床可放炭，上有置镀的架子。风炉的腹部有通风口，底部掏一个洞，用于出灰。五代时期出土的文物中，有白釉风炉，是一件稀有的古代煮茶用品。相比之下，宫廷中的炉子，更加讲究品位，做工上更加精致，装饰上也更加华美。如现收藏于故宫博物院的宫廷陶器、瓷器中，有不少是宫廷日常生活用的炉子，包括：西汉铜力士骑兽博山炉，唐巩义窑绞胎三足炉，宋哥窑青釉鱼耳炉、龙泉窑青釉弦纹三足炉、龙泉窑三足炉、玉云龙纹炉，元掐丝珐琅勾莲纹双耳三足炉、掐丝珐琅缠枝莲纹象耳炉、掐丝珐琅缠枝莲纹鼎式炉、钧窑月白釉双耳三足炉，明掐丝珐琅葡萄纹绳耳炉、德化窑白釉弦纹双耳三足炉、青花波斯纹三足炉、青花茅山道士图三足香炉，清雍正造办处珐琅作烧造的画珐琅山水图双耳炉，清乾隆时期画珐琅三羊开泰纹手炉、掐丝珐琅葫芦纹盨式炉、掐丝珐琅摩羯纹立耳三足炉，清咸丰茶叶末釉铺首耳炉，清芙蓉石双耳三足炉、青玉方鼎式炉，等等。

茶鍑

茶鍑，就是煮茶时用的锅子，又称为釜。这种日常用的锅子，通常是用生铁铸成。茶鍑的造型较独特，鍑耳为方形，底部较平整，便于安全平稳。茶鍑的腹部较为扁长，微微向内倾斜，这样的造型，风炉火力集中，鍑心温度最高，容易沸腾。茶鍑边缘是敞开的，茶末易于沸扬。这种煮茶的锅子，在宋代之前较为流行，后来随着冲泡取代煎煮茶叶，茶鍑就较为少见了。五代时期，出土了一套白釉风炉、茶鍑，是存世较少的古代煮茶用具。

茶碾

宋代以前，人们习惯于煮茶，煮茶之前，先要将茶饼碾碎。茶饼做好之后，首先将饼烘干，称为炙茶。经过炙茶之后，茶饼才成为礼品，也才会有香味。然后，用结实的纸包裹起来。等待茶饼凉下来后，再掰成碎块。最后，将碎茶饼放入茶碾之中，碾成茶末。有时，人们喜欢将茶饼收藏起来，想喝茶时再碾碎；想送人时，可以作为礼品。茶饼碾成茶末以后，用专用的茶罗筛茶。茶罗罗下来的茶末是好的饮品，收藏起来，放进专门的贮藏器中，喝茶时再拿出来煮沸饮用。

　　茶碾，是古代用于碎茶的工具。茶碾的结构与今天的石碾基本相似，由碾锅轴、碾槽身、碾槽座、碾辖板等组成。古人饮茶，通常先要做成茶饼。茶饼烘烤以后，趁着热气，要进行碾压。碾过之后，茶就会新鲜，呈白色，茶汤鲜绿。如果放了一夜，水分增加，茶饼沤了，茶的颜色就会灰暗，茶汤就更加浑浊、暗淡了。茶碾的另一个功能，就是在煮茶前，将茶饼碾碎，便于煮茶。

　　茶碾的质地有多种，有金、银、铜、锡等金属制品，也有木制、石制、陶瓷类碾。唐代法门寺出土的鎏金银质茶碾，是皇室和上层贵族所使用的高级茶具。碾子银质，上涂金色，装饰着鎏金鸿雁流云纹。碾槽身严丝合缝地置于碾槽座上，用于加固的碾辖板装饰着精美流畅的飞鸿流云纹。碾槽上是鎏金银茶碾锅轴，与碾子配套使用，用于碾碎茶叶。碾轴古人又称为坠，坠轮很薄，十分尖锐，上面装饰着鎏金流云纹。银碾底部，嵌有二十一字：咸通十年文思院造，银金花茶碾子一枚，共重廿九两。

宫廷茶器

不同质地的茶碾，碾出的茶末，饮用效果自然不同。什么质地最好？茶圣陆羽说，木质碾最佳，能够保持茶的原味，尤其以橘木碾为最上乘。精通茶道的宋徽宗，使用过各种质地的茶碾，经过比较，他认为，金属茶碾胜过木质茶碾；金属茶碾之中，尤其是以银质茶碾为最上乘，熟铁茶碾排第二。在民间，生铁茶碾是常用之物，但宋徽宗认为，最好不要用这生铁茶碾，因为它碾过的茶叶，容易变味。其实，石制茶碾也是不错的碎茶工具。上好的石材，能够保持茶的本色和味道，而且石制石碾本身质地细密，是碾茶的极好工具。这种石碾，晶莹剔透，沉重厚实，人称掌中金。

茶罗

陕西扶风法门寺出土的文物，是唐代重要的文物遗存。法门寺出土了大量的日常生活用品，其中，有数量惊人的金银器。在这些金银器中，有相当数量的茶器，包括鎏金仙人驾鹤茶罗。这件唐代皇室和上层贵族日常用器，制作精致，装饰华丽。茶罗分两层，上层、下层，或者说是内层、外层。在上层与下层之间，夹一个用于过虑的罗网，罗网十分细密，用于罗茶末。茶罗由罗盖、罗身、罗座、罗屉、罗网组成，罗身外装饰着精美的鎏金仙人驾鹤纹饰。罗屉上有鎏金拉手。这只精致的茶罗，显然是用于碾茶之后罗筛茶末的：经过罗筛之后，细致的茶叶末落入下层抽屉之中，可以就此收藏起来。想喝茶时，就拉开抽屉，将茶叶末舀出煮茶就行了。

盐台

中国人早期喝茶，就是煮茶，如同煮药、煮粥一样。在早期的饮茶习惯中，茶汤内不仅仅是单一的茶水，还有许多的调味品，包括盐、姜、胡椒、橘子皮，等等。所以，在中国古代的茶具之中，就有装盐、胡椒末的盐台。流传于世的唐鎏金银盐台，就是陕西扶风法门寺出土的珍贵文物，是皇室和贵族们日常生活用品。鎏金盐台分三个部分：台盖、台盘、台支架。台盖很有创意：台盖的上部是一朵花蕾的造型，看上去，茶蕾完全是一副蠢蠢欲动、含苞待放的样子；台盖则是卷曲的荷叶状，倒扣着。特别引人注目的是，台盖上装饰的纹饰，是一种后世较为稀有的四尾摩羯鱼纹。

台盘则是下面的承盘，比台盖更大些，与台盖严丝合缝，融为一体。台支架是三根较为粗壮的银丝，它们牢固地交合在一起，交合部位有两颗鎏金双尾摩羯鱼和两颗鎏金莲花捧珠装饰，看上去精美而和谐。摩羯是古代的吉兽，是印度神话传说中的一种神异动物，鱼身，长鼻子，牙齿尖利，形状上是一种奇怪的鱼。这种摩羯纹，在公元前 3 世纪就开始在印度流行，大约在公元前后，随着佛教，开始传入中国。因为摩羯纹饰较为独特，其造型类似于中国的龙，所以，这种纹饰传入中国以后，就以一种吉祥纹饰流行于中国，尤其是上层贵族和皇室的日常用品之中，特别是用于饮食器皿。

渣斗

渣斗，是用于盛装剩余东西的器物。这种器物造型很独特，喇叭口，宽口沿，深腹部。日常生活之中的这种器物，口沿较小的，称为唾盂；口沿较大的，则称为渣斗，喝茶时将茶的渣子倒在渣斗内。在宋、元、明的一些文人笔记中，有时会看见酒宴桌席上，摆设着渣斗，是当时饮食习惯中的必用之器物。宋、元、明、清许多官窑瓷器中，就有这种茶具。特别是宫廷的日常用品之中，渣斗盛装茶叶剩余之物，同样造型独特，精制美观。如宋越州窑、耀州窑、哥窑、官窑，明清时期的景德镇窑都有精致的渣斗成品。宫廷渣斗器物，色彩艳丽，装饰华贵，也是饮茶、品茶时的必备之物。如宋青白釉水波莲纹渣斗、黄地丛竹纹渣斗、黄地粉彩丛竹纹盅、黄地粉彩梅鹊纹渣斗、黄地蓝寿字纹渣斗、黄地粉彩蝴蝶八喜纹渣斗。

清·同治款黄地粉彩蝴蝶八喜纹渣斗

盘

　　盘子，是日用生活之中使用较为广泛的一种日常用品。盘子历史很悠久，各个时代，各种质地的盘子都有。同样，宫廷之中，盘子也是主要的生活用品，喝茶也离不开盘子。宫廷盘子，主要是金银器和陶瓷器盘子居多，特别是陶器和瓷器盘子。盘子质地不同，造型也不同，分为多种样式。但是，数千年来，盘子的大致形状没有太多的变化。盘子有方形、圆形和多边形的，通常是圆形的，胎体较薄，颜色纯正。宫廷的茶盘十分精致，讲究做工和颜色，要求按照图样制作，造型规整，颜色庄重。茶盘，是用于装茶叶和小型茶具的。宫廷茶盘，讲究质地，注重装饰。如清乾隆天青釉委角方盘、同治四年款银茶盘、同治款海棠式银茶盘、光绪二十三年款银镀金茶盘、光绪六年款银茶盘，清宜钧梅花式盘、银海棠式茶盘、银刻双喜字茶盘、银镀金珐琅皮球漱口茶盘、银镀金双喜万寿无疆海棠式茶盘、红雕漆锦纹葵花茶盘、红雕漆如意纹茶盘、红雕漆锦纹圆茶盘、红雕漆勾莲腰圆茶盘等。

盒

　　盒是一种盛东西的器物，体积较小，通常有盖，有的内有抽屉。盒的品种较多，宫廷的盒子很讲究，有金质、银质、玉质、木质的。盒的大小与碗差不多，略微浅一些，但有盖，盖很密实，为的是保鲜。茶叶盒是用于盛茶叶的器物，这种器物在中国历代宫廷之中品种较多，造型变化不大，但十分精致。盛茶叶的器物，大一点儿的叫罐、瓮，小一些的就是盒了。瓷器盒历史悠久，做工精致。如五代的越窑青黄釉盒，满施艾青色釉，颜色纯正，盖与盒咬合很严密。茶叶怕潮湿，这些罐、瓮、盒较为密实，不透气，封存茶叶以后不潮，能够很长时间保持茶叶的新鲜，不致变味。宫廷之中，盒子较为丰富，特别是后妃们使用的盒子，装饰华丽，件件都是赏心悦目的艺术珍品。如银錾花茶盒、红雕漆梅花纹梅花式盒、红雕漆加彩佛手式小盒。

籯

　　茶籯，是盛装各种品茶茶具的提匣。宫廷茶籯是十分讲究材质和装饰的，也是伴随在皇帝身边、每日不离左右的日常用品。宫廷茶籯很精致，在选材上就很严格，通常是选用轻便、结实的木材。宫廷茶籯，结构精巧，造型美观，大多会在木材上装饰各种诗文、绘画。茶籯在中国历史很悠久，起码在唐代的文人之中就已出现。当时，文人中流行一种简洁、方便的提匣，用于装茶具，供出行、游玩、拜访亲友时随身携带。茶籯是装成套茶具的用品，通常是木制或者竹制，轻便、结实、耐用。元代大书画家赵孟頫曾绘有《斗茶图》，图中就是竹编的茶籯，有好几个，看上去很美观，陈放茶具也很实用。这种方便实用的提匣，自然很快就进入了中国宫廷，为皇帝及其眷属出行时使用。

　　乾隆皇帝嗜茶如命，外出时，必须携带的喝茶之物，就是贡茶、茶具、茶籯和玉泉水。为皇帝特制的宫廷茶籯，通常是用十分名贵的硬木材精制而成的，这些硬木材包括紫檀木、黄花梨木等。宫廷工匠按照皇帝钦定的图样，用皇帝选定的这些木材制成提匣框架，然后，加竹皮镶边和书画装裱。宫廷茶籝装饰书画，有时是古代名画，更多的时候是用当代书画名家的名画，如乾隆时期，大臣于敏中、邹一桂、钱维诚、董邦达、张若霭等人，都是一流书画大师，他们的书、画作品，乾隆皇帝非常喜爱，通常运用于装饰茶具。如紫檀茶籝、瘿木手提式茶籝、紫檀竹皮包镶手提式茶籝、紫檀竹编茶籝、紫檀书画装裱分格式茶籝等。

乾隆紫檀茶籝，收贮着一套完整的御用茶具，都是乾隆皇帝很喜爱的品茶用品，包括：黄铜竹编大茶炉、紫檀竹编茶炉、紫檀双连三屉盒、紫檀海棠式托盘、红铜方圆炭盆、红铜方炭盆、锡里雕花炭盆、纱布茶漏、黄铜铲、锡水舀、铜筷、炭铗，等等。

瘿病，是由于内伤或者水土失宜的原因导致的结块疾病。瘿树木，是瘿树经过加工之后精心挑选的木材。乾隆皇帝很喜爱这种特殊的木材，吩咐侍臣，将这种木材用于制作收藏茶具的茶籝，供出行时随行左右。这件瘿木手提式茶籝很精美，也很独特：长方形，长 32 厘米，高 31 厘米，宽 19 厘米。这种瘿木，加工成茶具之后，完全是一种自然的色泽和纹理，颜色重，很适宜收藏紫砂壶。所以，乾隆皇帝吩咐，用这种瘿木手提式茶籝，装贮乾隆御题诗六方紫砂壶和乾隆御题诗六方紫砂盖碗。另外，这件手提式茶籝还有三个抽屉，用于收纳各种茶具用品。

紫檀木纹理细腻，色泽深沉，质地极好，是制作茶具的理想木材。但是，紫檀木本身太沉重了，不宜于携带。乾隆皇帝喜欢紫檀木材，用这种硬木做茶籝，自然要经过精心选材、设计和加工：用紫檀木制作茶籝的框架，长 32 厘米，高 31 厘米，宽 18 厘米。框架以细竹皮镶边，上面安装着铜把手。整个茶籝小巧玲珑，轻便实用，便于携带，是乾隆皇帝喜爱的随身物品之一。茶籝分四个部分：上层左边是一个抽屉，抽屉表面是浅紫色的，浮雕着夔龙纹饰。上层右边是掏空圆孔空屉，用于套装水盆。下层左边，是浮雕开六方孔扁盒，这些扁盒上面，通常是存

清·乾隆紫檀竹皮包镶手提式茶籝

放大小相同的紫砂茶叶罐。下层右边，是一对透雕木制托盘，盘内用于存放御用的精致茶碗、茶杯、盖碗。

紫檀竹编茶籝是乾隆皇帝较为得意的又一件茶具提匣，形体较为高大，长 42 厘米，高 42 厘米，宽 22 厘米。这件茶籝的主体框架都是用紫檀木制作而成的，结构十分精巧，颜色鲜亮，格窗通透，稀有的紫色看上去华丽、高贵，不愧是乾隆皇帝亲自设计、钦定画稿的茶匣杰作。茶籝分上下两层，上密下疏，稳重敦实。上下两层共五格，上层均分为三格，下层均分为两格，五格都带可以打开的竹编格窗。这些竹编格窗，边框装饰着紫檀木透雕花纹。这件精美的茶籝，获得了乾隆皇帝的由衷喜爱，是乾隆皇帝的日常御用品，也是跟随着乾隆皇帝出行的常带御用之物。

紫檀书画装裱茶籝也是一件较大的茶具提匣，长 47 厘米，高 34 厘米，宽 26 厘米。茶籝呈长方形，全部用紫檀精制而成。茶籝分上下两层，两层构造不同，上层三格，大小不等，下层两格，也是大小不等。茶籝两侧，装饰着浮雕夔龙纹。较为特殊的是，上层左边两格有屉盒，黄色的屉盒盒盖上分别精心装裱着书和画：一是墨笔楷书抄写的《朱子试茶诗录序》，由乾隆年间状元郎于敏中抄写。据说，于敏中是乾隆皇帝最为宠信的大臣之一，也是一位造诣很深的书法家。一是墨笔山水画，这幅微型画卷是乾隆年间最为著名的宫廷画师邹一桂绘画的。下层左边也有一个屉盒，盒盖上装裱着一幅山石花卉图，这是宫廷画师徐扬的作品。茶籝东西两侧，同样装裱着两幅墨笔绘画：左边是山水图，作者是宫廷画师钱维城；右边是洞石花卉图，落款处很斑驳，不知道是哪位画师。

五　皇帝品茶

汉成帝皇后赵飞燕梦茶

公元前 7 年，汉成帝去世。有一天，成帝皇后赵飞燕梦见皇帝赐茶，为左右所阻挠，说她一向侍候皇帝不谨，不配喝茶。赵飞燕听后大惊，哭泣不止，被侍从叫醒。这一故事，由《赵飞燕外传》记载，原文称：成帝崩后一夕，寝中，惊啼甚久。侍者呼问，方觉，乃言曰：吾梦中见帝，帝赐吾坐，命进茶。左右奏帝云：向者侍帝不谨，不合啜此茶。

茗饮作浆

南北朝时，南朝饮茶蔚然成风，北人嘲笑为饮茗作浆。永安二年（529 年），南朝梁武帝派遣主书陈庆之送北海入洛阳僭北魏帝位。当时，张景仁在南朝时，与陈庆之有交情，于是，设宴款待陈庆之，以中原士族、中大夫杨元慎等人作陪。陈庆之喝醉了，大声说：魏朝甚盛，犹曰五胡。正朔之承，当在江左！秦皇玉玺，今在梁朝！杨元慎正色地说："江左假息，僻居一隅。地多湿热，攒育虫蚁……礼乐所不沾，宪章弗能革！"陈庆之十分惊讶，见杨元慎清词雅白，纵横奔放，便不再说话。

几天后，陈庆之卧病在床，心上急痛，请人解治。杨元慎说：我能治此病。杨元慎口含水喷射陈庆之，说：吴人之鬼，住居建康。小作冠帽，短作衣裳。自呼阿侬，语则阿傍。菰稗为饭，茗饮作浆！……乍至中土，思忆本乡。急急速去，还尔丹阳！陈庆之面红耳赤，立即从床上爬起来，说："杨君见辱深矣！"

唐懿宗赐紫英茶汤

唐咸通九年（868年），同昌公主降生。唐懿宗十分高兴，宠爱有加。唐懿宗经常赏赐御馔汤物，茶则赏赐绿华紫英，宫人称紫英茶汤。

梅妃斗茶

斗茶，是中国古代的一种赛茶活动，又称斗茗、茗战。宫廷之中，斗茶活动也很繁盛，皇帝和后妃经常以斗茶为乐。梅妃，姓江，莆田人氏。父亲江仲逊，世代为医，喜爱《诗经》。梅妃九岁时，就能背诵《诗经》之《二南》篇，对《周南》、《召南》了然于心。她对父亲说：我虽女子，期以此为志！父亲十分感慨，给她取名采萍。唐玄宗开元年间，皇帝宠信的太监高力士出使闽粤。当时，正是江采萍及笄之年，二八佳人，天生丽质，高力士见其美丽清纯，便将她带归皇宫，送呈唐玄宗。唐玄宗见此美人，自然喜出望外，大为宠幸。

江氏喜爱梅花，一身清香，皇帝爱之不已，就赐名梅妃。梅妃和皇帝经常品茶读诗，有时以斗茶为乐。当然，梅妃聪明过人，与皇帝斗茶，几乎每斗必胜。有一次，梅妃斗茶，又胜了皇帝。皇帝笑着对诸王说：真是梅精啊！吹白玉笛，跳惊鸿舞，满座光辉。现在斗茶，又胜我了！梅妃笑容可掬，应声说：陛下万岁！这不过是草木之戏，误胜陛下。如果说是调和四海，烹饪鼎鼐，陛下自有心法，贱妾哪能与陛下较胜负啊！

宋仁宗茶肆寻贤才

宋仁宗赵祯，是宋真宗的儿子，在位四十一年。这位仁爱天下的皇帝，喜欢废除旧法，变革图新。比如，对于宋室茶法，他曾进行大规模改革。天圣元年（1023 年），刚刚即位的皇帝年仅十四岁，第一件大事就是颁布新的茶法：行淮南十三山场贴射茶法。这种贴射茶法，就是由商人贴纳官买官卖茶叶应得净利息钱后，直接向园户买茶的专卖方法。贴射茶法，省去了中间环节，革掉了交引法等弊病，减少了官府买茶、运茶、卖茶等费用，获得官买官卖茶叶净利。不足的是，茶商得以买好茶，坏茶就无法出售了，官府方面因之会亏损大量茶利。三年后，仁宗发现了贴射法的弊病，下令罢贴射茶法，复官贾以现钱算清官茶法。

宋仁宗是位很风雅的皇帝，喜欢品茶，也喜欢诗词歌赋，更喜欢搜罗治理国家的人才。冯梦龙在《喻世明言》中记载这样一个故事，说的是仁宗茶肆寻贤才：宋仁宗时，四海升平。成都秀才赵旭，字伯升，上京应试举人。赵旭进入考场考试，十分顺利。赵氏心情很好，自我感觉极佳。第二天，他邀请朋友们一起，在茶肆举行茶会品茶。茶过三巡，赵旭文思泉涌，兴致盎然，自己研墨，随手挥笔在粉壁之上题词一首：

足蹑云梯，手攀仙桂，姓名已在登科内。马前喝道状元来，金鞍玉勒成行队。

宴罢归来，醉游街市，此时方显男儿志。修书急报凤楼人，这回好个风流婿！

赵旭豪情满怀，从题词上看，他自以为金榜题名，指日可待，状元郎非自己莫属。赵氏确实是文才出众，考官公推他的试卷列名首甲，送呈皇帝钦点。仁宗反复阅读试卷，发现文章实在不错，只是卷中一个

"唯"字写成了"惟"字，仁宗不以为然。仁宗召赵氏入殿，指出他的不足。赵氏满心欢喜进宫，皇帝召见，以为金榜题名无疑，正自兴高采烈。不料，皇帝指出了自己的不足。赵氏大感意外，没有任何心理准备，表现出来的却是不以为然，不肯承认自己的不足，辩解说：此两字皆可通用。

这一次，轮到仁宗不高兴了。拂逆圣意，是大不敬。仁宗皇帝不悦，自然将他弃之，黜而不用。赵氏出宫，回到客店，众朋友正在恭候他。他与众人详细说明此次进宫经过，众人大惊失色，认为凶多吉少。朋友们于是邀请赵旭再到茶肆，啜茶解闷。赵氏心思重重，蓦然瞥见墙壁之上前日自己的题词，依旧墨迹淋漓，一时心潮澎湃，嗟叹不已，便取过笔，在墙壁上又题一首：

> 羽翼将成，功名欲遂，姓名已称男儿意。东君为报牡丹芳，琼林赐与他人醉。
>
> 唯字曾差，功名落第，天公误我平生志。问归来，回首望家乡，水远山遥，三千余里！

金榜一出，赵氏果然名落孙山，榜上无名。赵氏羞愧难当，不敢返回家乡，只好流落京城，乞讨度日。一年后，一天夜里，大约三更时分。宋仁宗恍然入梦，梦见一个神人，身穿金甲，驾驭着一辆太平车，车上载着九轮红日，直奔内廷。宋仁宗大惊，猛然醒来。仁宗不能入睡，大惑不解。第二天一大早，仁宗召问司天台苗太监：此梦何意？是何吉凶？苗太监沉吟片刻，回答说：此九日者，乃是个"旭"字，或是人名，或是州郡。仁宗依然疑惑，问：若是人名，如何寻得？苗太监说：皇上何不微服私访？皇上扮作白衣秀士，行走市中，暗中察访，奴才跟着，一定会有收获。

仁宗大喜，两人立即行动。君臣收拾停当，信步来到状元坊，远远望见一个精致的茶楼。仁宗有些渴了，就说：可吃杯茶去。二人走进茶肆，悄然入座。无意间，仁宗看见墙壁上有题词，词两首，文辞清丽，字迹娟秀，最后题款是：锦里秀才赵旭作。仁宗看罢，大惊失色，对苗太监说：赵旭！莫非此人就是？苗太监笑笑，不敢言语。仁宗示意，苗太监立即召来茶博士，问墙壁上的题词，是何人所写。茶博士一看，知道这位店中客官，一定是贵人，就连忙恭敬地回答：这个作词的，名叫赵旭，是一个不登第的穷秀才。因为不登第，羞归故里，就流落京城。

仁宗猛然记起，这位赵旭，就是那个因一字之误而落第的秀才。于是，仁宗对茶博士说：你寻他来，我要求他的文章。茶博士感觉奇怪，就出茶肆寻找，平常总是见着的这个穷要饭的，今天不知怎么了，有人要求他的文章，他倒不见了踪影！寻找了一大圈，毫无所获，茶博士只好回茶肆回复：找不到。仁宗说：不碍事，且等等，再坐一会儿，再点儿茶。仁宗寻才心急，一边喝茶，一边让苗太监去找。苗太监担心皇帝没有人保护，急忙出去寻找，找了一大圈，就急急忙忙地回来了，依然没有找到。

仁宗悻悻然付了钱，正要起身，茶博士高兴地大声说：你看，那个赵秀才不是来了！一年风霜，已经将赵旭磨炼得十分成熟。赵旭见有人找他，慌忙走进茶肆，相见施礼，然后恭敬地坐在苗太监座下，三人一起吃茶。三人一边喝茶，一边闲谈。仁宗发现，这位赵旭，不是庸俗之辈，学问渊博，志向高远，才华出众。仁宗十分喜欢，决定重用赵旭。随后，仁宗任命赵旭为四川制置使，赵旭从此青云直上。

宋哲宗密赐苏轼茶

宋哲宗元祐四年（1089 年），皇帝任命苏轼为杭州知府。两年后，皇帝召回苏轼，任命为翰林学士、知制诰。皇帝对苏轼的赏识，早在任杭州知府时就清楚地表现出来：皇帝曾令密使急驰杭州，赏赐苏轼贡茶一斤。据宋代学者王巩《随手杂录》记载：子瞻（苏轼）自杭召归过宋，语余曰：在杭时，一日中使至。既行，送之望湖楼上，迟迟不去。时与监司同席，已而曰：某未行，监司莫可先归。诸人既去，密语子瞻曰：某出京师，辞官家（哲宗）。官家曰：辞了娘娘了来。某辞太后殿，复到官家处。引某至一柜子旁，出此一角，密语曰：赐予苏轼，不得令人知！遂出所赐，乃茶一斤，封题皆御笔。子瞻具札子附进称谢！

北狩二帝寺中品茶

清人著作《坚瓠集》记载说，古书《楮室记》收录了这样一个北宋徽宗、钦宗二帝的故事：徽宗、钦宗二帝，被俘北狩。他们来到一座古寺，寺中有两座石金刚。一个胡僧出入其中，到徽宗前问：从何而来？徽宗回答：南来。胡僧不言，呼童子点茶。茶献上，十分香美。童子退出，胡僧退出。二帝饮毕，意犹未尽，请再喝茶。寺内无人应答，悄然无声。入内，没有一人，四周静悄悄的。只有一个竹间小室，室内有石刻胡僧及二童子，完全就是待客、献茶的胡僧、童子！

咸丰皇帝饮白鹤茶

宋代时，流传着苏轼种茶白鹤岭的故事。那是绍圣元年（1094年），苏轼贬谪广东惠州。惠州位于中国大陆的南端，人称烟瘴之地。苏轼在惠州白鹤岭、寓江楼、嘉佑寺居住了四年。苏轼很喜欢白鹤岭，那里终年云雾缭绕，风景极佳。苏轼喜欢茶，就将上好茶树移植到这里，亲自栽种茶树。苏轼高兴，就写下了《种茶诗》：

> 松间旅生茶，已与松俱寿。
>
> 次棘尚未容，蒙翳争交构。
>
> 天公所遗弃，百岁仍稚幼。
>
> 紫笋虽不长，孤根乃独寿。

清·咸丰宜兴窑嘉庆御题诗圆壶

移栽白鹤岭，土软春雨后。

弥旬得连阴，似许晚遂茂。
能忘流转苦，戢戢出乌朱。
未任供臼磨，且可资摘嗅。
千团输大官，百饼炫私斗。
何如此一啜，有味出吾圃。

白鹤茶，与清咸丰皇帝结下了不解之缘。鸡鸣寺，产鸡鸣茶，流
传着动人的故事。据清代《城口厅志》记载：鸡鸣寺，在八保，距厅南
一百八十里，一名寄名寺。相传，此寺建自东汉，无碑志可考。这里有
古茶园，在八保鸡鸣寺后，相传自明以来即为茶园，茶树均为明代所
植。所产茶，较他处更加细嫩，采摘早，味道清香。

这里茶故事很多，流传后世最有名的故事，就是咸丰皇帝饮白鹤
茶了。清代时，城口一带，归礼明府管辖。礼明府的总爷为了讨好当朝

咸丰皇帝，就把寺中制好的最佳茶叶进贡给宫中，并在奏折中对咸丰皇帝说：此等好茶，如果用云阳白鹤井泉水冲泡，茶叶会根根竖立，杯中现身白鹤影，清香四溢，久久不散。咸丰立即下旨，进白鹤井泉水。果然，茶叶竖立，出现白鹤影！白鹤井，又称天师泉。明学者徐献忠编《水品全秩》，收录了云阳天师泉水，谓此泉水甘、洁、清、冽。

康熙皇帝山居品茶

康熙皇帝是位勤于政务、忧心国事的皇帝，也是一位博学多才、勤奋好学的皇帝。在他执政的六十一年中，他很少有空闲时间休息和娱乐。不过，康熙皇帝对于品茶还是很有兴趣的，也懂得品茶。碧螺春，就是康熙皇帝的杰作。康熙皇帝的诗作主要是以政务为主，品茶方面的作品不多，留下的《山居》茶诗很有品位：

迎熏避暑驻山庄，四顾重重丘壑长。

清·康熙宜兴窑邵邦祐制款珐琅彩花卉壶

雨后雏莺歌密树，风前练雀舞斜廊。

静观得趣无非景，佳兴涵虚可致凉。

烹茗汲泉清意味，个中谁解有真香。

乾隆皇帝夜深咏茶

　　乾隆皇帝喜爱喝茶，懂得品茶，关于咏茶方面的诗也很多，其中，最有名的一句，恐怕就是：更深何物可浇书？不用香茗用苦茗！这句诗，出自《冬夜烹茶》诗，是乾隆皇帝在养心殿写的，大臣张照奉旨书写为法帖，收入《钦定秘殿珠林石渠宝笈续编》：

清夜迢迢星耿耿，银檠明灭兰膏冷。

更深何物可浇书？不用香茗用苦茗。

建成杂进土贡茶，一一有味须自领。

就中武夷品最佳，气味清新兼骨鲠。

葵花玉榜旧标名，接笋峰头发新颖。

灯前手擘小龙团，磊落更觉光囧囧。

水递无劳待六一，汲取阶前清㵾井。

阿僮火候不深谙，自焚竹枝烹石鼎。

蟹眼鱼眼次第过，松风欲作还有顷。

定州花瓷侵芳绿，细啜慢饮心自省。

清香至味本天然，咀嚼回甘趣愈永。

坡翁品题七字工，汲黯少戆宽饶猛。

饮罢长歌逸兴豪，举首窗前月移影。

嘉庆皇帝书房品茶写诗

　　嘉庆皇帝在登上皇帝宝座之前，在上书房度过了二十余年的读书

清·嘉庆宜兴窑半瓯春露一床书款扁圆壶

时光。他和他的老师经常在一起苦读，十余年一起读书的时光，让他们师生结下了深厚情谊。他们常常一起读书至深夜，经常在一起品茶谈诗，讨论经史大义。有一年，朱老师奉旨前往福建典领乡试，身为皇子的嘉庆皇帝在雨夜之中，十分思念自己的老师，心中非常期待能够再与老师一起剪烛品茶，灯下赋诗。于是，他在灯下，品着茶，给老师写下了《雨夜有怀石君师傅》诗：

> 淅沥清声逐梦回，衾绸渐觉薄寒摧。
>
> 山中一夜豆花雨，晓起秋英细细开。
>
> 打蓬雅韵忆江南，千里怀君云树醅。
>
> 何日重叨时雨化，西窗剪烛续清谈。

道光做太子时煮茗夜读

道光皇帝是一位苦学的皇帝，也是清代历史上做皇子最长的皇帝，更是中国历史上读书时间最长的一位皇子，他在宫中读书三十余年，直到三十九岁即皇帝位。他的住处是紫禁城中的撷芳殿，他在那里度过他的青春时光。他在宫中有自己的书房，但没有名字。不过，在圆明园，他有自己的书室，父皇赐名为养正书屋。他喜欢读书，懂得品茶，喜欢在清茶的茶香之中，悠然地享受着美好的书堂生活和读书时光。他说：养正书屋者，皇考受宝初元，御书以赐园居之额也。他经常和弟弟们一起喝茶读书，讨论经史，他写道：

春光不觉到书堂，好景频看出画廊。

插架琳琅胥理道，惬心花鸟尽文章。

欲寻佳趣群篇富，却爱宜人淑景长。

风浴襟怀谁得似？此中真乐贵亲尝。

慈禧太后宫院品茶

慈禧太后喜爱喝茶，西逃长安时，力行节俭，每月茶膳控制在三四千金。大坦坦厨房一百余人，茶饭之资也都包含其中。所以，《清宫词·行宫膳房》称：玉食何曾备万方，黄绦轻幕试羹汤。大官选得雏盈握，别有金钱出便房。慈禧太后喜欢喝茶，也经常用地方进献的贡茶招待大臣。有一天，她正在内室梳妆，吩咐用贡茶招待延与升巡抚等三人。这时，光绪皇帝突然揭帘进来了。正在品茶的三位大臣，赶忙跪见皇上。光绪皇帝也十分意外，慰劳了几句后，就匆匆离开了。

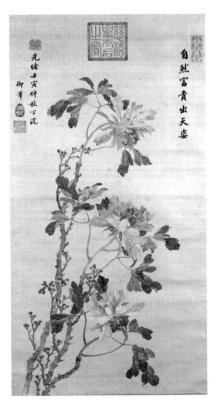

清·慈禧款《牡丹图》轴

显然，皇帝是闲步到此，不知道太后正在召见大臣，并用贡茶待客。
有宫词为证：

> 赐茶小憩曲房隈，抵得金茎露几杯。
>
> 铃索无声花院寂，揭帘忽报圣人来！

六　清宫三清茶

重华宫

　　雍正五年（1727年），十七岁的皇四子弘历奉父皇之命，从毓庆宫迁到乾西二所居住。这一年，雍正皇帝为弘历主办了婚事，聘娶禁卫世家富察氏李荣保的女儿为正妻。婚后，弘历在这里生活了九年。乾隆皇帝即位后，将他的潜邸改建为重华宫。建成后的重华宫，占据了原乾西

重华宫

五所中三所的面积，因而这一处宫区又称为北三所，另两所改为花园。史书记载：雍正五年（1727年），弘历十七岁，皇帝赐成婚，于西二所。登极后，这里改称重华宫。

乾隆皇帝在谕旨中说："朕为皇太子时，于雍正五年大婚，自毓庆宫迁居西二所。践阼后升为重华宫。其后渐次将四五所构为建福宫、敬胜斋等，以为几余游憩之地，建设置规模已极美备，无可复加。临御五十五年以来，仰荷昊苍眷佑，寿臻八裹，五代同堂，是重华宫等处实为兴祥所。自即归政以后，亦尚思年节重临，奉时行庆，世世子孙，惟当永远奉守。所有宫内陈设规制，亦应仍行其旧，毋事更张。若皇子皇孙果能善体朕怀，谨守此训，几暇优游，年节行庆，传之亦禩，实为朕所深愿。至东五所内为年少皇子皇孙公共所居，随侍内监等住屋亦在此内，率无隙地矣。若照重华宫之例，另行兴建，不特宫墙四围别无空隙之地可以扩展，且亦非朕垂示后昆之至意！自不如一循此时旧制之为善也。著将此旨交尚书房敬谨存记。俾我万世子孙永遵无虞。"

乾隆五年（1740年），又对花园所在的乾西四、五所进行了增建，把这一带建成了精美、迷人的瑶台琼阁，主要建筑是建福宫，另外有敬胜斋、延春阁、静怡轩等宫室。从这里向南延伸，与西六宫的西墙搭界。这一带宫苑，称为建福宫花园或西花园。从乾隆到咸丰年间，皇帝经常侍奉太后来这里赏花开宴。慈禧太后统治时期，这里基本闲置，茂草丛生，宫中人称为老苑。珍妃被拘时，最初被幽禁的地方就是这里。溥仪退位后的小朝廷时期，建福宫一带宫苑，毁于一场大火。

重华宫印象

御花园西南角，也就是西六宫西二长街北端的百子门，斜对着的地方就是重华宫的正门重华门。进入重华门，崇政殿迎门而立，匾额上书"乐善堂"。这里就是乾隆青少年时期居住、读书以及婚后生活的地方。乐善堂之名，是雍正皇帝赐给的。雍正十一年（1733年），弘历被

封为和硕宝亲王，同时受赐堂号为乐善堂。乐善堂的楹联是：圣训光
昭，敬诚常自勖；天伦敦叙，忠孝在躬行。这副对联，是乾隆皇帝自拟
的，由大臣张廷玉敬书。乾隆皇帝二十五岁即皇帝位，他在即位之前所
写的诗集，就定名为"乐善堂集"。乐善堂的东西暖阁供奉着佛像，东
暖阁悬挂着康熙皇帝书写的"意蕊心香"之匾。匾额两边，是有名的一
副对联：莲花贝叶因心见，忍草禅枝到处生！西暖阁悬挂着乾隆皇帝的
御笔：吉云持地。匾额两边，也是有名的一副对联：满字一如心得月，
梵言半偈舌生莲。

　　在崇政殿、乐善堂之后，就是正宫重华宫。重华宫这个名字很雅
致，也很有古意，它是有来意的。"重华"，是传说中的远古圣明君主
舜的名字。乾隆皇帝登极以后，首辅大臣上书，建议乾隆皇帝，用重华
这个名字扩建潜邸。乾隆皇帝很高兴，当即就采纳了。重华宫的正堂很
庄重，设皇帝宝座。东室称为"芝兰室"，门口悬挂着乾隆作皇子时雍
正皇帝赐写的一副对联：芰荷香绕垂鞭袖，杨柳风微弄笛船。对联的旁
边，有另一副对联，是乾隆皇帝御笔所作：篆袅金炉，入座和风初送
暖；花迎玉佩，映阶芳草自生荣。

　　重华宫的东庑为葆中殿，殿内悬挂着乾隆皇帝御笔匾额"古香
斋"。匾额两边，是有名的对联：四壁图书绕古色，重帘烟篆抱清芬。
西庑为浴德殿，殿内悬挂匾额"抑斋"。匾额两边，是一副对联：赏心
于此遇，即事多所欣。乾隆皇帝在宫内的许多书斋，都是以"抑斋"为
名。重华宫后面是翠云馆，匾额两边的对联是：古训手披勤，每兢寸阴
求日益；民依心默运，常先万姓祝年丰。东室悬挂一匾：养云。对联
是：白云有古调，青山无俗缘。东次室是书房，乾隆皇帝题匾：长春书
屋。西室悬挂一匾：墨池。对联是：屏展烟鬟，云鹤闲看心共远。座凝
香篆，风松静觉韵偏清。西次室悬匾：澄心观道妙。重华宫的东侧，相
当于从前乾东一所的地方，是秀雅的文娱建筑：北面为漱芳斋，南面与
漱芳斋对着的是宫中的戏台，也是较小的宫中戏台之——漱芳斋"风
雅存"戏台。漱芳斋与东面的御花园相邻，仅有一墙之隔。

乾隆皇帝钟情重华宫

乾隆皇帝十分钟爱重华宫，因为这是他的潜龙之地。乾隆年间，许多重要的私人活动，乾隆皇帝都会选定在重华宫举行，这些活动包括家庭宴聚、茶宴和嘉平书福，等等。在乾隆皇帝的心目中，重华宫始终是他一生的重要场所。乾隆皇帝是个孝子，他孝养母亲孝圣皇太后四十余年。每年新春，乾隆皇帝都要在重华宫举行一个家庭宴会，宴会时，他总是以儿子的身份尽心侍奉皇太后饮宴。每年宴会前，内侍奉旨，将重华宫装饰得焕然一新：宫室内外，务必装点得如同传说中的西王母瑶台一样。饮宴时，宫院戏台上，轮番上演着各种神话剧目。每次奉母欢宴重华宫，乾隆皇帝都很高兴，他都要写诗撰文，记述和称颂欢聚的盛况。

乾隆十二年（1747 年）令日，乾隆皇帝在重华宫举行家宴，场面十分热烈。乾隆皇帝写下了《御制新正令日重华宫恭侍皇太后宴诗》：

> 令日韵光令，重华喜气重。
> 绮宴王母寿，绥胜早春容。
> 爵继屠苏捧，屏开仙木秾。
> 筛帘晴旭丽，喷鼎瑞烟浓。
> 恃爱频申劝，承恩忘致恭。
> 宫中行乐处，赐类万方从。

乾隆十三年（1748 年）新春，乾隆皇帝奉母欢宴重华宫，写下了《御制新春奉皇太后重华宫小宴诗》：

> 纷来鸾凤数无央，玉宸金舆拥百祥。
> 西望瑶池降王母，东迎苍驾莅青皇。

鱼龙曼衍频陈瑞，火树茏葱待爝光。

七种豫挑人日菜，万年先进上元觞。

　　中国的风俗之中，每年阴历十二月初一日，称为"嘉平朔日"。在中国古代，十二月称为腊月。而在上古的商朝之时，称腊月为嘉平月。清代皇帝喜欢拟古，尤其是乾隆皇帝，好古成癖，经常喜欢在诗文之中称腊月为嘉平月。每年十二月的首日，清代皇帝例行在宫中书写"福"字，以示吉祥，寄托美好的祝愿。书福之典，起自于博学多才的康熙皇帝。为了书写这个充满期望和祝福的福字，康熙皇帝专门使用宫中一支名为"赐福苍生"的笔书写这个福字。这支笔，笔管为竹制，深色髹漆，上面镌刻着"赐福苍生"四个字，字样用泥金填注。最为特别的地方是笔头，不同于一般的毛笔，不是用珍稀的兽毛制作的，而是用棕制作的。还有较为特别的地方是用于书写福字的笺是绢制的，表面喷涂一层丹砂，上绘金云龙图案。皇帝所书的福字，第一张，按例悬挂于乾清宫正殿，其余的则分别悬挂于各宫。自雍正皇帝开始，书写的福字除了在宫中张挂外，还分别赏赐给王公大臣。

　　乾隆皇帝以前，皇帝在乾清宫或养心殿书写福字，时间是在除夕之前。自乾隆年间开始，清帝于每年的十二月一日，例行在重华宫的漱芳斋书写福字，有时也在建福宫书写，叫做"嘉平书福"。清代历任皇帝书福字的笔，都是康熙皇帝传下来的那支"赐福苍生"笔。这支笔到清末时仍在，安放在乾隆皇帝为其专做的檀木匣中。每年嘉平日，王公大臣都以获得皇帝赏赐的福字为无上荣光。乾隆时期，每年朔日，懋勤殿太监在重华宫陈龙笺、墨海和赐福苍生笔，乾隆皇帝亲笔书福，分别赏赐御前诸大臣。《清宫词》有《赐福字》宫词：

　　年年腊朔御重华，赐福苍生笔有花。御墨龙笺书福字，近臣分载福还家。

漱芳斋演戏

漱芳斋位于重华宫的东侧，是一座小巧玲珑的内廷戏台，斋内悬挂着匾额"正谊明道"。乾隆皇帝喜欢看戏，曾写有一首《御制赋得正谊明道诗》。这里的东室，悬挂着两个匾额，一是"庄敬日强"，二是"高云情"。对联有二，一是：清燕凝神，天和闲处养；从容守正，元化静中涵。二是：花香鸟语群生乐，月霁风清造物心。这些匾额和对联，都是乾隆皇帝御制和亲笔题写。东次室名为静憩轩，是乾隆皇帝旧时读书的地方。乾隆皇帝即位后，曾戏题此轩：

舍是读书舍，人非静憩人。

禽鸣如话旧，花舞解怀新。

艺圃有余乐，琴斋无点尘。

拈题清兴永，欲去重逡巡。

漱芳斋后面的小殿，西为金昭玉粹。另有一处金昭玉粹小殿，在宁寿宫。漱芳斋金昭玉粹很雅致，乾隆皇帝曾经常在这里侍奉皇太后早膳和喝茶。东室名为随安室，乾隆皇帝喜欢随遇而安，以随安室为名的

《崇庆皇太后寿庆图》（局部）

书室有多处。漱芳斋对面，是一座戏台，清宫大部分戏剧演出，是在这里进行的。清帝每年十二月一日在漱芳斋书写福字后，例行在此处喝茶、饮宴、观戏。

乾隆皇帝喜爱重华宫，这里的宫殿建筑和室内摆设，成为许多宫殿的样板。乾隆三年（1738 年）二月初一日，油作司库刘山久、催总白世秀来说，太监胡世杰传旨：圆明园长春仙馆戏台上匾，对着照重华宫戏台上现挂之匾对字样款式，成造悬挂。钦此。三月初二日，司库刘山久、催总白世秀将照重华宫戏台上匾对式样做得匾对，送往圆明园长春仙馆戏台上安挂讫。

乾隆六十年十月二十一日谕《重华宫修葺以备禅受盛典展庆事》：

> 朕赞绍洪图，懋膺景祚，仰荷祖宗眷佑，笃祜延厘，周甲纪元，举行归政典礼。一切事宜，斟酌咸法，期于可行，不事虚文，我子孙皆可永远遵循。……我朝开国承家，于太庙岁时禘祫，对越骏奔，典制最为隆备。又仿原庙及前明之制，在奉先殿以时行礼，已足伸忾闻爱见之思。雍正年间，复于景山建寿皇殿。乾隆年间，圆明园移恩佑寺奉安皇祖神御于安佑宫，敬将皇考神御一体崇奉，所谓有举莫废。朕不敢奉皇考神御于雍和宫，意在此也。……
>
> 朕御极以来，因雍和宫为皇考肇封潜邸，礼应祗肃洁蠲，不可赐为第宅。朕即旧时宫殿，供佛庄严，每岁亲诣拈香，以伸瞻慕。又慈宁宫为圣母皇太后所居，颐和益寿，最为吉祥福地。后世子孙，逮事慈帏，即可于此承欢隆养。至重华宫为朕藩邸时旧居，朕频加修葺，增设观剧之所，以为新年宴赍廷臣，赋诗联句，及蒙古回部番众锡宴之地。来年归政后，朕为太上皇帝，率同嗣皇帝于此胪欢展庆，我后世子孙亦能如朕之躬膺上寿，诸福备臻，再举行禅受盛典，即可遵循例事太上皇帝于正殿设座，嗣皇帝于配殿设座，以讶欢喜而伸孝养，实乃亿万载无疆之庆。
>
> 朕临御六十年，殿廷园筑俱为朕临憩之所，将来我子孙祗遵前

典，惟当于寿皇殿安佑宫旧奉神御处所一体展敬，足抒孺慕。设因重华宫系朕藩邸旧居，特为崇奉，势必扃闭清严，转使岁时赐庆之地，无复燕衎之乐。何如仍循其旧，俾世世子孙衍庆联情为吉祥福地之为愈乎？现在，重华宫陈设大柜一对，乃孝贤皇后嘉礼时妆奁。其东首顶柜，朕尊藏皇祖所赐物件。西首顶柜之东，尊藏皇考所赐物件。其西，尊藏圣母皇太后所赐物件。两顶柜下所贮，皆朕潜邸常用服物。后世子孙随时检视，手泽口泽存焉。用以笃慕永思，常怀继述。是则孝之大者，正不在多为崇奉，以致蹈礼繁则乱之戒也。著将此旨敬录二通，一存贮重华宫，一存贮上书房，用昭世守。（《大清十朝圣训·第三册》）

乾隆茶宴

　　因为重华宫是乾隆皇帝登上皇帝宝座前的旧邸，乾隆皇帝自然对这里感觉格外亲切。所以，即位以后，乾隆皇帝频频来到这里，举行各种私人性的宴会和家庭式的活动，流连在自己青少年时代的宫院之中。乾隆皇帝一生喜爱喝茶，讲究品茶，对茶叶、水质、品茶器具都很挑剔，务求至美。为了增加重华宫的风雅，乾隆皇帝别出心裁，创设了称之为茶宴的文娱活动，人称三清茶宴，或者叫重华宫茶宴。据说，唐玄宗即位前在兴庆宫生活，即位以后曾在兴庆宫举行翰墨筵。乾隆皇帝自视风雅，以玄宗自比，开创重华宫茶宴。茶宴仿自翰墨筵，乾隆皇帝曾写诗描述：兴庆宫中翰墨筵，每教令日纪韶年。

　　从乾隆元年（1736年）开始，每年的元月某日(2日至10日之间选定一日)，乾隆皇帝在重华宫开设内廷茶宴，召集诸王、大学士、内廷翰林前来宴聚。最初，茶宴的人数不定，大多是皇亲国戚和王公大臣，特别是侍从在皇帝身边的内值词臣居多。从乾隆三十一年（1766年）开始，五十六岁的乾隆皇帝正式确定参与茶宴的人数是十八人，取登瀛学士之寓意，也就是十八学士品茶。能够奉旨进入重华宫品茶，在乾隆年间是朝野臣工和文人士子最为荣耀之事。每年新春，每一个皇帝宠信的大臣都在期盼圣旨降临，参与清雅的内廷茶宴。一旦奉旨，大臣、文士就会欣喜若狂，奔走相告同僚和好友，大家也一定要设筵庆贺。

奉旨入宫品茶，有三层深意：一是表示皇帝恩宠。元旦以后的新春时节，在乾隆皇帝龙兴潜邸的重华宫品茶，这本身就意义非凡。而

《乾隆雪景行乐图》

且，能够入选十数人之列，在皇帝的心中自然有着特殊的位置，这是何等的荣耀。二是表示前程无量。入宫品茶之人，都是皇帝特别信任和看重的大臣，每个人都身居要职，参与决策军国大事。新年新气象，新春之时就奉旨入内廷品茶，仕途自然阳光灿烂。三是表示品位高雅。重华宫位于紫禁城后廷深处，在御花园西部，在这样一个任何外臣都无法涉足的地方举行茶宴，只是喝茶，赋诗，听乐，观舞，没有一定的修养、品位，乾隆皇帝是不会邀请入宫的。

重华宫茶宴，喝三清茶，品茶的茶具也是独一无二的。查阅有关清宫档案，发现从康熙到乾隆百余年间，清宫出现了数量十分可观的珐琅彩瓷器，其中，有相当数量的茶碗、茶盅、茶壶和茶叶罐。乾隆年间，宫廷的珐琅彩瓷器更是极大地繁荣。可以说，乾隆年间的宫廷茶器是十分丰富的。这个时期，是清宫之中，瓷器造型最为独特、也是最为丰富多彩的时期。而且每一件瓷器都极精美。乾隆时期，最有代表性的瓷器当然是三清诗茶碗了。这种三清诗茶碗，有青花的，有矾红彩的，乾隆皇帝一生都钟爱。宫中《陈设档》记载了许多茶具，有关三清诗茶器就为数不少，主要包括：青花白地诗意茶盅十件、红花白地诗意茶盅十件以及乾隆宜兴朱泥三清诗茶壶、乾隆珐琅彩三清诗茶壶等。

乾隆皇帝品三清茶，有三个必用：一是必须用三清，二是必须用贡茶，三是必须用三清诗茶碗。三清，是乾隆皇帝钦定的松仁、佛手、梅花。贡茶，通常是龙井新茶。乾隆四十九年（1784 年），乾隆皇帝写《雨前茶》诗：谷雨前之茶，恒为世所珍。巡跸因近南，驿贡即已臻。计其采焙时，雨水已后旬。（诗注：龙井茶以谷雨前摘取者为佳。今年正月二十九日，雨水兹甫。二月下旬之初，浙江已进到新茶，其采焙当在雨水后数日，距谷雨尚早月余也。）谷雨早月余，而尚未春分。欲速有如此，风俗安得醇。更忆夷中诗，（诗注：唐聂夷中"二月卖新丝，五月卖新谷"之语，最为曲尽民隐。每咏新茶，常感其言之亲切，有味而不忘。）可怜我穷民。尚茶供三清，（诗注：每龙井新茶贡到，内侍即烹试三清以备尝新。）不忍为沾唇。（《御制诗五集》卷三）

清·乾隆宜兴窑御题诗烹茶图阔底壶

《三清茶》诗，写于乾隆十一年（1746年）秋天，乾隆皇帝巡游五台山，回京途中，在定兴县遇雪所写。当时，雪很大，乾隆皇帝很高兴，特地写《雪中过定兴县》诗：斜飞作势正鬖髿，高下模糊驿路赊。冻咽小溪凝漱玉，春回老桧欲生花。干于细雨湿于霜，寒袅鞭丝度范阳。千载诗人传岛瘦（贾岛系范阳人），白云深处望迷茫。村鸦恰恰向林啼，极目遥天势乍低。忆得三年前觅句，琼田拔马沈城西。坡翁一句记分明，将谓诙谐却有情。歌舞农夫怨行路，由来雨雪不相争。（"斯人何似似春雨，歌舞农夫怨行路"，东坡次韵王滁州句也）。

吟咏飞雪之后，侍臣采集雪水，烹好雪水三清茶，进献。乾隆皇帝在行宫毡毯中品味雪水三清茶，心情极好，就写下了著名的《三清茶》诗：梅花色不妖，佛手香且洁。松实味芳腴，三品殊清绝。烹以折脚铛，沃之承筐雪。火候辨鱼蟹，鼎烟迭生灭。越瓯泼仙乳，毡庐适禅悦。五蕴净大半，可悟不可说。馥馥兜罗递，活活云浆澈。倔佺遗可餐，林逋赏时别。懒举赵州案，颇笑玉川谲。寒宵听行漏，古月看悬玦。软饱趁几余，敲吟兴无竭！（《御制诗初集》卷三十六）这首三十六岁时写作的三清茶诗，乾隆皇帝很喜爱，吩咐景德镇御窑厂茶工按照钦定瓷器图样制作茶杯、茶碗、茶盅，并将这首御题三清茶诗书刻于茶具之上。同时，乾隆皇帝指示，在所有重要的御用茶器之上，刻写这首御笔三清茶诗，包括：珐琅彩三清茶诗壶、描红青花三清茶诗碗等。

乾隆皇帝一直喜欢品茶，煮雪烹茶，在他年轻的时候就尝试过。从现存的御制诗中看，乾隆皇帝最早吟咏雪水茶的诗句，大约是在乾隆七年（1742 年），他写的《烹雪叠旧作韵》：玉壶一片冰心裂，须臾鱼眼沸宜磁。诗注：宜兴瓷壶煮雪水茶尤妙。（《御制诗初集》卷十一）关于三清茶，乾隆皇帝最早提出，应该是在乾隆十一年（1746 年）左右。从此以后，乾隆皇帝多次吟咏和注解三清茶。乾隆四十五年（1780 年），乾隆皇帝《题文徵明茶事图》，有《茶瓯》诗：三清诗画陶成器。诗后注解：向以松实、梅英、佛手烹茶，因名三清。陶瓷瓯书诗，并图其上。重华宫茶宴，以赐文臣也。（《御制诗四集》卷七十四）乾隆四十六年（1781 年），乾隆皇帝题写《咏嘉靖雕漆茶盘》诗，诗注：尝以雪水烹茶，沃梅花、佛手、松实啜之，名曰三清茶。纪之以诗，并命两江陶工作茶瓯，环系御制诗于瓯外，即以贮茶，致为精雅，不让宣德、成化旧瓷也。（《御制诗四集》卷七十八）乾隆五十一年（1786 年）正月，乾隆皇帝举行茶宴，在《重华宫茶宴廷臣及内廷翰林用五福五代堂联句复得诗二首》中写道：浮香真不负三清。诗后注解：重华宫茶宴，以梅花、松子、佛手用雪水烹之，即以御制三清诗茶碗并赐。（《御制诗五集》卷十九）。

可以说，乾隆皇帝创设的重华宫茶宴是十分特别的，与其他的任何节令宴会都有所不同。这个茶宴，可以用一个字概括，就是雅。重华宫茶宴，是以风雅自居的乾隆皇帝创设的一个君臣欢聚的雅宴。在这个春日的雅宴上，乾隆皇帝自然要充分展示他高雅脱俗的品位和非同寻常的修养：重华宫披上了节日的盛装，宫院中布置得十分素洁，院子里摆放着三鹤有盖铜炉，廊沿下是两对烧古鎏金的有盖方瓶。宫室内的摆设，同样十分淡雅，除了紫檀桌椅，就是各种茶具、器皿。特别不同的是，在茶会宴席上，只提供优质贡茶和果品，与宴者品茶尝果，即席联诗。

皇帝临御正宫，正中设紫檀地平一座，地平上设紫檀浮雕九龙宝座。面南宝座上，铺红白毡二块，红猩猩毡一块，锦缎坐褥靠背迎手一对，紫檀木嵌玉如意一柄，红雕漆痰盂一件，玻璃四方容镜一面，痒痒挠一把。宝座后，摆放着一组金漆雕龙五连屏风。宝座前，摆放着文竹福寿八方冠架、紫檀案桌和紫檀嵌粉彩席心椅。案桌上，分别陈设着白玉嵌彩石五福捧寿如意、官窑圆洗、端石寿山福海砚、清秘阁仿古诗笺、三韩龙门氏天府御香墨、湘妃竹管雕留青花蝶紫毫笔、竹雕留青人物山水臂搁、青玉岁寒三友图竹筒、竹黄书卷几式文具盒。

皇帝在宫殿中举行宴会，设立高高的御案，皇帝庄重地端坐在宝座上。大臣们则席地而坐，地面上铺设棕毡。座前摆放着食案和炕桌，都是很矮的。中国古代宫廷之中，正式的宴会上，一直保留着席地而坐的惯例，全用矮桌。宫中的食案、炕桌，以黄花梨居多，也有不少是用紫檀制作的。食案高约尺许，长方形，与炕桌相似。皇帝赐宴群臣是宫廷中较为隆重的典礼，历代相沿，基本都是遵循古制，席地而坐。清代皇帝赐宴，也是让大臣席地而坐，在殿内都是一人一桌，在庑下则是二人一桌，桌子上摆放的不是食具，而是茶器。这种食案，炕桌很矮，清宫称为宴桌，满洲语称图思根，有多种尺寸，适应不同的场合。其中，金丝楠木炕桌、黄花梨炕桌和填漆戗金炕桌都是皇帝倚重的食案，由贵宾使用。

每年正月上旬，由皇帝选定一个吉日，作为重华宫茶宴相聚的日子。奏事处首领太监事先进呈名单，由皇帝圈定裁夺。皇帝确定了入宴臣工的名单以后，太监奉旨，将名单交给奏事官，及时宣召有关臣工，按时入宫。奉旨入宫的大臣，通常提前两个时辰到达宫中，由宫殿监太监引入。宫殿监太监事先要准备好几天，特别是要备齐皇帝选定的贡茶和茶宴招待众人的果品，并且要准备好茶宴上演的承应戏。同时，由懋勤殿首领太监率领众内侍，为每位与宴者备齐炕桌和笔墨纸砚。

茶宴的那一天，与宴诸臣一身整洁的朝服衣装，鱼贯而入，面向皇帝宝座行一叩首礼，按序入座。这时，清乐响起，优美的古乐和江南丝竹之声在深寂的宫殿萦回。三清茶备好了，第一份送呈皇帝。乾隆皇帝品第一口三清茶，然后，挥笔成诗。内侍高声传唱，传出皇帝的御制诗。臣工们一一传阅，一边品尝着三清茶和鲜果，一边酝酿茶宴的诗句，依据御制诗的音韵联赓。隆重的茶宴之后，乾隆皇帝通常赏赐与宴大臣三清茶及茶碗，或者赏赐宫廷收藏的古玩珍品，或者历代名人书画。皇帝赏赐之后，与宴诸臣跪伏领赏，行三叩首礼谢恩。然后，诸臣们按序退出宫禁。茶宴上，皇帝赏赐之物，由宫殿监首领太监及时按序列出目录，交给皇帝御览钦定，然后按照钦定的名单和礼品，奉旨由内侍送达各位大臣府上。大臣们沐浴、熏香，恭敬迎接皇帝钦赐圣物，并特地辟一间屋子供奉皇帝赏赐之物。

有关重华宫茶宴的盛况，乾隆皇帝和与宴大臣在他们的诗文之中，都有记载。乾隆皇帝在《正月五日重华宫茶宴廷臣及内廷翰林》诗注中说：每岁于重华宫延诸臣入，列座左厢。赐三清茶及果。诗成，传笺以进。乾隆皇帝在《重华宫三清茶联句》诗注中也说：以三清名茶，因制瓷瓯书咏其上，每于雪后烹茶用之。当时，吏部尚书是汪由敦。他是乾隆皇帝喜爱的大臣之一，乾隆皇帝对他的评价是：老成端恪，每练安祥，学问渊醇，文辞雅正。简任部务，供奉内廷，夙夜在公，勤劳匪懈。（《松泉诗集·御赐吏部尚书汪由敦卹典》）。汪由敦的书法极有功力，是大臣中顶级的书法大师。乾隆皇帝很欣赏他的书法，称赞他书法秀润，与众不同。汪由敦是安徽休宁人，幼年颖异，一目十行。徐梦元巡抚浙江时，闻其大名，招为幕僚。随后，徐梦元任工部尚书，汪由敦随之入京。雍正时，进入仕途，历官翰林院编修、日讲起居注官、侍讲、侍读。乾隆元年（1736年），入值南书房，授内阁学士，历官礼部左侍郎、兵部左侍郎、经筵讲官、户部右侍郎。乾隆十年（1745年），汪氏由工部尚书转刑部尚书，官至吏部尚书，赠太子太师，入祀贤良寺（《汪由敦传》，钱维城撰）。乾隆十年（1745年），刑部尚书汪由敦参加了乾隆年间的重华宫茶宴，他在《松泉诗集》中说：重华宫元宵联句，是日，赐松花石砚一方。

　　彭启丰是雍正时期的状元，他是一位风流文士，对于品茶有特别的爱好。他喜欢茶花，曾写下了一首长诗赞美山茶花，这就是《木鸡斋山茶盛开即事》：

> 生长花市间，孰是岁寒友？
> 堪嗟绮丽丛，偏耐霜雪久。
> 偶过木鸡斋，浓荫覆虚牖。
> 宝珠合成冠，瑶花垂作绶。
>
> 相传赵宋年，至今神守护。
> 主人好招客，茶熟酒盈缶。
> 张筵列珍馐，促句成琼玖。
> 花开客尽来，客散花何有？
>
> 昨游玉兰房，银葩照岗阜。
> 红儿比雪儿，两两成佳偶。
> 诗续坡仙吟，绘倩徐熙乎？
> 斜日倚栏干，春去犹回首。

　　彭启丰很有才气，颇得乾隆皇帝的赏识。乾隆时期，他也多次参加了重华宫茶宴。他有诗文集面世，即《芝庭先生集》。他在书中记载说：乾隆二十八年春，皇帝御重华宫，召廷臣共二十人赐宴，臣启丰蒙恩与焉。有顷，御制律诗二章，即命臣等赓和。又特颁内府鉴藏名人画卷各一，臣启丰得《风雪杉松图》。这幅《风雪杉松图》是金代大才子秘书监李山的作品，绢地画卷。两年后，彭启丰再次参加茶宴，他记述道：乾隆三十年孟春八日，赐于重华宫。大学士、内廷翰林凡二十有二人，命为雪象联句。上又即席赋诗二首，臣谨次韵和成。特赐臣以徐贲《送人之闽中图卷》。《彭文敬蕴章年谱》中也记载说：咸丰三年正月初

清·嘉庆宜兴窑杨彭年款紫砂镶玉锡包壶

二日，重华宫茶宴，蒙赐青玉馨一联，端砚一方，竹如意一柄，并贡墨、瓷碗、铜炉各物。

后来成为同治皇帝老师的祁寯藻是嘉庆年间的进士，住在宣武门城南，一生爱好读书，给自己的书斋取名勤学斋。他喜欢品茶，对于雪水的喜爱与乾隆皇帝相似，他在《煮雪》诗中说：冷极存真味，闲多得好怀。月轩原似水，火候不关柴。岂待云浆乞，何须玉碗揩。笑他文字饮，但抱酒如淮。（《馏䜩亭集》卷十七）。他在咸丰六年（1856年）结集出版了自己的文集，取名《馏䜩亭集》。他在自序中说：忆幼时，从先大夫读书，偶命赋春草诗，喜曰：此子性情尚厚，当可学诗！……四十余年，学不加进，时有吟咏，辄多弃置。比年养疴闲居，始寻检存稿，略加编次。自嘉庆十七年至咸丰四年致仕以前，釐为三十二卷。

道光三年（癸未，1823年），他曾参与了重华宫茶宴，并获得了珍贵的赏赐。他说：乾隆圣制《三清茶》诗，以松实、梅英、佛手为三清。每岁，重华宫茶宴联句。近臣，得拜茗碗之赐。至今，沿为故事。

他很注重史实，在他的文集中，收录了参加茶宴的《癸未新正二日重华宫茶宴退值恭纪二首》：

> 宫漏声稀晓钥开，龙章飞舞下云来。（自注：茶宴联句，例于岁前南斋翰林缮稿进呈，至宴日，复奉御制恭献和章。）
>
> 临轩已拜如天福，授简还征作赋才。（自注：每岁嘉平朔日，重华宫御书福字，颁赐臣工。）
>
> 貂珥两行传络绎，霓裳一曲任徘徊。
>
> 至尊含笑温纶出，珠玉挥毫莫漫催。
>
>
> 忆昔城南尺五天，晴窗手写柏梁篇。（嘉庆己卯、庚辰两年茶宴联句稿本，臣黄铖嘱臣缮校。）
>
> 岂知座上金莲炬，得傍宫中玉铭筵。
>
> 珍玩捧归慈母笑，新诗抄出外廷传！
>
> 微臣际此尤荣幸，黄发班行最少年！（辛巳春，蒙恩入值南斋，时年二十有九。）
>
> （《馒龡亭集》卷六）

重华宫茶宴上，君臣共品的茶不是普通的茶，而是乾隆皇帝发明的清雅茶品，称为"三清茶"。什么是三清茶？就是将松实、梅花、佛手三样清雅的材料，用雪化的水烹制而成的宫廷茶品。乾隆皇帝是位很有情趣的人，对于品茶，他特别讲究。每当京城大雪，乾隆皇帝总要吩咐宫人和侍从，采集最干净的积雪，保存起来。然后，将积雪融化，从中选出最纯净的雪水，用于烹制三清茶。乾隆喜爱沃雪烹茶，也喜欢在御用的瓷瓯上，刻写御制、御笔咏三清茶诗。夏仁虎有《清宫词》为证：

> 松仁佛手与梅英，沃雪烹茶集近臣。

清·乾隆黄玉雕佛手花插

传出柏梁诗句好，诗肠先为涤三清。

乾隆皇帝讲究品茶，十分注重品茶的细节，从雪水、贡茶、三清茶料到茶具、器用和桌椅，每一个细节都要求严格，检查务求细致。品茶时，务必选择最纯净的雪水，最好的茶料，最精致的茶具，最精美的桌椅。

有一年初春，乾隆皇帝举行重华宫茶宴，与宴者都是宰辅大臣。乾隆皇帝品尝新年的第一道三清茶，回味着茶的甘醇和清雅。他轻染御墨，挥笔成诗。内侍传出御制诗，大臣们十分惊讶皇帝用韵，用的都是"嗟"韵。用嗟字韵赓和，难度是很大的，因为嗟韵太偏了。众臣们绞尽脑汁，搜寻诗句。其中，尚书彭元瑞文思最为敏捷，率先交了稿。

领班军机大臣和珅抓耳挠腮，难以完成。和珅没有办法，只好求旁边的人代作。旁边的大臣不好推脱，又不想写得太好，就敷衍了事。代作的诗，和大人觉得不满意。怎么办？和大人看到彭元瑞交稿后那么轻松，就灵机一动，想请他帮忙。和大人顾不上平日与彭尚书有些过节，交情欠佳，厚着脸皮，将写好的诗交给彭元瑞，请求帮助修改、定夺。彭元瑞浏览了一遍，认为诗写得不错，只是后两句不太雅，立即挥笔为他重写："帝典王谟三日若，驺虞麟趾两吁嗟。"和珅恭捧着墨迹淋漓的诗句，通读全诗，感觉字字珠玑，句句成诵，和大人不得不深为叹服。诗宴结束后，大臣们就在内廷漱芳斋品茶、看戏。

重华宫每年一次的茶宴，延续到道光年间，咸丰以后便荒废了。

君臣雅集盛事

乾隆皇帝在位时间久，长达六十余年。他在位期间，经常在重华宫举行茶宴，大规模的茶宴有多次。每次茶宴，都是确定在正月上旬举行，通常是立春日前后。特别重要的宫廷茶宴活动，主要有十次，它们是乾隆十年、十一年、十五年、二十五年、三十二年、五十年、五十四年、五十六年、六十年，嘉庆元年等。乾隆时期举行的宫廷茶宴，都是选择在重华宫。茶宴之日，院子里摆放着三鹤有盖铜炉、铜八卦炉以及烧古鎏金有盖方瓶。届时，乾隆皇帝临御正殿，与宴大臣列席厢房。茶宴布置得十分清雅，宫内的陈设一尘不染，品茶的器皿也极其整洁。

皇帝品茶的重华宫正殿，摆放着乾隆皇帝喜爱的桌椅、茶具和茶器：屋子里摆放着紫檀桌椅，桌子上有序排列着宜兴窑时大彬款紫砂雕漆四方壶、宜兴窑御题诗梅树纹茶叶罐、清银大凸花茶筒、清银茶点牌、粉彩八宝纹盖碗、黄地粉彩丛竹纹盅、清雍正款玛瑙光素茶碗、清桦木手提茶具格和清宫小茶具。厢房的炕桌上，摆放的也极精致，包括：靠墙壁放着紫檀竹皮包镶手提式茶籝，或者紫檀书画装裱分格式茶籝。紫檀竹编茶籝旁边的竹编铜茶炉飘着贡茶的清香。让大臣们兴奋的是，炕桌上摆着宜钧天蓝釉鸠首壶、宜兴窑邵邦祐制款珐琅彩花卉壶、宜兴窑紫砂黑漆描金彩绘方壶、宜兴窑柿蒂纹扁圆壶、宜兴窑紫砂绿地描金爪棱壶、宜兴窑紫砂绿地描金爪棱壶，靠近门旁是瘿木手提式茶籯、紫檀竹编茶籯、紫檀茶籯以及宜兴窑盖罐、宜兴窑六安茗芦雁纹茶叶罐、宜兴窑珠兰铭芦雁纹茶叶罐、宜兴窑御题诗梅树纹描金茶叶罐、清宫茶具和清宫紫漆描勾莲皮茶筒。

华堂盛宴，君臣雅集。有才子之称的汪由敦奉旨撰写殿廷宴乐乐章，开始演奏：

> 惟天行健，圣人则之。典学勤政，作君作师。无逸为箴，宵衣旰食。
> 一人忧劳，绥此万国。文经武纬，地平天成。中和立极，玉振金声。
> 亿万斯年，觐光扬烈。敬天勤民，体元作哲。天鉴孔彰，翼翼后王。
> 仪型皇祖，帝祚遐昌。

> 瑶图炳焕，六合雍熙。星辉云烂，风雨以时。翕受嘉祥，调和玉烛。
> 治炳皇风，道光帝籙。东渐西披，北燮南谐。梯航琛尽，毕致尧阶。
> 日升月恒，万邦蒙福。击壤歌衢，嵩呼华祝。秩秩盛仪，洋洋颂声。
> 绍休列祖，永庆升平！

乾隆十年（1745 年）立春，京城风和日丽，晴空万里，一派春光明媚的景象。三十五岁的乾隆皇帝心情极好，吩咐第二天在重华宫举行茶宴，让近侍大臣尝尝宫中的三清茶。乾隆皇帝亲自拟定人选，选择的与宴大臣是有宰相之称的大学士、六部尚书和翰林学士，包括：张廷玉、汪由敦、刘统勋、梁诗正、钱陈群、励宗万、张若霭、嵇璜、裘日修、陈邦彦、鄂容安、董邦达等人。茶宴之日，乾隆皇帝品第一口新春第一鲜的三清茶，饱蘸笔墨，出口成章，吟出三清茶宴的第一首五言诗，给诗宴赋诗定下诗韵，大臣们随后品茶和诗。

乾隆帝：重华予旧邸，嘉宴此同堂。应律三阳泰，迎年百福穰。

张廷玉：词臣咸珥笔，圣主正垂裳。六出霏花早，

汪由敦：千畦宿麦芳。土牛征令典，彩燕试新装。仙木雕楄丽，

刘统勋：华幡绣带飔。流渐纷绮縠，积素耀珪璋。梅萼犹含绿，

乾隆帝：杨稊欲绽黄。椒花方八颂，柏叶尚浮觞。美彼周行示，

梁诗正：猗与和气翔。九华森火树，万户饰金铛。布恺均瑶席，

钱陈群：赓歌近御床。来仪鸣凤舞，占候相乌忙。兴庆非烟护，

励宗万：勾陈列宿行。条风徐冉冉，淑景渐昌昌。结胜标佳序，

乾隆帝：颂鑪自尚方。暖围金合匝，静听玉商量。融盎苍龙气，

张若霭：萦回宝鸭光。观东联组绂，研北拥琳琅。棻接天香霭，

嵇　璜：长霶圣泽洋。曲高原过郢，蕊艳旧名唐。驳娑明霞烂，

裘日修：罘罳宝月张。重茵天上坐，珍品大官湘。偶此娱清暇，

乾隆帝：于焉答始阳。芝房筵撒荔，貂侍椀调浆。沈宋诗最健？

陈邦彦：羲轩道益彰。周巡编凤纪，迢递引鸾吭。即事摛宸藻，

鄂容安：传观挹古香。化工呈锦绣，天籁韵笙簧。事异横汾宴，

董邦达：诗同在藻章。衢尊深不竭，金槛久逾良。喜奉尧阶日，

乾隆帝：欢承文母庆。初飔仙蕙际，哉魄斗河旁。联句思贤辅，

（鄂尔泰养疴）

张廷玉：绥猷仰我皇。群材归橐籥，众汇启勾芒。绣壤膏其动，

汪由敦：茅檐乐未央。蓂才抽四叶，菜欲屡盈筐。胜赏陪何幸，

刘统勋：深恩报莫偿。劈笺光腻粉，赐果糁凝霜。骀宕青轺转，

乾隆帝：铿鍧雅韵锵。丰为稀世瑞，学乃愧贫粮。先节浮圆煮，

梁诗正：移时贡茗尝。挥弦钦舜陛，依閟陋田郎。日月瞻偏近，

钱陈群：钧韶吸益庄。陆离怀异核，璀璨拜文房。湛露滑优渥，

励宗万：油云蔚霶滂。游真来帝所，人似泛仙航。元会车书集，

乾隆帝：明廷剑佩锵。

嘱予增惕息，勖尔效匡襄。今日方春日，农祥肇岁祥。

行时歌有庆，好乐勖无荒。大宝箴谁献？惟怀愧哲王！

清·鄂尔泰像

　　乾隆十一年（1746 年）初春，乾隆皇帝再次举行重华宫茶宴。与去年不同的是，这一次，皇帝钦定的与宴大臣，将近一半是皇室人员，有乾隆皇帝叔叔辈的、兄弟辈的和下一辈的，有王公大臣、翰林文士和封疆大吏，包括：允禄、允祹、允禧、弘昼、弘瞻、福彭、永璜、张廷玉、高斌、梁诗正、汪由敦、蒋溥、张若霭、雷鋐、嵇璜、介福、张泰开。汪由敦是一位集诗、书、画于一身的大才子，为官敦厚，做事稳重，深受乾隆皇帝的信任，因此，他经常奉旨参加宫中的宴会和茶宴。这年正月初二日，他参与了乾隆皇帝举行的宫廷小宴，写下了《御制正月二日小宴廷臣元韵》：

> 轩纪开元会，虞赓庆一堂。先春风细细，献岁物昌昌。
> 甲煎浮兰殿，辛盘进柏觞。五云歌复旦，八伯舞昭阳。
> 脯应尧厨捷，羹从汤鼎湘。金茎鳌柱直，琼液凤团香。
> 簪佩霑优渥，垓埏仰惠康。欣看时玉赐，正兆屡丰祥！

　　小宴之后，就是重华宫茶宴了。这一年的重华宫茶宴，规模比上

清·乾隆白玉错金嵌宝石碗

一年更大，不仅人数多，而且茶品更新，茶具更加精致。几年来，在乾隆皇帝的精心治理下，国事顺遂，经济繁荣，人民安居乐业。新春时节，乾隆皇帝心情极好。于是，茶宴就确定在正月初十日。天遂人愿，茶宴这一天，阳光灿烂，重华宫宫院格外温暖，茶室内外装点得花红柳绿，一派欣欣向荣的春日景象。乾隆皇帝看着容光焕发的大臣，品着新近入宫的三清香茶，格外兴奋，不禁文思泉涌，写出了第一首茶诗。大臣们传阅，构思，一边品茶，一边和诗。

乾隆帝：韶年和乐会周亲，丽藻同赓翰墨臣。宴借传柑先令节，俗沿桃菜协良辰。

允　禄：乔云已报三阶泰，淑序初呈九陌春。爆竹声多催腊尽，

允　祹：梅花香发竟时新。普天共仰升平庆，率土咸霑化育仁。击壤尧衢民气豫，

乾隆帝：纽芽禹甸物情闿。匪今稔岁祥为大，自古天伦乐是真。回忆文筵歌撒荔，（御笔注解：重华宫，予旧居也。尝与吾弟和亲王岁时燕会于此。）

弘　昼：久铭帝德粲雕珉。九重瑞霭舒佳景，六出琼葩应大均。丝管清音天上至，

弘　瞻：琅玕古色座中陈。瞳龙旭日临青锁，缭绕祥烟护紫辰。一德景行先圣业，

乾隆帝：同堂嘉叙古风淳。欣开锦席酬三叔，（自注：是日与宴者，庄亲王、履亲王、慎郡王皆朕叔辈。）尚记仙诗和四宾。（旧尝与慎郡王唱和，用宾字韵四首。）铺首宜春书吉字，

允　禧：地衣送暖袭华裀。屏开鸾影辉丹宇，砌转鳌峰映碧岿。列坐承恩齐搁管，

福　彭：分行肃侍俨垂绅。光生几研分题遍，响遏韵均得句频。银汉分支涵雨露，

乾隆帝：猊烟结篆引璘彬。礼陶乐淑私须克，孔思周情道在纯。

何必联吟夸有过?

永　瑢: 也知群擢愿希旬。九华枝外依仙岛, 五色云中仰圣人。

骀汤风微腾紫盖,

张廷玉: 慈宁福厚赐苍旻。喜瞻陇麦千畴润, 恰数阶蓂十叶匀。

鱼藻载歌恩似海,

高　斌: 龙文健举笔如神。拜颺顿觉诗怀畅, 衍乐过于酒味醇。

浮液广沾仙掌露,

梁诗正: 雕盘屡给大官珍。宝幡巧剪悬双胜, 脆缕纷堆荐五辛。

渐转晴晖迟霭霭,

乾隆帝: 微生阳气始磴磴。已教彩燕翔珠箔, 未许青牛迓绮湮。

歌继柏梁宗异并,

汪由敦: 人来枌诣燕游申。爻占云陆鸿仪渐, 风咏周南麟趾振。

湑露早叨陪上日,

蒋　溥: 需云又庆值初旬。铿訇仙籁闻锵珮, 优渥宫壶捧赐银。

祥启重华光夃缦,

张若霭: 班随群列礼遵循。瑞云乐奏声盈耳, 坚齿香浮醴入唇。

十八数符瀛苑侣,

雷　铉: 大千界乐化台民。辑圭剑履通重译, 献荞梯航到八闽。

遍覆寰区唯岂弟,

乾隆帝: 迪知宅俊在忱恂。芬馨馔玉颁缃核, 皦绎从金叶磬均。

艳发唐花嗤羯鼓,

嵇　璜: 风回文沼蹙鱼鳞。丁冬莲漏来西极, 错落珠灯缀大秦。

近傍御床邀异数,

裘日修: 重扬天藻续前因。探源远溯龙门泪, 觅韵喜披鸟道榛。

殿是集贤传雅事,

介　福: 职司籥笔步芳尘。诏宽礼数无拘束, 喜溢天颜展笑嚬。

嘉会恰逢几暇顷,

张泰开: 宠光兼披岁寒身。暖随东陆符星指, 霁豁西山带雪皴。

敢拟欢娱同宴镐，

乾隆帝：为酬勤动想吹豳。

庭罗宝树霞千叠，诗擘瑶笺韵几巡。

计日夜珠刚就满，笑看瑞叶尚余津。

这次欢宴，乾隆皇帝十分尽兴，尽兴品茶，尽兴赋诗。宴会散了后，乾隆皇帝意犹未尽，在宫室中，继续品茶，又挥笔写下了《与诸王及内廷大学士翰林等小宴重华宫联句是日复得诗三首》：

兰殿辛盘迓早春，展亲更复洽臣邻。

从来盛事成佳话，况是宗藩与吉人。（数年以来，新正几暇，辄与内廷诸臣联句宴会于此，率成故事。）

金荔色酣朱乍点，玉梅香度粉初皴。

说之灯夕诗如绘，花萼楼前雨露新。

报道东来风是条，鸿龙运斗已旋杓。

梜栳焕彩春方丽，鸦鹊堆银雪未消。

五色书云光灿烂，双葩结毯影招摇。

庆霄半璧悬西宇，景物迎人正复饶。

初韵应律正光昌，亶矣春和聚一堂。

殷鼎调梅惟傅相，汉台赓句有梁王。

乐调太簇鸣虞磬，节煮浮圆胜楚皇。

同任股肱民社寄，勖哉无或负明良！

乾隆五十年（1785年）初春，七十五岁高龄的乾隆皇帝临御天下五十周年。乾隆皇帝对自己的文治武功很为自得，志得意满，吩咐在重华宫举行大规模的新春茶宴。这次参加茶宴的大臣，包括郡王、贝勒允祁，和硕裕亲王广禄，大学士阿桂、嵇璜、蔡新，大学士、伯武弥泰，协办大学士、户部尚书梁国治，吏部尚书刘墉，刑部尚书喀宁阿，工部尚书金简，原任左都御史张若渟，都统德保、王进泰、五岱，江宁将军万福，福州将军常青，杭州将军、宗室莽古赉，宁夏将军、公、宗室嵩椿，广州将军存泰，直隶总督得峨，两江总督萨载，闽浙总督富勒浑，四川总督李世傑，散秩大臣、公观音保、傅玉，散秩大臣富保、呼尼尔图，护军统领塔永阿、喀木齐布，喀尔喀贝勒阿玉尔，都尔博特贝子博第，札鲁特公彭苏克，郭尔罗斯头等台吉札萨克阿喇布坦，巴林和硕额驸丹津，吏部侍郎、宗室玉鼎柱等。

这真是一场超大型的内廷茶宴，参与茶宴的这些王公大臣和文武百官，许多都是功勋卓著的封疆大吏，他们奉旨守护一方，代行皇帝权力。可以说，他们都是乾隆皇帝十分欣赏的王公贵戚、文武大臣，他们辅助皇帝治理国家，立下了汗马功劳。面对这些满头白发或者两鬓斑白的王公大臣，乾隆皇帝成竹在胸，吩咐这次茶宴，以千叟宴为题，品茶咏诗。欢聚的茶宴一直持续了很久，王公大臣们从来没有如此放松和轻松过，他们品茶吃果，称颂皇帝的功德，尽欢而散。茶宴结束之后，乾

清·乾隆磨花玻璃杯

隆皇帝依然很兴奋,挥笔写下了《重华宫茶宴廷臣及内廷翰林以千叟宴为题得近体二首》:

茶宴重华迓新祉,年年联句畅文风。(每岁新正茶宴廷臣及内廷翰林,例于重华宫之东厢拈题联句。)

柏梁赓巳燕千叟,东壁筵恒异百工。(今岁新正六日,于乾清宫赐千叟宴,用柏梁体联句。内廷翰臣多年,未六十者,不得与宴,唯恭和。朕恭依皇祖千叟宴韵诗,此亦照康熙壬寅(即1722年)内廷翰林和韵之例也。)

养老奚妨先讲学,视殊其义究归同。(今岁仲春上丁,释奠后,以新建辟雍告成,临视讲学,在千叟宴典礼之后。)

两章亦可当长律,颂莫忘规体我衷。(向以联句与诸臣茶宴重华宫之东厢,今岁即以柏梁体于千叟宴中,选百人联句。故今日只以此二律,命诸臣赓韵。)

累洽重熙沐昊恩,得教耆宴继前番。

三千宽以礼数肃,酬酢加之笑语温。(我皇祖以壬寅年举千叟宴,为从古未有之盛。余荷昊苍纯佑,得嗣前徽,重光令典,耆年与宴者,至三千人之多,仁寿同登宝深欣幸。)

特喜百龄来硕老,同欢五代抱元孙。(国子监司业衔郭钟岳,福建人,年百五岁,精力强健,不远数千里,来与是宴,尤为耆英佳话。)

自思此盛何脩遇,戒满唯深敬永存。

乾隆六十年(1795年),八十五岁的乾隆皇帝临朝执政整整六十年。元旦这天,身体健康的乾隆皇帝心情极好,写下了表达新年美好祝愿和回顾自己六十年业绩的《元旦》诗三首,并亲笔作了详细的注解:

心愿符初六旬岁，天恩赐百二十春。（予自丙辰践阼以来，乾惕日增，旰宵相继。光阴荏苒，今岁乙卯，竟周六甲。回忆即位之初，焚香告天，唯愿在位得至六十年，即当归政。何幸年臻耄耋，身体康强，每日勤政敕几，无殊往昔。当宁寿宫初葺时，即有符望阁、遂初堂之额，今幸心愿符初矣！依古以来，祖孙两代，享国百二十余年者，史牒具在，未之有闻。而今岁二月遇闰九十春光，衍成百二，太和翔洽，元气舒长，运数实相符合，益昭恩眖独优。）

敢如皇祖多余数，诚幸朝家福禄频。（朕在位日久，海内臣民爱戴之情，出于真恻。又见予精神强健，莫不愿予弗即归政。蒙古诸蕃，皆予儿孙辈行，亲爱不啻家人父子。即外蕃朝贡诸国，承事日久，接踵来宾，谅亦无一愿予归政者。然朕当即位之初，已默陈不敢上同皇祖在位六十一年。岂因藐躬康健，遽违初愿耶！孔子论治，以必世百年为难遇形之叹。慕皇祖与予御宇皆阅两必世，合计之则百年而过其数矣。非敢侈运会之隆，所幸我大清熙洽骈增。如卷阿所云：尔受命长，福寿尔康！诗人以为颂词者，今何修而重叠遇之！）

三代问谁几周甲？藐躬惕已益增寅。

增寅已实无虚语，唯有惠鲜勖爱民。（《书·无逸》：惠鲜鳏寡。孔安国传云：加惠鲜乏鳏寡之人。陆德明释文：鲜，音息浅反。如其说，是鲜乏鳏寡，为三项人。若专以鲜连惠，既不能成文，且与上怀保语句不协。）

这一年初春，乾隆皇帝心情十分复杂，在重华宫华堂之中，隆重举行了一场规模巨大的宫廷茶宴。乾隆皇帝心绪难平，写下了《新正重华宫茶宴廷臣及内廷翰林，用洪范九五福之五曰考终命联句复成二律》：

皇祖八龄即践阼，藐予廿五始乘乾。

竟周乙卯叨天佑，喜视丙辰开子年。

日引月长覃久矣，民安物阜岂其然。

重华题壁恰俱葳，惭愧老人获十全。（每年新正，重华宫得句，即书悬壁间。今岁乙卯六十年，题壁之句恰全，此后获麟，听予皇帝及诸臣联句为乐，亦佳话也！）

虽云惭愧出心诚，较历代归政者赢。

弗禅厥昆兹禅予，非同彼逼庆同祯。（昆，弟也，昆为后。《尔雅释言》：昆，后也。……《朱子训诗》：以昆为兄者，泥矣。商家多兄弟相及，然非历代所恒有，唯禅子，实天地之常经也！历稽自古归政之事，多非全美。如唐高祖禅位太宗，论者讥其隣于逼夺。睿宗在位一年，因定乱传位明皇，及明皇幸蜀，肃宗即位灵武，皆迫于势之无可如何，无足称道。至于宋高宗、孝宗，年未及耄，即行禅让，更所不取。予懋因昊眷，即位之初，矢志不敢上同皇祖六十一年，至六十年，即当归政。而祖孙两代，已享国一百二十年，实历古帝王未有之祯祥也！）

箕畴九五福联毕，羲卦六十四咏成。（自戊申岁上元灯词以大易卦名排年分咏，每岁八章，计至今岁乙卯而六十四卦之咏，亦具全备。）

期八年和五年什，均蒙昊眷共符贞。（恰于今春，雨什俱葳，实昊天垂眷也。）

乾隆皇帝喜爱读的儒经之一，就是较为深奥的《尚书》。这部称为《书经》的古书认为，名臣箕子向周武王传授天地之大法，周室得以大兴。《尚书》中的《洪范》篇是这部经书中的经典之作，其中，九五福之五是考终命篇，这是乾隆皇帝的最爱之作。这一年的重华宫茶宴，乾隆皇帝就以此为题，联句和诗。联句诗十分幽雅，最后汇编成册，乾隆皇帝在联句诗序言中说：

寅荷天祖眷诒之独厚，岁计周乎六旬。申揭武箕访述之至精，畴

清乾隆宜兴窑荷莲寿字壶

图备乎五福。溯自长年书亥寿为初祜之文，粤若任养占壬富继载赓之咏抚垓埏而揆度通笃求宁基夙夜以寅，虔佽存好德，逮今，兹正位以凝命。廸敛时建极，以得全阐。自讲师稽诸故训，昉汉宗之安国，枭宋代之蔡沈，或分隶乎五常，或互根于五事，以为福则，恐成虘语。……尧授舜，舜授禹，皆在丙年。高禅孝，孝禅光，不当畫岁。六十一年元旦（今冬颁朔，丙辰用嗣皇帝纪元，而宫中《时宪书》则仍以六十一年顺序），是为归政之期。四千四百八旬（黄帝甲子以来，四千四百八十二年），无此普天之庆。值开韶于冒苑，咸联咏于分茶。

乾隆帝：五福由来好德基，德基慎始考终随。（每岁新春令日，于重华宫召集大学士、九卿及内廷城里人翰林等举行茶宴，因成联句，取政治典章之大者为题。辛亥年，因予寿逾八旬，仰荷天眷，福履骈臻，且敛锡之义与兆民同，乃以是年肇举《洪范》九五福，按年联咏，至今年乙卯，而五福适全。）

亥辛肇幸卯乙至，鲁论义通禹范词。（岁丙申，御制五福颂，书屏以揭于宁寿宫后之景福宫。于考终命一首，即表践阼初炷香告天、待六十年便当归政之语。）

阿　桂：安国游谭被禄籍，苞咸达诂冠经师。（孔安国旧传于大禹谟注言为：天子勤此三者，则天之禄籍长终汝身。孔颖达疏言：天子当慎天位，修道德，养穷民，则禄籍长终汝身。禄，谓福。禄籍，谓名籍，言享大福，保大名也。安国于谟之永终，理解明确。于范之考终，复变其说，一书两解，亦游移鲜据矣。何晏《论语集解》引汉苞咸曰：永，长也。信执其中，则能穷极四海。天禄所以长终。）郑疏佼好说根旧（郑康成注：此语独异，谓皆生佼好以至老，盖本刘向《说苑》三建本篇云：尚书五福，以富为始，国家以昌炽，士女以佼好，礼义以行，人心以安。其本旨以配五事以之貌，对六极之恶，是为先汉旧诠与后儒径庭者。），

和　珅：林闿年龄语杜岐。（林之奇《尚书全解》于大禹谟曰：天禄句，先儒已属于上文，谓四海之内，有困穷之民，君当抚而育之。人君苟能勤此，慎乃有位敬修，其可愿与。）董鼎有云重舜责（董鼎书传云：尧老，舜摄，尧之为帝自若也。而遽以受终告祖者，昔由祖以有其始，今告祖以受其终，此为告摄而谓之受终。盖经重舜之责也。与御识尧授舜而尧之事终有合），祖谦所见述尧咨（吕祖谦书说云：舜时，安有困穷之民，圣人心常不足，天禄永终。言以天下付禹，则造始在禹。与御识舜授禹而舜之事终有合）。中和德执策西汉（《汉书》武五子传载，赐封齐王闳策文云：悉尔心，允执其中，天禄永终），

王　杰：福祚流长论叔皮。保位如臣闻隽说，应天以道解匡疑。诏传册后古曾引，

刘　墉：文撰告天吉廼宜。论语稽求派可别，尚书疏证治微窥。君能造者福臻备，

乾隆帝：命不易哉监在兹。祖幸春园欢宴际，考承清眖奏名时。递蒙眷顾宫中养，

福长安：还侍游歌塞上怡。垂矢和弓亲诲彀，松涛风籁爱含饴。鸾章叠和庄排屃，

董　诰：龙邸重修岭号狮。主邕代乾出乎震，颁纶立峣爱诸祁。昊颢相继家皆圣，

纪　昀：亶季昌传位尚卑。密契封函垂统重，显彰锡号得人贻。创成五世归堂构，

庆　桂：礼乐百年昭洽熙。明炳践宸合沨沏，执徐肇阼媿伊耆。
昉乎六御资元始，

乾隆帝：从此万几惟日兹。廿五那曾筹八六，天恩何幸贲心期。
炷香践阼陈钦祝，

胡季堂：调幕周旬俨默司。五位十成天转斡，古稀耄念岁舒迟。
旂蒙纡赋再三又，

彭元瑞：奄茂躅糈千万斯。叟宴偕开恩崿渏，士科联启惠京坻。
谦毋举典仍颁绰，

舒　当：庆籍同民共献栀。园建长春春不老，宫新宁寿寿维祺。
纪恩榜揭觐扬大，

宝光鼐：继德堂成承显丕。排日事行心记注，编年集就道书诗。
诚先征久算操券，

乾隆帝：法祖敬天器戒歆。每岁南郊虔执礼，间年东国敬瞻规。
两陵频展霜露慕，

金士松：四月常雩禾稼祈。大宝恪承篆久咏，旧章率履录晨披。
为君难特为申引，

玉　保：以父事遑言报施。镌玺者功理征信，刻珉聪听训详舞。
战图兵绩追王业，

吴省钦：苍璧匏尊肃祭仪。致洁正阳渠作记，思艰萨尔浒书碑。
嬉冰哨鹿庆隆舞，

瑚图礼：月姊日兄皇地示。禋赘掜圭核非礼，庙陈贡玉表维寅。
飨亲飨帝精心志，

乾隆帝：有政有民谨指麾。宵旰敕几慎无逸，仓箱祈岁吁多绥。
却怜屡愿艰克副，

那彦成：尚虑务闲恒绎思。昧爽御门心罔间，偏隅人户口无遗。
登民縠数农曹掌，

童凤山：定海河工禹绩治。巡过师行播黄纸，大臣小吏对彤墀。
批朱情伪穷毫发，

茅元铭：阅谳精详悯杖笞。发币役犹知过亶，求衣夜辄待章驰。越吴豫晋虞方觐，

达　椿：鲐齿缝袼周赍差。事酌速迟均轨则，躬行节俭致蕃滋。外王内圣敬谦爱，

乾隆帝：堂徽廉箴恬与嬉。四库崇文阁分度，十全纪武笔亲摛。却惭言逮行未逮，

陈崇本：咸仰巍其焕有其。天纵多能皆圣事，战无不克在几知。广增实额士桓赳，

王坦修：鳌定群书光陆离。阐论经筵弦且诵，纪勋方略正而奇。梯云凯奏香山寺，

和昌期：立雪经横碧水池。工尺工商谱唇齿，弓刀壁垒貌须眉。官阶九品鹰扬野，

钱　碌：恩榜八开鸿渐达。右氾左㴠盛鱼雅，京营河伍革熊罴。化成冶定升恒运，

乾隆帝：夕惕朝乾宾饯移。略悔初龄未计耳，谁知耄齿竟臻之。六旬一日驰何讯，

谢　墉：万岁山呼祝匪私。云以名孙多衍实，月当几望积期颐。睿吟两什从禽获，

钱　樾：天厩千群选骏骑。鸠首却扶行矍铄，蝇头妙写墨淋漓。阶添萲茮春偏永，

裴　谦：舶泛荷兰海有涯。宝号绵长稽自汉，灯辞圆满演由羲。寿循大挠环无极，

秦承业：富益摩醯数莫推。宇宙清宁蜎仡并，地天合德槀骊垂。向畴用乂全昇帝，

乾隆帝：敷众同焉但祇台。

咏葳箕畴称敛锡，授临舜典阐微危。丙辰职考成归政，上日鸿禋普福釐！

茶宴演示

　　三清茶是乾隆皇帝创设的一种宫廷茶宴，地点选择在皇宫内院，是皇帝和皇帝选定的王公大臣在正月的某一天，欢聚一堂，举行以品尝贡茶为主要内容的宫廷聚会。这种茶宴，只有茶，没有酒肉，茶宴只上贡茶和皇帝选用的三种清雅原料，故称三清茶。三清茶宴，最早创立人是南宋高宗赵构，他定都临安，在皇宫中曾以三清茶宴会群臣。宋高宗所用的三清茶是何物所制作的？没有史料记载，其后基本失传。七百年后，清乾隆皇帝弘历再创三清茶，成为宫廷新春宴聚的一件雅事。乾隆皇帝是位自视甚高的皇帝，他喜爱品茶，在当年做皇子时的龙潜之地重华宫，创设了一种全新的三清茶宴。三清茶，就是以梅花、松仁、佛手为原料，用宫中收集的雪水，融化之后，以沸腾之水，冲泡贡茶龙井和这三样雅物而成。乾隆皇帝很喜爱三清茶，特地写下了《三清茶》诗，详细地描述了三清的原料、用水、烹制用具和品茶用器，等等：

> 梅花色不妖，佛手香且洁。
>
> 松实味芳腴，三品殊清绝。
>
> 烹以折脚铛，沃之承筐雪。
>
> 火候辨鱼蟹，鼎烟迭生灭。
>
> 越瓯泼仙乳，毡庐适禅悦。
>
> 五蕴净大半，可悟不可说。
>
> 馥馥兜罗递，活活云浆澈。
>
> 偓佺遗可餐，林逋赏时别。
>
> 懒举赵州案，颇笑玉川谲。
>
> 寒宵听行漏，古月看悬玦。
>
> 软饱趁几余，敲吟兴无竭。

清·乾隆宜兴窑描金山水方壶

清宫三清茶茶宴，没有酒，没有肉，只有龙井贡茶，只有三清：梅花、松仁、佛手。

清宫三清茶茶宴，没有菜，没有饭，没有别的汤水，只有二品：一是品茶，二是品诗。

重华宫三清茶茶宴，品茶的茶具很特别，都是皇帝经过精心挑选的茶具雅器。除了茶具之外，还有写诗所用的文房四宝及内廷文具：

第一套：竹编铜茶炉，旁边是紫檀竹皮包镶手提式茶籯，上面摆放着一对红宝石雕蝠寿佛手、蓝宝石雕佛手以及精美绝伦的茶具清宫宜兴窑描金漆茶壶、宜兴窑御题诗梅树纹描金茶叶罐、锡制海棠式錾花茶叶筒、清雍正款玛瑙光素茶碗、乾隆款脱胎朱漆菊瓣盖碗、清银大凸花茶筒、清银茶点牌、红雕漆锦纹葵花茶盘、御茶房款银匙、银茶点牌。紫檀条案上，放着乾隆皇帝心爱的文房四宝。特别重要的是，乾隆皇帝喜爱的御制国宝五色墨，绿、黄、红、白、蓝，按序呈弧形摆开。右边上手，摆着珐琅管斗羊毫抓笔、牙雕钱纹管紫管笔和雍正铭松花江石如意池长方砚。正中的位置，端正地摆放着秘阁仿古诗笺和象牙竹节形臂搁。

第二套：紫檀书画装裱分格式茶籯，上面摆放着红雕漆加彩佛手

清·乾隆竹编铜茶炉

式小盒和一套精致的清宫小茶具，旁边则是紫漆描金莲花小茶几，几上分别是紫漆描金勾莲皮茶筒、乾隆款脱胎朱漆菊瓣盖碗、紫漆描金勾莲皮茶筒、御茶房款银壶、御茶房款银勺、银镀金镂空寿字茶船、乾隆款青玉梅花书屋盖碗。填漆戗金炕桌上，摆放着檀香木寿字管雕花斗狼毫提笔、乾隆款御笔题画墨、叶公侣乐志墨以及十分珍稀的端石寿山福海砚。

　　第三套：紫檀竹编茶籝，上面摆放着白石双耳光素杯、青玉双耳鹿纹八角杯和乾隆款青玉盖瓶式茶具，旁边是御茶房款银盘、乾隆款碧玉光素茶壶、银葵花式盖碗、海棠式银茶盘、海棠式双喜银茶托、紫漆皮茶筒、银烧蓝团花茶船、画珐琅梅花式茶铫、康熙款铜胎画珐琅福寿盖杯、画珐琅花蝶小壶以及掐丝珐琅缠枝莲盖碗。金丝楠木书桌上，摆放着湘妃笔管雕留青花蝶紫毫笔、彩漆云龙管黄流玉瓒紫毫笔和曹寅监制款兰台精英墨、三韩龙门氏天府御香墨。

品茶过程：

一、室——雅室居然可试茶，

二、备——竹炉瓷杯伴清嘉。

三、温——清风入窗温雅器，

四、置——越瓯琳琅置天家。

五、赏——松仁佛手与梅英。

六、沸——沃雪烹茶集近臣。

七、吟——传出柏梁诗句好，

八、闻——诗肠先为涤三清！

九、浸———家平安赏御茗，

十、敬——皇恩浩荡泽如春。

十一、赐——赐茶众臣心似水，

十二、品——仙茶君子悟清真。

室，是指品茶的地方一定要雅洁。备，是指备办一切品茶的用料和器具。品茶的器具极美，品质不同，性能也不一样。在品茶之前，都要温杯，以便于品尝到贡茶和三清最美的仙茶滋味。置，是放置好各种品茶所需的所有用具、器物及辅助用品。这是准备阶段，主人、客人、音乐歌舞艺人和服侍茶艺的人员，各就各位，准备品茶。

赏，是展示三清茶的清雅原料：梅花、佛手和松仁。梅花傲立冬雪，在苦寒之中绽放清香。梅花姿容优美，性情高洁，是花中的真君子。梅花在寒风中怒放，无所畏惧，清香四溢，把美丽、健康、幸福传播在人世间。梅花五个花瓣，象征五福，也象征着一年风调雨顺，五谷丰登。松树是长寿树，不怕严寒，不怕酷暑，迎风傲雪，象征着健康长寿、事业兴旺。松仁洁白如玉，清香可口，是美容健身、滋肾养胃的佳品。佛手性温凉，芳香开胃，健肾化痰。佛手谐福寿，象征着福寿双全。

浸，是将三清佳品浸入沸腾的雪水。将佛手切成丝，投入宜兴砂壶中，冲进沸水，至二分之一壶，停五分钟。将松仁放入，冲沸水至满。与此同时，用银匙将梅花分到各个盖碗中。最后，把泡好的佛手、松仁冲入各杯中。这道程序，要领是掌握火候，就是乾隆皇帝所说的武文火候斟酌间。敬，就是敬献给皇帝。三清茶泡好后，第一份，敬献给皇帝。皇帝品茶后，感觉极好，内侍笔墨伺候。皇帝挥笔赋诗，接着品茶。内侍高声吟咏御制诗，给大臣传阅。赐，是皇帝赏赐大臣，希望众人一心为国，臣心似水。大臣们按照皇帝赋诗的音韵，一一联句和诗。品，就是君臣欢聚一堂，品尝第一春的三清茶，共迎新年，祈求风调雨顺，国泰民安。

三清之一：松仁

松子是松科植物红松、白皮松、华山松等多种松的种子，又称海松子。从产地上说，松子主要来源于东北，其中，最好的松子用作贡品，剥离出松仁，就是乾隆皇帝三清茶的原料之一。东北松子颗粒饱满，营养丰富，一直是清宫的主要贡品之一。东北松子主要包括：大兴安岭小松子、小兴安岭的大松子（如图）。红松树果实的松子是极佳的营养品，饱含丰富的脂肪、蛋白质、碳水化合物等物质。同时，松子又是重要的中药和保健品，没有副作用，久食有益于健康身心，美容美肤，延年益寿。

明朝医学大家李时珍也是一位权威的药物学家，他对松子的药用价值曾给予很高的评价，他在《本草纲目》中写道：海松子，释名新罗松子，气味甘小无毒。主治骨节风、头眩、去死肌、变白、散水气、润五脏、逐风痹寒气，虚羸少气补不足，肥五脏，散诸风，湿肠胃，久服身轻，延年不老。可食用，可做糖果、糕点辅料，还可代植物油食用。

松子油，可以食用外，也是干漆、皮革工业的重要原料。松子皮也有用，可以制造染料、活性炭等。

挑选松子时，要选择颗粒饱满者为宜。颗粒饱满的松子，松仁硕大均匀、色泽鲜亮光润，是极佳的营养品。松子不仅是美味的食物，更是食疗佳品，人称"长寿果"。不仅皇家喜爱松子，历代医家、术士、营养学者也极推崇松子，因为松子有着独特的保健功效和营养价值。松子性平味甘，具有补肾益气、养血润肺、滑肠通便、消炎止咳等特殊功效。松子一身是宝，有着很高的营养价值。据检测，每百克松子中，含有十分丰富的营养物质，包括：脂肪 63.5 克，蛋白质 16.7 克，碳水化合物 9.8 克以及磷 236 毫克、矿物质钙 78 毫克、铁 6.7 毫克和丰富的不饱和脂肪酸等。

松子特别适用于脑力劳动者，可以说，松子是大脑的极优营养品和营养补充剂。松子富含不饱和脂肪酸，这种物质在调节神经，增强脑细胞新陈代谢，维护脑细胞运行功能诸方面有着神奇的作用。松子的谷氨酸含量高达 16.3%，这种物质有益于健脑，可以有效地增强记忆力。松子中所含的磷和锰也很高，这些物质，对大脑和神经都有很好的补益作用。松子是润肺通便的佳品，具有滋阴润燥、扶正补虚的功效，特别适合体虚、便秘、咳嗽等人群食用，也适宜于年老体弱、病后、产后人群食用。所以，松子是健脑、健身、通便佳品，特别是对于老年痴呆等病症有很好的预防作用。

中国大量的神仙书籍中，谈到仙人好食松子，久食松子，健康长寿。这样，松子成为历代皇帝、皇室成员和王公贵戚的日常必备食品。松子内含有大量的不饱和脂肪酸，常食松子，自然可以强身健体，延年益寿，特别是对于中年、老年体弱、腰痛、便秘、眩晕者和小儿生长发育迟缓者都有特殊的疗效，尤其是在补肾益气、养血润肠、滋补健身方面有着独特的保健作用。同时，食用松子，能够有效地治疗燥咳、吐血、便秘等病症。松子通常以炒食、煮食为主，不论男女老少，皆可食用。但将松子仁沏茶举办宫廷茶宴，这可能是中国皇帝的首创。

清·乾隆宜兴窑御题诗梅树纹茶叶罐

　　常食松子，能延年益寿、美容健身。松子虽好，但并不是人人都适宜。脾虚便溏、肾亏遗精、湿痰甚重者，都不宜多食松子。因为，松子油性大，是高热量食品，吃得太多会使体内脂肪增加，所以，不宜于痰多脾虚者。每天食用松子，宜 20 克左右。最佳的食用方法是，取松仁 20 克碾碎，同粳米 100 克煮粥，早晚服食。《日华子本草》称：松子逐风痹寒气，虚羸少气，补不足，润皮肤，肥五脏。《玉楸药解》说：松子润肺止咳，滑肠通便，开关逐痹，泽肤荣毛。

　　中国食用松子的历史很悠久，松子进入中国宫廷也很早，起码在汉代，中国皇帝就开始食用松子。《汉武内传》中，已有食用松柏的记录。其后，文献记载，史不绝书。《海药本草》称：松子久服轻身，延年不老。《本草经疏》说：松子味甘补血，血气充足，则五脏自润，发白不饥。仙人服食，多饵此物，故能延年，轻身不老。大清发源于东北，对于松子食用价值和药用价值，自然认识较深刻。满清入主中原以后，就将松子确定为皇家贡品。据《打牲乌拉志典全书》记载，清宫将松子列为皇帝专用的御膳食品。

乾隆帝佛装像

三清之二：佛手

　　佛手，又称九爪木、五指橘、佛手柑。佛手是一种芸香科常绿小乔木，主要出产于福建、广东、四川、江苏、浙江等省。其中，以浙江金华佛手最负盛名，人称金佛手，被誉为：果中之仙品，世上之奇卉。从形态上看，佛手是一种很优雅的佳木，形、色、香俱美。佛手的花也是别具特色，有白、红、紫三种颜色，白花很素雅，红花极沉静，紫花清新淡雅，充满活力。佛手的叶子色泽秀美，苍翠欲滴，四季常青。佛手果实更是果品中的至宝，看上去如黄金，色泽金黄，香气浓郁，形状奇特，酷似佛手，其造型千姿百态，故人称佛手、金佛手。

　　佛手很奇特，果实、花朵、叶子独具特色，让人觉得莫测高深，兴趣横生。诗人对于佛手格外好奇，有人写打油诗这样赞咏佛手：果实金黄花浓郁，多福多寿两相宜。观果花卉唯有它，独占鳌头人欢喜。佛手是一种清雅的饮品，事实上，它是芸香科植物佛手的果实。每年秋天的时候，这种佛手果实尚未变黄或者刚刚变黄的时候，就要安排工人，开始着手采收。采收以后，将佛手切成薄片，晾干。然后，就可以冲泡饮用了。

　　从植物学的角度上说，佛手是属于芸香科香橼枸橼的一个变种。这种变种，与它原种相比，在性能上基本是一样的，只是在形态上略有不同而已。经过仔细对比，可以发现，变种与原种佛手，它们最大的不同之处是：叶子的先端处，有时有凹缺；果实呈长形，不规则；果实有裂纹，裂纹如拳，或者，张开如指；裂纹如拳者称拳佛手，张开如指者称开佛手；果实裂数，代表心皮之数；果肉，基本上是完全退化的。佛手是健康饮品，也是供药用的好材料，属于芳香型的健胃药。

　　佛手生长在中国南方，江南各省区多有种植，通常栽培在庭院之中，或者栽种在果园里。佛手的果皮和叶子都含有丰富的芳香油脂，散发着强烈的鲜果清香，是制作香料的绝佳调香原料。佛手的果实和花朵都很珍贵，均可入药，可供药用。佛手性味温、辛，饱含着挥发油等成分，具有独特的迷人气味。从医学上说，佛手有着芳香理气、健胃止呕、化痰止咳的特殊功效，饮用佛手，对于治疗消化不良、舌苔厚腻、胸闷气胀、呕吐咳嗽以及神经性胃痛等诸多症状有奇特疗效。

佛手既是观赏品，也是健康饮品，它作为健康饮品饮用时，通常是用鲜佛手12克，或者干佛手6克，用沸水冲泡，代茶饮用。有时，可与别的饮品合用，效果也很好：佛手6克，玄胡索6克，以水煎服，饮用，可治胃气痛，十分有效。用于治疗湿痰咳嗽时，可用佛手、姜、半夏各6克，水煎去渣，加砂糖温服。这一药方，也可用于治疗慢性支气管炎。同时，佛手还可治疗传染性肝炎。

佛手有着较高的保健价值、观赏价值，还具有珍贵的药用价值、经济价值。可以说，金黄色的佛手是黄金做的，全身都是宝：佛手的根、茎、叶、花、果实芳香可人，成分独特，都可入药；同时，它们辛、苦、甘、温、无毒、芳香，可入肝、脾、胃三经，有理气化痰、止咳消胀、舒肝健脾、通气和胃等多种药用功能。据医药史料记载，佛手之根是男人的宝，可治男人下消、四肢酸软。佛手的花、果可以泡茶，有消气和胃的奇特作用。佛手的果实芳香，可治胃病、呕吐、噎嗝、高血压、气管炎、哮喘等病症。医书《归经》记载，佛手可治鼓胀发肿、妇女白带诸病，还有奇特的醒酒作用。

从美容的角度上看，佛手是良好的美容佳品。佛手的果实能提炼佛手柑精油，这种精油，是养颜美容的护肤佳品。佛手的花、果，也都是可以食用的佳品，可以做成很多美味佳肴，比如佛手花粥、佛手笋尖、佛手排骨、佛手煨猪手、佛手炖猪肠等。根据《中医杂志》统计，其保健和治疗作用十分明显。通常是用佛手干9克至27克，败酱草按年龄计算，每岁1克，十岁以上每两岁增加1克，水煎，每日三次分服，服时可加白糖或葡萄糖，十天为一疗程。临床收治六十四例，服食佛手汤剂皆愈，症状平均在四至六天内消失。

可以说，佛手是中国中医配制佛手中成药的主要原料。有关佛手的药方不少，据医书记载，主要药方有：

治疗肝气郁结、胃腹疼痛：佛手 10 克，青皮 9 克，川楝子 6 克，水煎服。

治疗恶心呕吐：佛手 15 克，陈皮 9 克，生姜 3 克，水煎服。

治疗哮喘：佛手 15 克，藿香 9 克，姜皮 3 克，水煎服。

治疗白带过多：佛手 20 克，猪小肠适量，共炖，食肉饮汤。

治疗慢性胃炎、胃腹寒痛：佛手 30 克，洗净，清水润透，切片成丁，放瓶中，加低度优质白酒 500 毫升。密闭，泡十日后饮用，每次 15 毫升。

治疗老年胃弱、消化不良：佛手 30 克，粳米 100 克，共煮粥，早晚分食。

中国有关记载佛手的医书很多，对后世影响较大的记载有：

《本草纲目》：煮酒饮，治痰气咳嗽。煎汤，治心下气痛。

《本草再新》：治气舒肝，和胃化痰，破积，治噎膈反胃，消症瘕瘰疬。

《本经逢原》：专破滞气。治痢下后重，取陈年者用之。

《随息居饮食谱》：醒胃豁痰，辟恶，解酲，消食止痛。

《滇南本草》：补肝暖胃，止呕吐，消胃寒痰，治胃气疼痛，止面寒疼，和中行气。

关于佛手品种优劣的鉴别有不同的说法，品鉴佛手也是十分讲究的。佛手的别名叫佛手柑、手柑，要确定的是，作为饮品、保健品和药用品，佛手是芸香科柑橘属植物佛手的干燥果实。这种干燥果实，制作上要注意三点：一是一定是在秋季果实尚未变黄或变黄时采收。二是要纵切，切成薄片。三是切片后，要晒干或低温干燥。佛手作为类椭圆形或卵圆形的果实，所切的薄片，经常是呈现出皱缩或卷曲，长 6 厘米至 10 厘米，宽 3 厘米至 7 厘米，厚 0.2 厘米至 0.4 厘米；佛手薄片的顶端略宽，常有三个至五个手指状的裂瓣；佛手基部略窄，有的可见果梗痕。外皮黄绿色或橙黄色，有皱纹及油点。果肉浅黄白色，散有凹凸不平的线状或点状纤维管束。质硬而脆，受潮后柔韧。气香，味微甜后苦。

永春佛手茶：

永春佛手茶，简称佛手茶、永春佛手，又称雪梨、香橼茶。因为其形似佛手，品质名贵，胜过黄金，所以，又称"金佛手"。佛手茶产于福建永春县，主要盛产于苏坑、玉斗、桂洋等乡镇，这里是云雾缭绕的山区，海拔 600 米至 900 米，是茶叶生长的极佳之地。佛手茶既是福建乌龙茶中风味独特的名品茶叶，也是中国奥运会的主要赞助商之一，人称申奥第一茶。

佛手茶茶树很独特，有一种奇特的清香。从品种上说，如果以春芽茶树颜色来区分，佛手茶树分红芽佛手、绿芽佛手两种。其中，以红芽佛手为最佳。红芽佛手，鲜嫩透亮，叶大如掌，呈椭圆形状，叶肉较厚。通常地说，佛手茶在三月下旬开始萌芽，大约四月中旬正式开采。这种茶树，生命力极旺，四季都可采摘，但以春茶为主，约占全年产量的 40%。

佛手茶极清香，茶叶品质上很有个性特色。成品佛手茶，茶条紧密，结实肥壮；茶叶呈卷曲状，色泽浅绿或者沙绿，乌润亮泽；茶香浓郁，香味甘厚；佛手茶汤色好，耐冲泡，汤色呈现橙黄色，明净清澈。沸水冲泡时，佛手茶香馥浓郁，别有一种幽姿芳韵。如果卧室之中摆放几颗佛手，曼妙的清香会数日不绝，香味沁人心脾。

佛手是一种的名贵佳果，香飘数里，十分诱人。佛手茶的叶片和佛手柑的叶片很相似，所以，以佛手入茶，人称佛手茶。这种茶叶冲泡以后，茶汤飘逸出佛手柑一样奇特的香气。永春佛手始于北宋，相传是安溪县骑虎岩寺一和尚，把茶树的枝条嫁接在佛手柑上，经过精心培植而成。其法传授给永春县狮峰岩寺的师弟，附近的茶农竞相引种至今。清光绪年间，县城桃东就有峰圃茶庄，在百齿山上开辟成片茶园种植佛手。清康熙贡士李射策在《狮峰茶诗》中，有赞佛手茶诗句："品茗未敢云居一，雀舌尝来忽羡仙。"全国人大原副委员长周谷城先生亦为之题赠"永春名茶"条幅。

永春佛手茶树属大叶型灌木，因其树势开展，叶形酷似佛手柑，因此得名"佛手"。永春佛手分为红芽佛手与绿芽佛手两种，其中以红芽佛手为佳。茶树树冠高大，鲜叶大如掌，呈椭圆形，尖端较钝，主脉弯曲，叶面扭曲不平，叶肉肥厚，质地柔软，叶色黄绿油光，叶缘锯齿稀疏。

佛手茶相传为闽南一寺院住持采集茶穗嫁接在佛手柑上所得，其叶与佛手柑的叶片相似，茶水具有独特的"佛手韵"。永春已有三百年的栽培历史，现有茶园两万亩，年产一千五百多吨，50%以上出口日本、东南亚各国，是全国最大的佛手茶生产出口基地。佛手茶外形紧结卷曲、肥壮重实，色泽沙绿油润，汤色黄绿清澄明亮，香气馥郁幽长，滋味醇厚，回味甘爽。不仅为名贵茶饮，民间长期兼作药用，既能提神醒脑、醒酒消暑、开胃健脾，又有抗癌、减肥、降血脂之功效，为著名保健茶品，是独具地方特色的中国名茶。永春佛手还被香港皇室集团制成"皇氏谓常宝"，是一种糅合螺旋藻等中药的药剂，以养为主；和传统药品依靠氧化铝化学成分的治疗观念完全不同。

清康熙年间永春狮峰岩建成，"僧种茗芽以供佛，嗣而族人效之，群踵而植，弥谷被岗，一望皆是"。永春佛手已有三百年的栽培历史。

永春佛手茶在 1985 年、1989 年被农业部评为优质农产品；1987年获"全国华侨茶叶基金会"授予的"佛手奖"，1995 年获中国第二届农业博览会金奖。20 世纪 30 年代初，就有少量佛手茶开始转销国外。现有茶叶种植面积六万多亩，产量 4000 吨，其一等品每千克售价在一百五十元以上，每年外销茶叶两千五百余吨。出口到日本、新加坡、马来西亚、泰国等地，闽南一带的华侨不仅将其作茗茶品饮，还经年贮藏，以作清热解毒、帮助消化之药。有诗称赞"西峰寺外取新泉，饮佛手后赛神仙；名贵饮料能入药，唐人街里品茗篇"。

三清之三：梅英

梅是一种清雅的饮品，乾隆皇帝十分喜爱梅花，写下了大量诗词赞美、吟咏。梅花是中国特有的传统花木，从史料记载上看，梅花已有三千多年的历史。《书经》上说："若作和羹，尔唯盐梅。"《礼记·内则》记载："桃诸梅诸卵盐。"《诗经·周南》云："缥有梅，其实七兮！"在《诗经·秦风·终南》、《陈风·墓门》、《曹风·鸤鸠》等诗篇中，也都提到梅。从中国古代书籍的记载上看，古时的梅花、梅子是古人政治和社会生活中的重要角色。政治礼仪方面，主要是用于祭祀之中。社会生活方面，则是代酪的调味品，用于烹饪调味和馈赠亲友。

大约在二千五百年前的春秋时代，中国人就开始挑选野梅进行引种和驯化，获得了成功，使野梅成为家梅，称为果梅。其实，从考古发掘上看，中国人对梅的食用历史早就超过了三千年。1975 年，中国考古人员在安阳殷墟商代铜鼎之中，发现了古代的梅核，经过测验，这些梅核已经三千二百余年。由此可见，早在三千二百年前，梅作为食品已经进入了中国人的生活。

中国文人好风雅，崇尚高贵的品格和冷傲的风骨，梅花的性情和品格正是文人们痴迷的风物：冷傲，清雅，不畏严寒，迎风斗雪，清香四溢，只留清白在人间。正是因为梅花具有独特的气质和魅力，古往今来，从皇帝到王公大臣，从文人到士民百姓，都有着观梅、赏梅、咏梅的雅兴。起码从西汉初年开始，中国古人就开始观赏梅花了。《西京杂记》记载说：汉初，修上林苑。远方各献名果异树，有朱梅、胭脂梅。汉时的梅花，可能是复合品种，既用于观赏，也用于结果，可能是属于江梅、官粉类型的。西汉末年，文人扬雄写《蜀都赋》，称赞梅花："被以樱、梅，树以木兰。"由此可见，大约在两千年前，梅已作为观赏佳品，用于美化人们的生活，装点城市绿化了。

进入魏晋南北朝以后，清谈成风，尤其是长达一个半世纪的南北朝时期 (420—589 年)，植梅、观梅、艺梅、赏梅、咏梅，蔚然成风，

清·宜兴窑凸雕蟠螭龙首壶

日渐形成鼎盛之势。较早赞赏梅花的文人是东海人鲍照，他是南朝刘宋时代最为杰出的诗人，官至前军参军，人称鲍参军。他一生喜爱梅花，写下了《梅花落》诗篇，将梅花与杂树相对比：

中庭杂树多，偏为梅咨嗟。

问君何独然？今其霜中能作花，

露中能作实，摇荡春风媚春日。

念尔飘落逐寒风，徒有霜华无霜质。

六朝是中国文化繁荣昌盛的时代，这个时期的文人富于浪漫情怀，对于梅花格外钟情。南宋大诗人杨万里感慨梅花盛行于六朝，在《和梅诗序》中说："梅于是时，始以花闻天下。"谢朓是陈郡阳夏（河南太康）人，与谢灵运齐名，人称小谢。官至宣城太守，又称谢宣城。不幸的是他遭受诬陷入狱，惨死狱中，终年三十六岁。在他短暂的一生之中，这位浪漫温情的诗人写下了大量的山水诗和新体诗，取得了非凡的成就。他特别喜爱梅花，在他看来，生命之中，最为可惜的是，这样柔弱霏霏的梅花成为皇帝手中的玩物和美人头发上的装饰品。请看他的《咏落梅》诗：

> 新叶初冉冉，初蕊新霏霏。
>
> 逢君后园宴，相随巧笑归。
>
> 亲劳君玉指，摘以赠南威。
>
> 用持插云髻，翡翠比光辉。
>
> 日暮长零落，君恩不可追！

《金陵志》记载：宋武帝刘裕（420—422年在位），女寿阳公主，日卧于含章殿檐下。梅花落于额上，拂之不去，号梅花妆，宫人皆效之。从这段记述看，梅花已经进入了六朝时期的宫廷，成为皇帝和宫中眷属们的喜爱之物。无论是皇帝，还是文人士大夫，都喜爱梅花，并写下了大量的诗篇赞美梅花。这一时期，咏梅、叹梅、伤梅之作甚多，包括：宋代鲍照《梅花落》，梁代简文帝萧纲《梅花赋》，梁何逊《扬州法曹梅花盛开》诗，梁阴铿《咏雪里梅》等诗。梁简文帝在《雪里觅梅花》中说："绝讶梅花晚，争来雪里窥。"何逊在《咏早梅》中写道："衔霜当路发，映雪拟寒开。"陈代的苏子卿、北周的庾信，也都有咏梅之作。

6至10世纪的四百年间，也就是隋（581—618年）、唐（618—907年）至五代（902—963年）时期，是咏梅、艺梅渐盛时期。隋唐之际，浙江天台山国清寺寺主章安大师喜好梅花，曾亲手在寺前种植梅树，从此，寺中梅花繁盛。唐代名臣宋景作欣赏梅花，特地写下了《梅花赋》，称赞梅花：独步早春，自全其天。唐代诗人喜爱梅花，纷纷写诗吟咏，从李白、杜甫、柳宗元、白居易，到张谓、崔橹、杜牧、齐已等，留下了大量的咏梅名诗。从诗文的记载上看，隋、唐、五代时期，梅花主打品种是江梅和官粉梅。同时，在四川地区，开始出现了一个新品种，时称红梅。《全唐诗话》说："蜀州郡阁，有红梅数株。"杜牧在《梅》诗中，这样描述梅花：

> 轻盈照溪水，掩敛下瑶台。
>
> 妒雪聊相比，欺春不逐来。
>
> 偶同佳客见，似为冻醪来。
>
> 若在秦楼畔，堪为弄玉媒。

北宋、南宋至元也是四百年 (960—1368 年)，这是中国古代赏梅、艺梅的兴盛时期。这个时期，不仅有大量的梅花诗词歌赋及梅文问世，而且产生了许多梅画和梅书，艺梅方面的技艺有极大的提高，花色品种更加繁荣。宋代梅诗梅词极多，几乎所有的文学巨匠都有咏梅之作，包括林逋、梅尧臣、王安石、苏轼、黄庭坚、秦观、高荷、李邴、萧得藻、陆游、杨万里、陈焕、刘克庄等。

北宋时期是中国经济富足、文化繁荣的黄金时代，文人欣赏梅花成为一种风尚，似乎只有梅花才能表达自己的清高、圣洁。所以，几乎所有的大诗人、大词家都写有诗词赞美梅花。从北宋苏轼、秦观、王安石到南宋的陆游、陈亮、范成大，无数名家，他们笔下的梅诗，真是别出心裁，从不同的视角写出了梅花的千姿百态。

北宋林逋是钱塘（浙江杭州）人，少小孤贫，勤奋用功，苦学苦吟。一生恬淡好学，终生未娶。晚年时，成就斐然，卒后赐谥和靖先生。他隐居杭州孤山，二十余年不进城市，植梅放鹤为乐，号称梅妻鹤子。他喜爱梅花，吟咏梅花的诗词甚多，成就惊人。他写的《山园小梅》成为描写梅花的不朽佳句，名垂千古：

> 众芳摇落独暄妍，占尽风情向小园。
>
> 疏影横斜水清浅，暗香浮动月黄昏。
>
> 霜禽欲下先偷眼，粉蝶如知合断魂。
>
> 幸有微吟可相狎，不须檀板共金樽！

梅尧臣是宣城（安徽宣城）人，世称宛陵先生。少有才情，可惜屡试不第。才华出众，工诗擅词，与大才子苏舜钦齐名，人称苏梅。五十岁时，恩赐同进士出身，升国子监直讲，累官至尚书都官员外郎。他工于诗文，通晓古史，曾经参与撰修《唐书》。梅诗讲究平淡，深入浅出，成为一代宗师，对宋诗影响极大。刘克庄称赞他的才华，认为他是宋诗的开山鼻祖。文人咏梅，通常是赞叹梅花的高洁、清香和美丽，梅诗一反常态，着意描述梅花的孤独、失意和彷徨：

似畏群芳妒，先春发故林。

曾无莺蝶恋，空被雪霜侵。

不道东风远，应悲上苑深。

南枝已零落，羌笛寄余音。

王安石号半山，临川（江西抚州）人。宋仁宗庆历二年（1042 年）进士，为淮南签判，历官县令、通判、知州、翰林学士、谏议大夫、参知政事，宋神宗时，主持朝廷政务，官至宰相，针对各种时弊，历时四年，雷厉风行地进行变法。在各种旧势力的包围下，王安石两度罢相。在他的笔下，梅花具有独特的品格，也就是高洁和清香：

墙角数枝梅，凌寒独自开。

遥知不是雪，为有暗香来。

苏轼字子瞻，号东坡居士，眉山（四川眉山）人。他是宋仁宗时进士，仕途坎坷，历官杭州通判和密州、徐州、湖州知州，后以讪谤朝廷罪贬为黄州团练副使。宋哲宗时，迁翰林学士，出知杭州、颍州。旋又以文获罪，贬谪惠州、儋州。宋徽宗即位，大赦，死于常州，终年六十二岁。苏轼是中国文学史上的一位划时代的大文豪，更是一位全才，

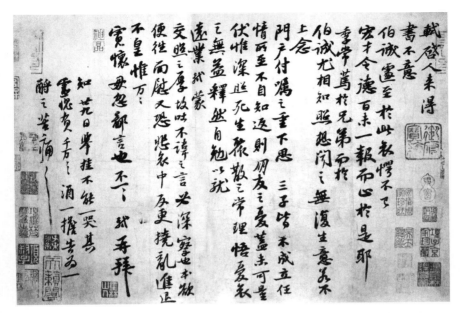

宋·苏轼行书《人来得书帖》

在诗、词、歌、赋、文、书、画诸领域造诣很深，在许多方面富于创造性，对后世影响极大。在诗词方面，苏轼文如泉涌，豪迈放达，开一代风气之先河。苏轼的词风豪放、细腻，在咏梅方面堪称是一位一流高手。他大笔一挥，以拟人手法写下《红梅》三首，描绘了迟开的红梅羞与桃花、杏茶为伍的独有风情：

怕愁贪睡独开迟，自恐冰容不入时。

故作小红桃杏色，尚余孤瘦雪霜姿。

寒心未肯随春态，酒晕无端上玉肌。

诗老不知梅格在，更看绿叶与青枝。

雪里开花却是迟，如何独占上春时？

也知造物含深意，故与施朱发妙姿。

细雨浥残千颗泪，轻寒瘦损一分肌。

不应便杂妖桃杏，数点微酸已著枝。

幽人自恨探春迟，不见檀心未吐时。
丹鼎夺胎哪是宝？玉人并颊更多姿。
抱丛暗蕊初含子，落盏浓香已秀肌。
乞与徐熙画新样，竹间璀璨出斜枝。

苏轼意犹未尽，再次挥笔，描写落梅的独特风姿：

春来幽谷水潺潺，的皪梅花草棘间。
一夜东风吹石裂，半随飞雪度关山。

陆游号放翁，越州山阴（浙江绍兴）人。南宋高宗时，参加礼部考试，名列前茅，因为触怒了宰相秦桧被罢免。宋孝宗时，赐同进士出身，历官隆兴通判、提举福建及江南西路常平茶盐事、权知严州、朝议大夫、礼部郎中。他是一代名臣，更是一位豪放的爱国文人，诗、词和散文的成就极高，诗近万首。宋人咏梅之诗极多，他写的《落梅》，对梅花的评价最高，也最为著名，流传千古：

雪虐风饕愈凛然，花中气节最高坚。
过时自合飘零去，耻向东风更乞怜！

南宋时，诗人范成大喜爱梅花，特别喜欢古梅。他是江苏吴郡吴县人，号石湖居士。他是南宋高宗绍兴年进士，历官官礼部员外郎、中书舍人、四川制置使、参知政事。他是南宋著名诗人，与陆游、尤袤、杨万里并称南宋四大家。日常生活之中，他喜爱观梅、赏梅，搜集了十二个梅花品种，特地著《梅谱》一书，讲述了十二种梅花的品种特色，还介绍了它们的繁殖栽培方法。这是一部重要的梅花专著，可能是中国、乃至世界上第一部有关梅花的著作。在这部书中，作者介绍了常见的江梅型、官粉型、朱砂型，还特别讲述了世间稀有的玉碟型、绿萼型、单杏型。范成大对梅有独特的视角，他曾写诗这样描述梅花：

> 孤标元不斗芳菲，雨瘦风皴老更奇。
>
> 压倒嫩条千万蕊，只消疏影两三枝。

元代诗人王冕，更是爱梅、咏梅、画梅成癖。王冕出身贫寒，自学成才。他性情独特，孤芳自赏，应试不第后，漫游吴楚、大都。晚年时，他移居会稽九旦山，在那里植梅千株，自号梅花屋主。他的《墨梅》画、诗，远近闻名，画以没骨梅闻世，诗以骨气高奇惊人。他写《梅花》，信手拈来：三月东风吹雪消，湖南山色翠如浇。一声羌管无人见，无数梅花落野桥。他写有《白梅》一诗，更加生动：冰雪林中著此身，不同桃李混芳尘。忽然一夜清香发，散作乾坤万里春！

明清时期，赏梅、艺梅发扬光大，梅花的品种也不断增多。明学者王象晋著《群芳谱》，收录梅花十九种，将梅花分成白梅、红梅、异品三大类。明代士人喜爱咏梅，蔚然成风。杨慎、焦宏、高启、唐寅、林古度、钱澄之等人都是一代名家，也是咏梅赏梅的高手，他们都有梅花诗传世。徐渭、姚涞、刘基等人，都是一代儒臣，以文名世，他们写有梅花赋赞赏梅花。清陈昊子写《花镇》，收录了二十一种梅花，其中的新品种是台阁梅、照水梅。大诗人龚自珍写《病梅馆记》，名垂青史，他说：江宁之龙蟠、苏州之邓尉、杭州之西溪，皆产梅。明清之时，咏梅、赏梅的诗、书、文、画，纷纷问世，扬州八怪就是咏梅、画梅的高手，金农、李方膺就是一代画梅名家。

林古度是福建福清人，明末布衣。明亡之后，他隐居南京，终老于古梅树下。他喜爱梅花，有《吉祥寺古梅》传世：一树古梅花数亩，城中客子乍来看。不知花气清香逼，但觉山深春尚寒。五十年后，出了一个屈大均，他是广东番禺人，明末秀才，抗清失败后削发为僧。他以诗名世，慷慨激昂，有奇才，与陈恭尹、梁佩兰并称岭南三大家。他喜梅，也有《吉祥寺古梅》诗传世：巉岩山寺里，铁干欲为薪。残月疑山鬼，深云隔美人。无花留太古，何草似灵均？再弄虬枝下，江南久望春！

清·金农漆书《画梅诗》

钱澄之是安徽桐城人，入仕南明，任南明桂王翰林编修，入清以后不仕，终身务农。他写有《梅花》二首：

何处花先放？向南三两村。
未春天似梦，彻夜月无言。
且喜昏鸦散，毋嫌翠羽喧。
众芳久寂寞，赖汝照乾坤。

离离压残雪，脉脉照溪滨。
一任夜无月，何妨天不春。
芳华凭俗赏，风味与谁亲？
只觉闭门后，徘徊似有人！

乾隆皇帝一生爱梅、植梅、画梅、赏梅，写有大量的梅花诗赋。松、竹、梅花被称为"岁寒三友"，一直是文人们的至爱。乾隆皇帝尤其喜梅，画有岁寒三友图，写下了大量诗作，他日常所用的文具用品也装饰着岁寒三友诗文图画。即位之初，他就写下了《养心殿古干梅》：

清·《乾隆赏雪图》

为报阳和到九重，一枝红绽暗香浓。

亚盆漫忆辞东峤，作友何须倩老松。

鼻观参来谙断续，心机忘处对春容。

林椿妙笔林逋句，却喜今朝次第逢！

乾隆御笔五言律诗《梅》，描写梅的凌风傲骨：

暖旭晕冰绡，寒风勒玉条。花香闻不酽，色淑看非妖。

古寺云封户，荒村雪到腰。何如宣席侧，藉尔卜春韶。

乾隆御题七言律诗《梅》，描绘了梅的天使神态：

瘦梅玉嫩为燕树，破腊经春始半开。

讵借人工盆里幻，端知天使画中来。

社前灯后还疑雪，墙角庭荫乍点苔。

色与真香沁心所，暮吟朝把几俳佪。

乾隆皇帝亲笔《题梅花琴》，写出了梅的灵性：

梅花为文桐为身，梅桐琴耶谁主宾。

何人斲此甘蕉形，大珠小珠丁晨星。

空山一鼓风泠泠，洞庭始波归仙钚。

无声凤哕琴有灵，筝琶之耳净者听。（《御制诗初集》卷二十六）

梅花是二十四番花信之首，它的花季十分独特，选择在寒冬时节，百花凋谢，草木干枯，大地一片萧瑟，只有梅花一枝独秀，清香四溢。梅花冰清玉洁，枝条嫩绿，清雅宜人，赢得了文人无尽赞赏，人称花魁。从史料上看，梅花培植，历史很悠久，大约始于商代，距今已有约四千年的历史。梅花很长寿，人称花中寿星。在中国，有不少地区至今尚有千年古梅。据说，湖北黄梅县有一株古梅，有一千六百多岁，是一株晋梅。中国地域辽阔，古梅遍布。从历史上看，中国有五大古梅：楚梅、晋梅、隋梅、唐梅和宋梅。

楚梅在楚国，位于湖北沙市章华寺内。据传，这株楚梅是楚灵王所植。从楚灵王至今，这株古梅，有二千五百余岁，可谓最古最老的长寿古梅了。晋梅也在湖北，位于黄梅江心寺内。据传，这株古梅是东晋名僧支遁和尚亲手所栽。从东晋算起，这枝晋梅，距今已有一千六百余年。较为特别的是，这枝晋梅，冬末春初之时，梅开二度，人称二度梅。晋梅还有一个说法，是说晋梅整个花期较长，经历了冬春二季，因称二度梅。隋梅在浙江，位于天台山国清寺内。相传，这株梅树是佛教天台寺创始人智者大师的弟子灌顶法师所种，距今已有一千三百多年。唐梅有两棵，一棵在浙江，位于超山大明堂院内，相传，这株古梅是唐朝开元年间种植的；一棵在云南，位于昆明黑水祠内，相传，这株梅花是唐开元元年（713 年）由道安和尚亲手种植的。宋梅在浙江，位于超山报慈寺内，其最大的特点是六瓣。

从形态上看，梅花通常都是五瓣，只有宋梅是六瓣，人称稀品。梅花是落叶小乔木，树干呈灰褐色，小枝细长，呈绿色，无毛。梅树高约 3 米，最高的能达 10 米。梅花的花芽着生在长枝上，生长在枝条上的叶腋之间，每节开花，花一朵至两朵，花五瓣，颜色白色，也有水红色的，还有重瓣品种的，芳香四溢，花瓣多纵驳纹。梅的叶片呈卵形、广卵形，叶片边缘为细锯齿状。梅无梗，或者具短梗，原种梅花呈淡粉的水红色或白色，栽培品种则有紫、红、彩斑、淡黄等多种花色。在早春时，梅先叶而开。

梅果如球形，果实有沟，直径约 1 厘米至 3 厘米，果上密披细短柔毛，味道较酸，呈鲜绿色，大约每年 4 月至 6 月之时，梅果成熟，呈黄色或黄绿色，还有品种为红色和绿色等。梅可食用，人们常用来做梅干、梅酱、话梅、酸梅汤、梅酒等。梅花酒极佳，清香可口，广受欢迎，尤其在日本和韩国，味甘甜，顺气健胃。话梅是极佳的食品，在中国广受欢迎，是将梅子与糖、盐、甘草在一起腌制后晒干而成的。话梅还可以用来做成话梅糖等食品。据记载，梅花的品种达三百多种。梅花既适宜观赏，又具经济价值，著名的梅花种类包括大红梅、台阁梅、照水梅、绿萼梅、龙游梅等品种。观赏类梅花种类较多，主要为白色、粉色、红色、紫色、浅绿色。中国各个地区的梅花，花期各不相同：西南地区 12 月至次年 1 月，华中地区 2 月至 3 月，华北地区 3 月至 4 月开花。从初花至盛花，大约是 4 日至 7 日，至终花 15 日至 20 日。梅花耐寒，很好生长，对土壤要求不高，不过，其最佳生长环境是土质疏松肥沃、排水良好的土壤。

《神农本草经》最早提出了梅的药用价值：梅实味酸平，主治下气，除热烦满，安心，止肢体痛，偏枯不仁，死肌，去青黑痣，蚀恶肉。古人很早就认识了梅的药用价值和健身美容价值，知道将梅加工食用。因为加工方法不同，梅果成品分为白梅、乌梅。后魏学者贾思勰著《齐民要术》，他在书中详细记载了这种加工方法。他说，作白梅法："梅子酸，核初成时摘取，夜以盐汁渍之，昼则日曝。凡作十宿、十浸、十曝，便成矣。"作乌梅法："以梅子核初成时摘取，笼盛，于突上熏之，令干即成矣。"明代著名药物学家李时珍认可乌梅和白梅的药用功效，他说：乌梅敛肺涩肠，止久嗽泻痢，反胃噎膈，蛔厥吐利，消肿涌痰，杀虫，解鱼毒、马汗毒、硫黄毒。白梅则治中风惊痫，喉痹痰厥僵仆，牙关紧闭者，取梅肉揩擦牙龈，涎出即开。又治泻痢烦渴，霍乱吐下，下血血崩。

梅花是雅品，含有丰富的有益物质。梅花含有大量的挥发油、苯甲醛、苯甲酸、异丁香油酚。乌梅含有柠檬酸、谷甾醇，成熟之后，含有氢氰酸。沸腾梅汤是清香的饮品，也是极佳的药用汤剂，对金黄色葡萄球菌和大肠、伤寒、副伤寒、恶性痢疾、结核等杆菌以及皮肤真菌都有很好的抑制作用，而且还能减少豚鼠蛋白质过敏性休克死亡的发生。除此之外，从梅花花瓣之中，用分馏技术，可以提取芳香油，用作食品

清·乾隆宜兴窑紫砂绿地描金瓜棱壶

添加剂。据清赵学敏《本草纲目拾遗》记载："海澄人善蒸梅及蔷薇露，取之如烧酒法，每酒一壶，滴露少许，便芳香。"

中国著名的梅花胜地有：超山梅花，位于浙江省余杭县，人称"超山梅花天下奇"。广阔梅林之中，有两株古梅特别名贵。灵峰梅花，位于杭州植物园东北角的青芝坞内。以前，灵峰与孤山、西溪齐名，并称西湖三大梅区。现在，这里汇集有江、浙、皖四十五个梅花珍品，有梅园 160 亩，腊梅园 20 亩，栽种梅树六千多株。淀山梅花，淀山湖梅园是上海市最大的赏梅胜地，有四十多个梅花珍品，占地 190 亩，植梅五千多株，其中，不少古梅的树龄都在百年以上。磨山梅花，位于武汉东湖磨山，磨山梅园是中国四大梅园之一，又是全国的梅花研究中心。这里的梅园，环青山，岭绿湖，环境优美，有梅花品种一百三十九个，植梅三万余株。在此之外，还有罗岗梅园、成都草堂寺梅园、重庆南岸南山梅园、昆明黑龙潭梅园和歙县多景园梅溪、闽西十八洞梅溪等。

　　江苏邓尉山位于江苏吴县光福乡，坐落在苏州城西南 30 公里处。这是中国历史上最负盛名的梅花胜地，山上方圆近十里，植珍贵梅树数十万株。这里前枕高山，后临太湖，山环水绕，环境十分优美。每年梅花盛开之时，清香四溢，香飘十里。诗人感慨，写下了千古名句："邓尉梅花甲天下，望中无地不栽梅。"康熙皇帝六下江南时，多次驻跸此地，写下赏梅诗作。乾隆皇帝六次南巡，六至邓尉观梅、赏梅，写下了大量的诗句吟咏梅花。于是，邓尉梅名声大噪，人称"邓尉之梅甲天下"。从此，邓尉梅成为皇帝的御用贡品，每年选最好的梅花送进宫中，成为三清茶的三大贡品之一。

　　邓尉山名山胜地，有四大梅花景点：登楼观梅、入园探梅、进廊揽梅、登山赏梅。这里梅花名品众多，有白梅、红梅、绿梅、墨梅等多种。在邓尉山的半山腰，有一座梅花亭，登亭四望，梅树一片白，连绵数十里，诗人写道："遥看一片白，雪海波千顷。"每年二月，邓尉山漫山遍野，梅花盛开，花蕊叶芳，香若雪海，清香醉人，人称香雪海。乾隆皇帝喜爱邓尉梅，曾多次吟咏。

下编

贡茶

七　宫廷贡茶

贡茶是中国专制时代的特有产物，也是中国社会生活之中的一种特殊现象。贡茶是由皇帝钦定的，将茶叶品质极好的、产茶地区最为优质的茶叶进贡给皇宫，成为皇室独享的御用茶品。从历史上看，虽然贡茶使产茶地区和广大茶农承受艰辛，甚至遭受苦难，但是，在客观上说，贡茶在相当程度上推动了产茶地区茶叶生产的发展，促进了茶叶的精细制作和技术改进，极大地丰富了中国的茶文化。同时，贡茶如同名牌商标一样，成为地方经济的支柱，贡茶以其优良的品种、精细的技艺、风雅的茶道和精良的茶具成为一个地区甚至一个时代的楷模。

贡茶制度

可以说，贡茶制度的确立是专制强权的产物。根据史料记载，大约在公元前一千余年的周武王时期，贡茶制度正式确立。当时，周武王伐纣，命令巴蜀地方以特产的优质茶叶等物品纳贡。这是一种极富有政治色彩的现象，具有极为鲜明的征服性质。纳贡，就是将最好的特产缴送给征服者，这也就意味着君臣关系的正式确立。在中国古代的强权社会中，纳贡有三层含义：一是确立君臣关系，将疆域纳入统治范围；二是将地方最好的产品贡献出来，表示效忠；三是享受贡品，用来满足君主、皇室及上层阶级的物质享用和文化生活之需。随着帝国势力的不断强大，征服的疆域更加广阔，贡品也随之日益增多。这样，朝廷开始确立严格的贡赋制度，这种制度随着专制集权的加强也变得更加严密起来。最初，只是进贡土特产，也就是"随山浚川，任土作贡"。后来，由政府出面，发展到设官分职，进行有效的监控和管理。在中国古代，设有"九赋"、"大贡"。所谓大贡，就祀贡、嫔贡、器贡、币贡、材贡、货贡、服贡、物贡。物贡，是指地方物产，茶叶就是"物贡"中的一类。

中国古代贡茶制度起源于西周，距今已有三千多年的历史。据晋人《华阳国志·巴志》记载：周武王伐纣，实得巴蜀之师。周武王伐纣成功，巴蜀助战有功，册封为诸侯。周武王确定，作为封侯国的巴蜀，每年向周王朝纳贡。贡物有土植五谷，有茶。从这些记载看，这是中国最早有关贡茶的记载，也是中国贡茶的萌芽时期。当然，这个时期，贡茶并没有形成制度。

大约在西汉时期，贡茶制度逐步确立了下来，并且更加明朗化。从有关史料记载上看，饮茶已经成为皇帝、后妃和贵族生活的所需。反映西汉皇帝及皇室成员用茶的作品，就是《飞燕外传》，书中记载了汉成帝和他宠爱的皇后赵飞燕喝茶的情况：成帝崩后，后夕寝中惊啼。侍者呼问，方觉，乃言曰：吾梦中见帝，帝赐吾坐，命进茶。贵族饮茶，也见于有关的史料和出土文物记载。王褒《僮约》之中，有饮茶之句："武阳买茶"、"烹茶尽具"。这些文字，间接地反映了上层贵族阶层的买茶、烹茶、饮茶和使用茶具的情况。长沙马王堆西汉墓中，出土了一件十分重要的文物，就是汉代的"槚笥"，这是一种茶器，反映了王室生活之中，茶占据着重要的地位。

三国时期，吴国末代皇帝孙皓是一位很讲究生活品位的人。据说，他经常在宫中设宴，每宴必须有酒和茶。据史学家陈寿在《三国志·吴志》中记载，孙皓每为食宴：无不竟日，坐席无能否，率以七升为限，虽不悉入口，皆浇灌取尽。曜素饮酒不过三升，初见礼异时，常为裁减，或密赐茶荈以当酒。这些用茶，无疑属于贡品。晋代时，大臣温峤上表，称：贡茶千印，茗三百斤。唐代是中国贡茶制度形成和发展的重要时期，唐朝的贡茶制度对后世影响很大。尤其是在繁荣鼎盛的中唐时代，社会很安定，李唐皇帝倡导道教，主张儒、释、道三教并立，从皇帝到大臣，较为注重外在修养和内在修为。茶事，文人们一直视为雅事，茶性高洁，品茶成为君臣们内在修为最理想的活动，信奉三教的众人也都奉茶事为雅事，不仅爱茶，还由衷地颂茶。当时，品茶蔚然成风，朝野一片赞颂之声。文人描述当时的情境：田闾之间，嗜好犹切。

唐朝时，贡茶开始形成制度，并确立下来，历代相传，直到清代灭亡，延续了上千年。

唐代经济繁荣，名茶遍布全国。有关唐代的名茶，唐代文人、大臣的诗文集和史料记载比比皆是，起码有五十余种。唐史学家李肇写《唐国史补》，列出名茶有十九种，他说：唐代风俗贵茶，茶之名众。唐茶圣陆羽写《茶经》，书中写了四十三个州出产茶叶。唐代名茶众多，主要包括：湖州顾渚紫笋，常州阳羡茶，寿州黄芽茶，黄州黄冈茶，蕲州蕲门团黄，荆州仙人掌茶、江陵楠木茶，汉州广汉赵坡茶，峡州碧涧、明月、芳蕊、茱萸、夷陵茶，蜀州横牙茶、雀舌茶、鸟嘴茶、麦颗茶、蝉翼茶、九华英茶，雅州蒙顶石花，邛州邛州茶，剑州小江园茶，泸州纳溪泸州异体，眉州峨眉白芽茶，东川神泉小团，绵州昌明茶、兽目茶、松岭茶，湖南衡山茶，岳州邕湖含膏，夔州香雨茶、茶岭茶，婺州东白茶，睦州鸠坑茶，洪州西山白露茶，彭州仙崖石花茶，金州茶牙，福州唐茶、柏岩茶、方山露芽，陕西紫阳茶，义阳郡义阳茶，寿州六安茶、天柱茶，宣城雅山茶，歙州婺源歙州茶，越州仙茗茶、剡溪茶，袁州界桥茶，扬州江都蜀冈茶，杭州天目山茶，径山茶等。

宋元时期，御苑、御茶园十分兴旺，名茶遍及大江南北。宋代名茶众多，主要包括：建州建茶，武夷山岩茶，越州卧龙山茶，修仁茶，江苏苏州虎丘茶、洞庭山茶，湖州顾渚紫笋，常州阳羡茶，浙江杭州龙井茶、宝云茶，乐清白云茶，浙江绍兴日铸茶、瑞龙茶，浙江淳安鸠坑茶，嵊县五龙茶、真如茶、紫岩茶、胡山茶、鹿苑茶、大昆茶、小昆茶、细炕茶、焙坑茶、瀑布岭茶，浙江天台茶，分水天尊岩贡茶，富阳西庵茶，诸暨石笕岭茶，宁波灵山茶，四川蒙顶茶、雅安露芽，泸州纳溪梅岭，青城沙坪茶，邛县邛州茶，峨眉白芽茶，湖北巴东真香茶，当阳仙人掌茶，陕西紫阳茶，安徽放安龙芽茶，歙州婺源歙州茶，洪州双井茶，江西清江临江玉津，宜春袁州金片，福州方山露芽，云南昆明五果茶，西双版纳普洱茶，等等。

元代学者马端临写《文献通考》，史书和文人笔记列元代名茶四十余种。奇怪的是，由于少数民族入主中原，产茶区变化不大，但名茶的名称却完全不同，主要包括：福建建州头金、骨金、次骨、末骨、粗骨，武夷茶，虔州泥片，潭州灵草、独行、绿芽、片金、金茗，袁州金片、绿英，歙州华英、早春、胜金、来泉，江苏阳羡茶，江南茗子，杭州龙井，江陵大石枕，饶州仙芝、福合、禄合、庆合、运合、指合、嫩蕊，岳州开胜、开卷、小开卷、大巴陵、小巴陵、生黄翎毛，光州东首、薄则、浅山，归州清口，泸州小大方、双上绿芽，荆湖雨前、雨后、草子、杨梅、岳麓等。

贡茶制度是皇帝或者朝廷强制性的征物制度，是皇室敛取地方物产的一种手段。许多地方官员为了升官或者政绩，主动要求进贡特产，贡茶也是物贡的内容之一。据明学者徐献忠《吴兴掌故集》记载：两浙茶产虽佳，宋祚以来未经进御。李溥为江淮发运使，章宪垂廉时，溥因奏事，盛称浙茶之美，云：自来进御，唯建州茶饼，浙茶未尝修贡，本司以羡余钱买到数千斤，乞进入内。宋代时，贡茶制度更加完善，直到清代，贡茶制度才寿终正寝。宋元时期，地方官员为了争宠，纷纷进贡地方特产，特别是茶叶，大量优质贡茶进入皇宫。武夷岩茶就是在这种环境中名声大噪，悄然进入京都，进入皇宫。不过，岩茶真正列为皇帝御用的贡品，特别为皇帝生产、制作御用贡茶的黄金时代，是在元、明两朝。

武夷山御茶园茶事很兴旺，贡茶最鼎盛的时期是在元朝。

元亡明兴，贡茶制度仍然沿袭元朝，有所创新。明洪武二十四年（1391 年），明太祖朱元璋颁诏，命全国各产茶之地，按照规定的每岁贡额，将贡茶缴送京师。同时，朱皇帝特地颁布一道诏书，将武夷山当所属的福建建宁贡茶，列为贡茶上品。当时，武夷山贡茶被视为神品，建宁贡茶，四品最有名，茶名分别为：探春、先春、次春、紫笋。朱皇帝喜爱建宁贡茶，特别下令，不许将这些贡茶碾捣为"大小龙团"，一定要按照新的制作方法，改制加工成为芽茶，及时入贡皇宫。

明世宗时期，皇帝二十余年不上朝，政务荒疏。因御茶园疏于管理，一直十分兴旺发达的贡茶渐渐衰落。随着时光流逝，御茶园茶树枯败，茶业一落千丈。嘉靖三十六年（1557 年），朝廷正式决定，武夷山岩茶停止进贡。御茶园从元代建立，至此停止进贡，前后历时二百五十五年。清人董天工编纂《武夷山志》，他在《贡茶有感》中这样感叹："武夷粟粒芽，采摘献天家。火分一二候，春别次初嘉。壑源难比拟，北苑敢矜夸。贡自高兴始，端明千古污。"意思是说，御茶园精制绝伦的贡茶，是地方官用来取悦天家皇帝的。

贡茶源于大臣高兴，但是，到北宋末年，负责贡茶的大臣是臭名昭著的端明殿大学士蔡襄。他盘剥茶农，不断增加茶农的负担，导致民怨沸腾，理应受到抨击。总之，由于御茶园官员和工人的悉心栽培和精工制作，使得武夷山岩茶贡茶品种优，品质精，名垂千古，在相当长一段时间内一直是一枝独秀，称雄于建州，称雄于当世，受到皇帝和皇室的青睐，成为中国历史上最有名的贡茶之一。

明代学者顾元庆写《茶谱》，许次纾写《茶疏》、《茶说》、《续茶经》等书。明代文人吟咏名茶的诗文很多，史料、笔记、诗文所列名茶，大约有五十余种，主要包括：湖州顾渚紫笋、绿花、紫英，峡州碧涧、明月、茱萸簝茶，邛州火井、芽茶、家茶、孟冬、思安、夷甲，巴东真香，剑南蒙顶石花，蜀州麦颗茶、鸟嘴茶，渠州薄片茶，福州柏岩茶，建州先春茶、龙焙茶、石岩白茶，建南绿昌明茶，安徽六安皖西六安茶，歙县黄山茶，石台石埭茶，越州瑞龙茶，六安州小四同岘春茶，洪州白露茶、白芽茶，常州阳羡茶，婺州兴趣岩茶，袁州云脚茶，了山阳坡茶，黔阳高株茶、都濡茶，宣城了山瑞草魁，龙安骑火茶，江苏苏州虎丘茶，浙江杭州西湖龙井茶，临安浙西天目茶，长兴罗岕茶，分水贡芽茶，上虞后山茶，嵊县剡溪茶，乐清雁荡龙湫茶，浙江余姚瀑布茶、童家岙茶，龙游方山茶。

清代名茶品种齐全，包括绿茶、黄茶、红茶、青茶、黑茶、白茶，其中，青茶又称乌龙茶，是这个时期蓬勃发展的一款茶品。清代的名茶有近五十种，主要包括：安徽六安瓜片，歙县黄山毛峰、老竹大方茶，休宁徽州松罗茶、屯溪绿茶，宣城敬亭绿雪，太平猴魁，泾县涌溪火青，舒城兰花茶，湖北恩施玉露茶，湖南安化天尖茶，河南信阳毛尖，陕西紫阳毛尖。江苏苏州洞庭碧螺春，浙江杭州西湖龙井，建德严州苞茶，余杭莫干黄芽，富阳岩顶，江西婺源绿茶，庐山云雾茶，广西桂平西山茶，横县南山白毛茶，四川雅安名山茶、蒙顶茶，灌县青城山茶、沙坪茶，峨眉山峨眉白芽茶，贵州铜仁务川高树茶，云南西双版纳普洱茶。

清末锡制小种花香茶叶筒

御用珍品

唐代地方贡茶都是当时的御用珍品，几乎囊括了所有盛产优质茶叶的名茶。宋元时期，御用珍品主要是指御苑、御茶园名茶和地方贡茶，主要是指建州建茶。建茶又称建安茶、北苑茶、焙茶，其产地主要是福建建州，最著名的御用珍品包括：龙茶、凤茶、龙凤茶、京铤、石乳、白乳、的乳、白茶、试新锜、贡新锜、北苑先春、龙团胜雪，等等。其他名茶，都是以贡茶身份进贡宫廷。清乾隆皇帝喜爱北苑茶，曾写《北苑茶歌》称赞北苑茶：初过清明谷雨前，恰逢北苑采茶天。纷携蓝楛板桥度，隐约清歌碧渚边。

有清一代，皇帝、后妃都喜爱喝茶。乾隆时期，著名的御用珍品包括：湖广进砖茶，湖北巡抚进通山茶。陕甘总督进吉利茶。陕西巡抚进吉利茶、安康芽茶。漕运总督进龙井芽茶。河东河道总督进碧螺春茶瓶。江苏巡抚进阳羡芽茶、碧螺春茶。浙江巡抚进龙井芽茶、各种芽茶、城头菊。两江总督进碧螺春茶、银针茶、梅片茶、珠兰茶。闽浙总督进莲芯茶、花香茶、郑宅芽茶、片茶。福建巡抚进莲芯茶、花香茶、郑宅芽茶、片茶。云贵总督进普洱大茶、中茶、普洱小茶、普洱女茶、蕊茶、普洱芽茶、蕊茶、普洱茶膏。四川总督进仙茶、陪茶、菱角湾茶、观音茶、春茗茶、名山茶、青城芽茶、砖茶、锅焙茶。江西巡抚进永新砖茶、庐山茶、安远茶、介茶、储茶。湖南巡抚进安化芽茶、界亭芽茶、君山芽茶、安化砖茶。安徽巡抚进银针茶、雀舌茶、梅片茶、珠兰茶、松萝茶、涂尖茶。云南巡抚进普洱大茶、中茶、普洱小茶、普洱女茶、蕊茶、普洱嫩蕊茶、芽茶、普洱茶膏。

清代时，御用珍品主要是各地贡茶，包括：福建贡茶：北苑茶、先春茶、探春茶、次春茶、紫笋茶、武夷茶、花香茶、三昧茶、莲芯茶、莲芯尖茶、郑宅芽茶、郑宅香片茶、功夫花香茶、小种花香茶、天柱花香茶、乔松品制茶。浙江贡茶：黄茶、内素茶、大突茶、小突茶、日铸茶、龙井茶、龙井芽茶、龙井雨前茶、桂花茶膏、人参茶膏。四川贡茶：仙茶、涪茶、观音茶、春茗茶、锅焙茶、灌县细茶、邛州砖茶、青城芽茶、蒙顶山茶。安徽贡茶：六安茶、雀舌茶、珠兰茶、松罗茶、梅片茶、黄山毛尖茶、君山银针茶。江西贡茶：庐山茶、永安砖茶、永新砖茶、安远砖茶、宁邑芥茶、赣邑储茶。湖北贡茶：砖茶、通山茶、郧尔茶。湖南贡茶：安化茶、界亭茶、君山银叶茶。江苏贡茶：阳羡茶、碧螺春茶。云南贡茶：普洱茶进宫、普洱茶雅事、普洱珠茶、晋洱芯茶、晋洱芽茶、晋洱大茶、晋洱中茶、晋洱小茶、晋洱女茶、黄缎茶膏。

茶税茶法

从唐代开始，政府开始操纵这条民间贸易的茶马古道，控制茶马交易。唐肃宗时期，在蒙古的回纥地区正式设立马茶市，开创了官方设立市场进行茶马交易的先河。北宋时期，茶马交易主要在西北的陕甘地区，用于易马的茶叶则就地取于四川。这样，政府在成都、秦州（今甘肃天水）分别设立榷茶和买马司。元代时，吸取宋代失败的治边政策教训，彻底废除了宋代实行的茶马治边政策。明代时，认为茶马治边政策在政治上是切实可行的，在生活上也是边疆各民族所急需的，政府就把这项政策作为统治西北地区各族人民的基本国策。明太祖洪武年间，上等马一匹最多换茶叶 120 斤。到清代时，政府控制的茶马贸易渐渐放松，私茶商人大量进行茶马交易。清雍正十三年，皇帝下令终止官营茶马交易。

茶马互市

中国历史上的茶马古道就像丝绸之路一样闻名，是指在中国西南地区的一种贸易通道。这种茶马贸易，基本上是以马帮为主要交通工具的，是一种民间性质的国际商贸通道。可以说，这条通道是中国西南各民族进行经济、文化交流的重要贸易走廊。从历史上看，茶马古道是一个十分特殊的现象，也是一种非常独特的地域称谓。这是一条自然风光最为壮观的古道，也是一条文化风俗最为神秘的旅游路线，沿途有着独特的人文风俗和地质风貌，更有别具一格的文化遗产。

中国古代的茶马古道实际上是一条实用的贸易通道，这条通道的产生，主要是源于中国古代地处西南边疆的少数民族日常生活所需的贸易，其中，主要是茶马互市。这种贸易，大约兴起于唐宋时期，盛行于明清时代，发展到第二次世界大战中期和后期达到鼎盛。

茶马古道

茶马古道以中国西南三省四川、云南、西藏为中心，从路线上划分，主要有两条，一条是川藏线，一条是滇藏线。两条路线，连接川、滇、藏三省。然后，由这条茶马古道向外延伸，进入不丹、锡金、尼泊尔、印度境内，最远到西亚、西非和红海海岸。经年累月，茶马古道形成南、北两条商道，南道就是滇藏线，北道就是川藏线。南道的滇藏线，南起云南西部的思茅、普洱和苍山、洱海一带的广大产茶区，途经丽江、中甸、德钦、芒康、察雅，汇集到昌都，再由昌都通往卫藏地区。北道的川藏线以四川雅安一带的重点产茶区为起点，从蜿蜒弯曲的山路进入康定古镇，再从康定启程，分成南、北两条支线。北支线从康定向北，途经道孚、炉霍、甘孜、德格、江达，抵达昌都，这条线路就是今天川藏公路的北线，再由昌都进入卫藏地区。南支线从康定向南，经雅江、理塘、巴塘、芒康、左贡，抵达昌都，这条线路就是今天川藏公路的南线，再由昌都前往卫藏地区。

从史料记载上看，中国西南的滇藏茶马古道是以产茶区为中心而形成的，其起点通常是名茶的出产地。云南地区的茶马古道，大约形成于公元六世纪后期，它的最南端起点，就是云南名茶的主产区思茅、普洱两地。从思茅、普洱出发，经过大理白族、丽江地区和香格里拉，进入西藏，直达拉萨，形成滇藏线民间茶马古道。再从这条路线向外，从西藏拉萨进入印度、尼泊尔，形成中国古代与南亚地区一条重要的国际贸易通道。

云南思茅和普洱是重要的产茶区，但是，因为地理位置不同，两地的名气也不一样。思茅地处深山密林之中，山高林密，云雾缭绕，茶叶品质极好，是普洱茶的原产地，生长着一千七百余年的茶树王。可是，因为交通不便，思茅一直不为人们所知。相比之下，普洱自然条件较好，适宜人居住，交通便利，很早就成为茶马古道上独具优势的茶叶主产地和贸易货物中转、集散地，具有悠久的贸易历史和灿烂的茶马文化。

从地理上看，中国西南的茶马古道分布在横断山脉的高山峡谷之中，处于滇、川、藏三省所形成的"大三角"丛林地带。在这片高山密林中，绵延盘旋着这条神秘的茶马古道，在世界上地势最高的云贵高原和青藏高原，进行茶马互市，促进文明和文化的传播。在这条"茶马古道"上，有许多古道和客栈遗址至今保存完好。其中，以云南丽江古城拉市海附近的茶马古道遗址保存较为完好。

大约在唐宋时期，中国西南地区的"茶马互市"就很活跃。青藏高原属于高寒地区，这里地势较高，海拔都是在三千米以上。西藏藏民生活很艰苦，他们的主要饮食是糌粑、奶类、酥油和牛羊肉。在自然条件极其恶劣的高寒地区，人们需要摄入含热量高的脂肪来抵御高寒，但是，这里环境极差，没有蔬菜，高脂肪的食物不容易分解，每天进食糌粑易于燥热。蔬菜不容易保鲜，也不好运输，在这种情况下，就需要大量的茶叶进入青藏地区，丰富藏民的生活，无论是上层贵族，还是下层百姓，喝茶既能够分解脂肪，又能够防止燥热。

青藏高原的藏民和西南少数民族在长期的高寒生活中，创造了独特的饮食生活习惯，这就是几乎每天都喝酥油茶，然而，青藏地区并不出产茶叶。同样，在内地汉民的生活地区，百姓的民间生活之中，军队的出征作战方面，都需要大量的骡马。可是，内地驯养的马匹一直供不应求，而青藏高原的藏区和川、滇、黔等高原边地则盛产良马。这样，汉地与西南少数民族地区带有互补性质的茶和马交易应运而生，这就是自然而然形成的"茶马互市"。从此，藏区和川、滇、黔西南边地出产的骡马、毛皮、药材等特产，以及川滇、内地出产的茶叶、布匹、盐和日用器皿，等等，在横断山区的高山深谷之间往来，川流不息，并日趋繁荣，形成一条深入藏民生活、延续至今的"茶马古道"。

滇藏线和川藏线这两条茶马古道，只是中国西南地区茶马古道的主要干线，也就是说，在西南的广大地区，这是长期以来人们对西南茶马古道已经认定的主要路线。事实上，在两条主干线之外，西南地区的茶马古道还有若干条支线，包括：雅安—松潘—甘南支线；川藏北部支线—邓柯县（今四川德格县境）—青海玉树、西宁—旁通洮州（临潭）支线；昌都向北—乌齐、丁青—藏北地区支线，等等。这之中，最有名的就是历史上的"唐蕃古道"，也就是今天的青藏线，有人认为这条线应该也是茶马古道之一。当然，也有学者认为，甘、藏地区由茶马古道输送茶叶是重要的目的之一，但是，这条唐蕃古道毕竟与茶马古道有所不同，唐蕃古道应该是另一个特定的概念。可以说，中国历史上西南地区的茶马古道实际上是一个庞大的商贸网，是以川藏、滇藏、青藏三条大道为主线，辅以众多的支线，构成一个纵横交错的商贸道路系统，地域上跨越了川、滇、青、藏的广大地区。

从一定意义上说，中国古代的茶马古道，实际上就是一条武装押运的马帮之路。茶马古道的川藏线，从四川雅安启程，经康定到昌都，由西藏拉萨，再到尼泊尔、印度，中国境内的路线全长约六千余里；滇藏线，从云南普洱茶原产地的西双版纳、思茅出发，经大理、丽江，到达西藏拉萨，再分别前往缅甸、尼泊尔、印度，中国境内路线全长七千余里。这两条茶马古道，充满艰难险阻，是世界上地势最险要、山路最弯曲、距离最遥远的一条生死商道。在这条商道上，马帮成千上万，他们风餐露宿，行进在蜿蜒曲折的山间小路上，日复一日、年复一年，踏出了一条宁静的商贸古道。他们讲信用，讲义气，用铃声、鞭声和马蹄声打破千年林间的寂静，他们以自己的坚定、勇敢和智谋甚至生命开辟了这条充满危险的茶马古道。

八　福建贡茶

　　福建位于中国东南部，处于中国沿海地区，旧时，这里称为福州、建瓯，所以就以这两地首字称为福建。福建是中国四大茶区的华南、江南茶区，是中国主要的产茶省份之一，每年产茶在12万吨以上，是中国产茶第一省。这里地理位置优越，地形很好，处于亚热带地区，东临大海，气候温暖湿润，雨量十分充沛，无寒冬，无酷热，是茶树生长的极佳之地，有茶树理想的气候环境。

　　福建的许多地方都是山地和丘陵地区，漫山遍野都是黄土壤或者红土壤，土层肥沃深厚，很适宜茶树生长。茶叶品种很多，主要有白茶、绿茶、红茶、花茶和乌龙茶，尤其以乌龙茶闻名于世。福建名优茶达四十八种之多，著名的茶有十三种。其中，大红袍、铁罗汉、白鸡冠、水金龟称为武夷四大名茶。此外，还有铁观音、黄金桂、肉桂、本山、白毛猴、白牡丹、天山绿茶、银针白毫等名茶。在这些茶叶中，最负盛名的自然是贡茶了，主要包括大红袍、北苑茶、先春茶、探春茶、紫笋茶、武夷茶、花香茶、三昧茶、莲芯茶、郑宅茶、茶香茶等。

　　武夷山为福建第一名山，这里平均海拔六百余米，山地终年云雾缭绕，山体气势磅礴，有三十六座山峰，九十九处名岩，方圆六十余公里，山山青绿，岩岩产茶。武夷山区气候温和，冬暖夏凉，雨量充沛，是产茶的极佳之地。这里所产茶是乌龙茶，统称为武夷岩茶。由于茶树品种不同，采摘时间不同，品质不同，数以百计的岩茶分类十分严格。

按照产地来分，岩茶分正岩茶、半岩茶、洲茶三种。按照茶树品种、品质来分，岩茶分为名种、奇种、单丛奇种、名丛奇种四种。

名种就是半岩茶、洲茶，是岩茶的次品。奇种，就是正岩茶，又称正岩奇种，是指武夷山岩中心地区所产的茶叶，茶叶香浓味醇。单丛奇种品质在奇种之上，是武夷山有名的岩茶系列，有八百三十余种名茶，著名的包括不见天、醉海棠、迎春柳、夜来香等。名丛奇种品质在单丛奇种之上，是岩茶中的极品茶。大红袍、白鸡冠、铁罗汉、水金龟就是四大名丛奇种，也称武夷四大名茶。

武夷岩茶讲究中面采摘，新梢形成驻芽时，采摘三叶至四叶为宜。采摘之后，经过萎缩、做青、杀青、揉捻、烘焙等多道工序加工而成。岩茶茶条健壮结实，均匀整齐，色泽呈青褐色，光润鲜亮。茶叶香气浓郁，清馥四溢，味道略似兰花，兰香更加深厚持久，浓饮不苦不涩，生津止渴，回味无穷。

明代学者在《茶考》中说：武夷之茶，在前宋亦有知之者，第未盛耳。元大德间，浙江行省平章高兴，始采制充贡，创御茶园于四曲，建第一春殿、清神堂；焙芳、浮光、燕宾、宜寂四亭。门曰仁风，井曰通仙，桥曰碧云。……然山中土气宜茶，环九曲之内，不下数百家，皆以种茶为业，岁所产数十万斤。水浮陆转，鬻之四方。而武夷之名，甲于天下矣！

大红袍

一、武夷山茶区

闻名遐迩的福建岩茶大红袍盛产于福建西北部的武夷山上，茶叶的中心产区坐落在蜿蜒曲折、清澈见底的崇溪上游。这里山清水秀，山势雄浑，终年云雾缭绕。这里与江西省相邻，山峰耸立的武夷山山脉及其支脉连绵不绝，成为福建、江西两省的自然分界线和分水岭。这一带的山水较为独特，以雄奇、清秀著称，因为这里的山水异于北方，是典型的东南风貌，所以，武夷山成为中国东南部的第一名山，人称：武夷山水，奇秀甲东南。

武夷山区的气候很温和，空气较湿润。冬天晴朗温暖，很少刮风、下雪，无霜期较长。夏天很清爽，没有炎炎酷夏，三伏天也很凉快。可以说，一年之中，几乎绝大部分时间，这里都是花红草绿，清香四溢，芬芳盈野。由于这一带的山地和平地大部分地方几乎都是无霜无雪，山间坡地常年云雾弥漫，所以，极适宜茶树的生长。高耸入云的山峰巍峨挺拔，茶区中四面耸立的高峰成为茶树的天然屏障：晴朗温暖的天气，日照时间短，无雪、无霜、无风、无冻，非常适宜种茶，特别是灌木型、半乔木型茶树的天然生长佳地，更是优良茶种栽培、种植、采摘和加工的最优环境。

二、岩茶

武夷山区是以产岩茶而著称的，这种岩茶，因为茶树生长在山地的岩缝缝隙中，故称岩茶。岩茶是一种很特别的茶叶，生长环境独特，茶叶本身也很不寻常：岩茶的叶片与其他的茶叶是不同的，形状较为独特，它的味道也与其他的茶叶有所不同，具有红茶和绿茶的双重特性。岩茶的双重特性主要表现在味道方面，具有绿茶的清香和红茶的甘醇。简单地说，岩茶是中国乌龙茶中的极品茶叶品种，大红袍则是岩茶中的极品茶。

武夷山岩茶茶品优良，历史悠久。从史料记载上看，起码在五代南唐时期，这里就盛产茶叶，并以产优质茶叶而闻名于世。南唐时，政府特地在这里设立崇安场。进入唐代以后，武夷山种茶规模开始扩大，并在山上正式栽种茶树，开始制造供人们日常生活所需要的茶叶。这个时期，制茶技术在这里慢慢积累和形成，这项技术不仅成为一部分人的生存手段，而且也已经成为一种广大群众社会生活所需要的一门技艺。不仅如此，随着经济繁荣，达官贵族、官僚大臣和士民百姓都喜爱品茶，并将精心加工以后的茶叶作为礼尚往来和馈赠亲友的佳品。

武夷山岩茶，茶叶味道醇美，进入宋代以后，皇帝闻其名，品尝之后，认为是极品好茶，遂将其列为皇帝御用贡品，由皇帝及皇室成员享受。从元代开始，政府正式在这里设立御茶园，专门负责种植、栽培、采摘和加工茶叶，每年定期定量为皇帝提供品优质优的极品贡茶。从现存的史料记载上看，元代时，政府在武夷山设立了规模庞大的御茶园，种植茶叶，管理茶园，还设立了规模空前的焙局，加工优质贡茶。这些机构，设立专人进行专业管理。经过长年累月的经验积累和技术摸索，他们拥有了专门的种植、栽培、采摘、加工和制造精品茶叶的整套技术和选茶、闻茶、品茶的系列工艺，以及配合品茶所必备的茶具、器皿。他们积累了丰富的经验，培训专门的茶艺人员，每年定期专门负责栽培、采摘、制造和加工供皇帝及皇室成员御用的贡茶。

三、岩茶产地

武夷山名山胜境，山岩中出产的岩茶具有天然的灵气。武夷山岩茶的产茶区终年一片葱绿，这里的地形、地貌和地势都很独特。可以说，这是一处十分独特的自然环境。武夷山茶区的气候很温和，冬暖夏凉，年平均气温在18℃左右。这里雨量很充沛，每年降雨量在2000毫米左右。山峰耸立，岩壑纵横，山涧涌泉，清溪流淌。山上常年云雾弥漫，年平均相对湿度在80%左右。从地理上看，武夷山位于北纬27°，东经117°，平均海拔六百五十余米，山区面积方圆120华里。这里的山脉、山峰自成体系，基本上不与外山相连接。

武夷山很雄峻，由九曲清溪和三十六座山峰构成。这里群峰耸立，清溪环绕，沟壑连绵，最有名的就是九十九岩。奇伟的山峰、连绵的山脉，昂然翘首向东，气势磅礴，犹如万马奔腾，蔚为壮观。九曲山溪碧波荡漾，清澈见底，悠扬的水藻和肥大的鱼儿悠游其中，清晰可见。山溪蜿蜒，萦绕曲折，弯弯绕绕，折成九曲十八湾。这里山回溪转，人称：曲曲山回转，峰峰水抱流。三十六峰耸立在清溪两岸，苍翠的群峰倒影在碧波荡漾的山溪之中，青山绿水，湖光水色，天上、山中、水面三位一体，交相辉映，堪称美丽如画的人间仙境。诗人感慨武夷山的风光胜景，写诗赞叹：

> 武夷山水天下奇，三十六峰连逶迤。
>
> 溪流九曲泻云液，山光倒浸清涟漪。

从地质构造上看，武夷山的地质是属于白垩纪武夷层。山体的下部是石英斑岩，中部是砾岩、页岩、红沙岩、凝灰岩、火山砾岩五者相间成层。武夷山茶园土壤是成土母岩，这里的峰峦峡谷、山坡土丘，绝大部分都是由火山砾岩、红沙岩及页岩组成。所以，武夷山茶园的土壤是地道的烂石壤或者称为砾石壤。这种土壤，在茶树种植上称为上佳土壤。茶圣陆羽在《茶经》中说，种植茶树的茶山，土壤有特殊的要求：上者生烂石，中者生砾壤，下者生黄土。明代徐𤊹认真考察过武夷山茶园，他在《茶考》中认为：武夷山中，土气宜茶。

放眼望去，整个武夷山满目青山绿水，山上山下，沟壑内外一片青绿，郁郁葱葱。壮硕的茶树生长在武夷山山岩、溪水中心地区一片片烂石砾土之中，茶树枝繁叶茂，茶叶苍翠欲滴，这就是天下闻名的武夷山岩茶。这些岩茶，因为生长环境较为独特，茶叶的叶片和味道也较为独特，所以，岩茶以其独树一帜的品性而独步于世，闻名遐迩。武夷山岩茶品种多，品质优良，味道醇正，是天下稀有的茶树品种。其中，最有名的就是四大名枞：大红袍、铁罗汉、白鸡冠、水金龟。宋代诗人范仲淹知道这一带的茶叶好，特地写诗称赞：

> 年年春自东南来，建溪先暖水微开。
>
> 溪边奇茗冠天下，武夷仙人从古栽。

四、大红袍茶树

大红袍古茶树苍翠挺拔，生长在武夷山三十六岩峰和九曲溪水与古刹相间中心区的天心岩上。这一带山岩坡地，烂石成堆，砾土盈野，山岩岩石缝隙中的茶树生机勃勃。据地方志记载，武夷山全山120里，天心岩是其中央，犹如天之中枢，故称天心岩。大红袍古茶树王，就生长在武夷山北部天心岩天心庵（又称永乐禅寺）西的九龙窠山崖峭壁的悬岩之上。九龙窠是一条清泉大峡谷，泉水沿着岩石渗透流淌出来，形成一条山中峡谷。这里日照时间短，昼夜温差大，有许多反射光，悬岩山顶上一年四季都有清澈甘甜的细泉流淌，无声地浸润、滋养着山中的植物。这是一种特殊的自然环境，正是特殊的环境造就了大红袍的特异品质。

大红袍生长在海拔六百多米的山坡岩石间，岩缝中渗出的泉水日夜滋养着茂盛的茶树。这里溪水潺潺，瀑布飞流，终年云雾缭绕。每年采摘大红袍最佳的日子只有三天，就是5月13日至15日。在这个日子里，当地官员派专人进山，前往大红袍茶树王处，在一丈高的茶树前，架起云梯，蹬上大红袍茶树采茶。大红袍茶树少，产量也极少，只有几两，被视为稀世奇珍。大红袍是武夷岩茶中的极品，有岩茶状元之称。大红袍茶树是灌木茶丛，叶片厚，茶质好，茶叶芽头微微泛红。特别是在阳光照射下，沐浴在阳光下的茶树和岩石发出炫目的红光，远远看去，岩石反射的光线，红灿灿的，耀人眼目。目前，大红袍茶树仅剩6株，极其珍稀名贵。

五、有关传说

据史料、传说和当地山民口耳相传，大红袍的来历有多种传说。

第一种传说，是最经典的说法，说大红袍是仙山传来的种子。修行上千年的仙鹤从蓬莱仙岛衔着最优良的茶种，飞行上万里，看见这片上乘佳地，十分留恋，将优良茶种遗落在武夷山的悬崖之上，最后,长出这片大红袍。

第二种传说，说这大红袍闻名遐迩，与皇帝有关。传说从前有一位皇帝得了绝症，下诏召天下名医求治。天心寺的和尚用几株大红袍茶树上的茶叶治好了这位皇帝的绝症。皇帝病愈后，很感动，特地进山，在大红袍茶树前伫立良久。临别时，他将赏赐状元穿的大红袍郑重其事地披在茶树树枝上，以此表达自己内心的感激和感动。这时，奇迹出现了，大红袍将整个茶树都染红了。

第三种传说，说这大红袍闻名天下，与状元有关。传说古代时，有一个穷秀才进京赶考，一路上风尘仆仆。他经过武夷山时，不料病倒在路边。这时，恰巧天心庙老方丈路过，看见病倒的穷秀才，把他扶进寺中，泡了一碗茶，给他喝了。令人吃惊的是，喝了茶，病重的秀才奇迹般地病愈了。后来，秀才进京，金榜题名，中了状元。皇帝、皇后都喜欢他，将女儿许配给他，将他招为驸马。第二年春天，状元穿着一身红袍，衣锦还乡。他特地来到武夷山天心庙，向老方丈谢恩。老方丈什么也不说，只是宽厚待客，然后，陪同状元一行前往九龙窠。他们看见悬崖峭壁之上，长着三棵十分高大壮硕的茶树，树身泛着青光。茶树枝叶繁茂，在初春的阳光下，吐着鲜亮的嫩绿光泽。特别是在温暖的阳光照耀下，一簇簇绿色的嫩芽，闪耀着红色、紫红色、深紫色的诱人光泽。老方丈抚摸着茶树，郑重地对状元说：去年，你倒在天心庙前的路上，犯的是鼓胀病。我们就是用这种茶树采下的茶叶，冲汤以后，给你喝，你就治好了。状元很感动，久久地抚摸着树身。然后，他脱下红袍，披在茶树身上。从此，人称此茶树为大红袍。

第四种传说，是茶树治愈了皇后的顽症。很早以前，初春时节，武夷山茶树开始发芽。天心庙和尚清晨时鸣鼓，召集山上的猴群，选择最强壮的猴子，让他们穿上红衣裤，爬上九龙窠悬崖绝壁的大茶树上，采下第一批新鲜的茶叶。茶叶采摘好了以后，经过筛选、炒制，收藏在庙中，冲泡品饮，可以治愈百病。有一位状元，路过天心庙，得知这一消息，特地请求天心庙方丈，精制一盒茶叶，准备回京后进献给皇帝。方丈答应了状元的请求，吩咐第二天采摘。第二天清晨，天心庙内燃着浓香，点上红烛。寺僧奉命击鼓鸣钟，召集寺中大小和尚，他们身穿红衣，一齐向九龙窠大茶树前进。

朝霞映照下的大茶树，光彩夺目，紫气氤氲。一行人来到大茶树下，恭恭敬敬，焚香礼拜。他们围着茶树，一齐高声喊叫：茶发芽！茶发芽！茶树新芽果然蓬勃生长，一片鲜绿。他们小心翼翼地采下芽茶，精心加工制作，经过挑选以后，将最精致的一部分装入锡盒，送给状元。状元郎风尘仆仆，带着这盒茶叶进京，拜见皇帝。这时，正遇上皇后重病，金枝玉叶的女人，肚子鼓鼓的，疼痛难忍，卧床不起。御医一筹莫展，皇帝正自苦恼。皇帝召见状元入宫，状元郎立即献上武夷芽茶，称这是神药，让皇后服下。皇帝将信将疑，吩咐让皇后喝，没想到，皇后果然好了，茶到病除。

皇帝喜出望外，立即随手将一件大红袍交给状元，让他代表皇帝前往武夷山封赏。状元很高兴，供奉着皇帝赏赐的大红袍，一路南行。一路上，鞭炮齐鸣，军士开道。到达武夷山九龙窠，状元恭敬地捧着大红袍，爬上山巅，将皇帝赏赐的大红袍披在茶树上。阳光很灿烂，茶树在大红袍的光辉映照下，红光闪闪，也是一片灿烂。几天后，人们发现，在阳光照耀下，三株大茶树的树叶全部都是红色的，闪烁着红光。人们奔走相告，说茶树都红了，是皇帝赏赐的大红袍染红的。后来，人们就称这三株茶树为大红袍。从此以后，大红袍就成了皇帝御用的贡茶。

第五种说法，说是神仙所栽。大红袍茶树高约 10 丈，叶大如掌，生长在峭壁上，人称是神仙所栽。山中寺僧每年元旦时节，焚香礼拜。风吹叶落，寺僧拾之，精心制作为茶，能治百病。大红袍茶树高大，生长在悬崖绝壁上，人莫能登。每年采茶时，寺僧以果为饵，驯养猴子采摘，所以，人称这茶为猴采茶。训练好了以后，他们让猴子穿上红坎肩，爬到悬崖绝壁的茶树上，采摘茶叶。广东人称猴子为马骝，所以，广东话称这种猴采茶为马骝茶。

第六种说法，说是老婆婆神茶。很早以前，武夷山慧苑岩上，住着一位勤劳善良的老婆婆。有一年，天下大灾。有一天，老婆婆遇见一位病危的白发老人，倒在路边。老婆婆急忙扶起老人，搀进屋中。老婆婆先让老人喝点儿水，然后，把自己当饭吃的野菜汤送到老人口里，给老人吃了。很快，老人醒了，而且，奇迹般地康复了。老人很感激，送一个龙头拐杖给老婆婆，又从口袋中摸出几粒种子，交代老婆婆说：一定要用这个龙头拐杖在地里挖个坑，每个坑种下一粒种子，盖好土，浇点儿水。话音刚落，老人一闪身，不见了。老婆婆依照老人的吩咐，把种子种好。

不久，从土里长出了新苗，苗越长越大，长成了参天大茶树。人们奔走相告，说这是神仙赐给老婆婆的神茶树。当地方长官知道这事以后，十分妒忌老婆婆，吩咐把茶树连根挖了。老婆婆十分伤心，一下子病倒了。几天后，老婆婆病刚刚好，就惦记着茶树苗，她拄着拐杖，刚刚出门，就看见几个男人正扛着拔出来的树根走过来。老婆婆很痛心，不经意地把龙头拐杖放在树根上。谁知，龙头拐杖驾驭着一片红云，载着树根，在空中转了三个圈，飞进了九龙窠。第二年，山崖上，长出了大茶树，长成三株。这就是这里最早的三株大茶树，它们就是大红袍。

第七种说法，是说太子奉命寻找秘方，发现了大红袍神茶。有一年，皇后生了一种奇怪的病，御医千方百计，治不好皇后的病。皇帝下旨征召名医，依然没有结果。一天，太子看望母亲，母亲对他说自己的病，恐怕治不好，不妨到民间，寻找仙草秘方，或许有救。太子奉旨，立即出发。途中，太子遇见一位老汉，跌倒在一棵茶树下，一只老虎窜了出来，要吃这个老汉。太子挺身而出，拔刀相救。老汉很感激，为报答太子的救命之恩，主动提出陪同太子前往武夷山，直抵九龙窠大茶树下，采下一堆茶树叶子，用布包好，交给太子。太子飞速下山，日夜兼程直奔京师，回到皇宫。太子立即将采来的茶叶煮汤，亲手喂母后。皇后喝下后，病情有所好转。接连喝了几天，皇后的病竟然痊愈了。皇帝很高兴，下两道圣旨：一是大茶树有功，特旨赏赐一件大红袍，每年冬天为大茶树御寒；二是特旨封老汉为护树将军，职务世袭，负责每年采茶进贡。从此，武夷山三株大茶树，人称为大红袍。

六、茶树王

武夷山岩茶栽种很早，历史悠久。大红袍是武夷山极品岩茶，它的神奇传说也很悠久。大约在明末清初的时候，大红袍就名扬天下。1921年，作家蒋叔南游历武夷山，特地写下了《游记》，书中讲到武夷山大红袍有多处：天心岩九龙窠、天游岩、珠濂洞等。1941年，林馥泉先生写专文，提到马头岩磊石盘陀有大红袍：九龙窠有大红袍三株，是极品茶树王。在以后的调查研究过程中，发现武夷山确实有四大名丛茶树，四大名丛名不虚传，它们是大红袍、水金龟、白鸡冠、铁罗汉，它们品种不同，生长环境各有千秋。水金龟茶树十分茂盛，枝繁叶盛，蓬蓬勃勃地生长在大路旁。白鸡冠茶树挺拔苍翠，枝叶繁荣昌盛，特别是它的嫩叶，呈淡黄色，生长时间能够维持五十天。铁罗汉生长环境很独特，它的最佳环境是在鬼洞，茶树生长高达3.3米。

大红袍生长在九龙窠悬崖峭壁上，半山腰是它的最佳生长之地。1927年，喜爱大红袍的天心寺僧人，特地在大红袍大茶树旁边的岩石上，写刻了三个大字：大红袍。近几十年来，人们对大红袍大茶树进行了多项科学的检验测试，从各种检验测试结果上看，大红袍是武夷山当之无愧的茶树王。近年来，福建省茶叶研究所也曾组织专家全面调查研究武夷山产茶区，对茶区之中的所有名贵品种进行品评、鉴定，最后得出的结论是，大红袍是极品岩茶之王。

七、采摘和制茶

大红袍的茶树很独特，它的枝叶非常密集。大红袍茶树的叶梢基本上都是蓬勃向上的，树枝如同生命力极旺盛的藤蔓植物，都是倾斜着向上伸展开去的，它们超常的生命形态仿佛告诉人们，它们每天是以最大的热情来创造生命的绿色，每天是以最佳的状态来迎接上苍赏赐的阳光雨露。大红袍的叶子是宽宽的，叶片呈椭圆形。所不同的是，茶叶的叶梢都是向上的，每一片茶叶的叶尖尖端却都是向下垂的，特别突出的地方是，大红袍茶叶的边缘都是往里翻卷。

仔细审视大红袍，你会发现，大红袍的叶子颜色是较深的，叶片呈墨绿色，看上去光泽莹润，绿得放光。如果是新长出来的茶树叶芽，仔细看，你会发现，它们往往是叶片呈紫红色。所以，每年早春时节，如果你有幸置身于天心寺前，你会看见，大红袍茶树发芽的时候，整棵大红袍茶树都是十分亮丽的，树身的颜色鲜红似火，放眼望去，仿佛茶树身上真的披上了一件鲜明亮丽的大红袍！

大红袍是武夷山岩茶中的极品茶叶，它的采摘、制茶技术没有什么特别的地方，与其他的岩茶是一致的，所不同的是，大红袍在每一道工序上更加细致、更加精确，在成品以及成品包装上也是精益求精和更加精致而已。在正常的年份，每年立春以后，大红袍开始发芽和吐叶，大概长出三片至四片新叶的时候，专业的采茶工人开始进山，严格按照大红袍祖传的仪式和程序，采摘大红袍茶树上新长出来的开面新梢，并将这些新梢按天、时辰、茶树分别存放。

采摘了一批开面新梢以后，制茶工人经过精心挑选，再按照程序进行精细加工，这些加工大约有十多道工序，主要包括：晒青、晾青、做青、摇青、炒青；初揉、复炒、复揉；走水焙、簸拣；摊凉、拣剔；复焙、再簸拣、补火等，每道工序都必须精工制作。

八、品味大红袍

从形态上看，武夷山大红袍岩茶是属于绿叶红边的特种茶叶。严格地说，它是一种半发酵茶。清代学者梁章钜喜好品茶，他曾经到过武夷山，品味过岩茶。他在《归田琐记》一书中，用三个字简明扼要地概括岩茶的特点，这三个字就是：甘、清、香。梁先生说，武夷山岩茶，叶片呈条状，叶条健壮结实，形状均匀整齐，色泽绿褐鲜润。冲泡之后，茶汤颜色较深，呈深橙的金黄色，看上去清澈而艳丽。他说，岩茶极品的大红袍，茶叶品质也是十分独特的。大红袍茶叶的外形很有特色，茶叶条索紧密。茶叶的色泽绿褐相间，光亮鲜润。大红袍茶叶的颜色特征尤其明显，叶片的底部较软亮，叶子的叶脉叶缘呈朱红色，叶心则普遍呈淡绿色，略微带点儿黄色。从茶性上说，大红袍温和不寒，美颜润肺，通筋养神。它有三大特点，简称三久：藏久益香，香久益清，清久益醇。

冲泡之后，大红袍的茶汤呈橙黄色，汤水鲜洁明亮。特别迷人的是，汤水中的叶片在橙黄色的水中漂浮着，看上去红绿相间，富于美感，栩栩如生。最为经典的大红袍茶叶，叶片呈鲜绿色，叶周围有红色的镶边。阳春时节，太阳很温暖，坐在洒满春光的窗前，心如止水，细细地品味着大红袍，欣赏着绿叶红边的茶叶，看它们在沸水中犹如舞蹈一般地翻转，满室鲜亮，一片光彩夺目，那感觉是十分美妙的。初春的阳光很温暖，阳光照耀下的茶座更加温馨，雾气蒸腾、清香四溢的茶室沐浴在一片金色的华光之中，茶香在空气中弥漫，香味绕梁不绝。

懂得品茶的人都知道，品尝极品茶，要用小型茶具，细心地品。尤其是大红袍这样的极品岩茶，在泡饮的时候，特别讲究用精致的小茶具，因为，只有用精致的小茶具，才能品出茶香味浓。这种极品茶，茶叶是大自然的极品，对于品茶之人，要的是极品之水和极品茶具，然后就是充足的时间和懂得品茶的闲情逸致。一句话，品大红袍，品的是功夫茶。大红袍最突出的品质，就是它独有的香气，这种香气是武夷山独特的土壤所滋养出来的。大红袍香气浓厚，香味持久，其浓郁的香馥气味如同兰花。大红袍有着浓厚的岩茶风韵，它的茶叶细密结实，茶汁浓厚，极耐冲泡，每杯茶冲泡七八次，仍然香味十足。

品味大红袍，不必在乎季节，也不必在乎时辰，但有一点是要在乎的，就是无论什么时候，千万记住，品尝大红袍，一定要用小器，按照功夫茶的茶艺来享受大红袍：小壶、小碗、小杯、小盏，小茶具、小茶桌，小茶罐、小茶筒、小茶籝，文火武火，雪水烹茶，慢慢饮，细细品；香茶入口，在舌头间翻转，十余遍至数十遍，让每一个细小的味蕾都去感觉极品岩茶的特殊香醇。只有这样，才能真正品尝到极品岩茶的独特韵味。正是因为极品岩茶的大红袍品质很独特，所以，它从问世以后，一直受到人们的喜爱，历朝历代，都十分走俏。大约在18世纪时，大红袍传入欧洲，很快就进入了上流社会，受到贵族和贵妇们的追捧，成为贵族们聚会的痴爱品。

九、植物学特征

从植物学的角度上看，大红袍植株属于灌木型，茶树树冠呈半坡状，树干挺拔，高可达 2 米以上。大红袍茶树的主干很明显，其分枝十分细密，茶树叶梢向上，倾斜生长。茶树树叶是中叶型，近似于阔椭圆形状。大红袍茶叶通常长度是 6 厘米至 7 厘米，最长的茶叶可达 10 厘米至 11 厘米；茶叶宽度通常是 3 厘米左右，最宽的可达 4 厘米至 4.3 厘米。大红袍茶叶形状较为独特，叶子的先端非尖非扁，呈钝状，叶尖略微下垂。茶叶叶缘微红，略向面，叶片绿而光亮，叶脉七对至九对，叶肉略肥厚，叶子微隆，质厚清脆。

大红袍茶树花型大，茶花的直径通常是 3 厘米左右。大红袍茶花，通常是花瓣六片，花萼五片，茶花花丝较稀疏，花丝略长，高低不齐。茶树结果，茶果形状中等。茶叶生长出嫩芽时，茶梢稍壮实，颜色呈深绿色，绿中微呈紫色。入夏以后，大红袍茶树，夏梢叶子更呈红色。从时间上看，大红袍萌芽期和开采期比起肉桂来略迟，一般是在 5 月 15 日前后。武夷山大红袍开采时间，每年并不一致，但相隔仅仅几天：1941 年，当时史料记载，九龙窠大红袍采制时间是 5 月 17 日；2004 年，开采时间是 5 月 11 日；2005 年是 5 月 16 日，高山区则是 5 月 18 日。据武夷市茶叶研究所记载，大红袍开采，小开面采摘时间是 5 月 11 日，中开面为 5 月 16 日，高山茶区为 5 月 18 日。从史料记载上看，大红袍的开采时间，几十年间，基本一致。

从制作工艺上看，大红袍茶叶，宜选用中开面的茶叶制作，通常是三叶至四叶为宜。所选择的茶叶，一定要萎凋适度，鲜绿不宜，萎缩变黄更不宜，通常是以顶二叶失去鲜亮光泽为最佳标准。摇青是重要的制作工艺之一，是茶叶的做青方法。将需要做青的茶叶放入特制的摇笼或者竹制的圆筒摇青机中，摇动时，茶叶叶片上下滚动，叶边相互磨擦，叶细胞受损的部位，因为所含多酚类物质接触氧气受到氧化而渐渐变红。摇青标准不好掌握，摇青时间、速度、回数往往依据茶叶叶质、天气情况而确定。摇青时，通常是三红七绿程度为宜，过轻不行，过重也不宜。茶叶香气漂浮、红边适中之时，即可杀青。烘焙，是制茶工序之一，就是用火烘的方法将茶坯干燥的过程。烘焙的传统工具有焙灶、焙笼，现在采用烘干机。烘焙通常是分多次完成，第一次称初烘、头烘、毛烘，最后一次称复烘、足烘。头烘温度要高，足烘温度要低，时间要长。大红袍烘焙方面也很讲究，一定要足火均匀，以保持原味茶香为宜。2005 年，中国各种春茶名优品种品质比拼中，大红袍茶叶有一种特别的桂花香，还有一种稀有的粽叶香，获得一致好评。

十、药性

大红袍有健身、祛病的功效，所以有人甚至赞美它是病之良药。

据《全国中草药汇编》记载，大红袍归入中药之中。大红袍很清香，名字也很雅致，可是，它的植物学名称不是很雅观，叫臭牡丹，民间又称油根、大和红、锈钉子、扁皂角。据中国中医医药学书籍记载，大红袍属于豆科，归入杭子梢属植物毛杭子梢类，是以根入药。秋季时，树根成熟，挖根，洗净，将根切成片，在太阳下晒干，可以入药。

从中国经典医书记载上看，大红袍属于小型灌木，茶树高约 1 米，最大的茶树可达 2 米以上。它是夏季和秋季时开花，总状花序是腋生，或者是聚成顶生的圆锥花序。花冠呈蝴蝶形状，颜色是紫红色。茶果是荚果，呈斜卵形，仅仅是一荚节，果上生长着柔毛，上面分布着紫色的网脉。大红袍有茶果，有种子，种子呈长圆形状，通体浑圆，身被锈色硬毛。茶树根较直，较长，最长的长度可达 50 厘米。茶树根常有锈色油点，截断面上通常呈浅红色。茶茎直立，枝梢有棱，三出复叶，互生。大红袍性味微苦，微涩，微温。

从药用价值上说，大红袍主治调经活血，有止痛、收敛功效，主要是用于妇女闭经、痛经、白带增多和胃痛等病状。如果外用，可以治疗黄水疮和烧烫伤，具有很好的疗效。外用时，要适量，通常是将鲜根烘烤，出汁，搽于患处。在中国的民间药书中，大红袍有不同的名称和称谓。《贵州民间药物》中记载有大红袍，称矮零子、豆瓣柴、铁打杵。《云南中草药》中，称大红袍为碎米果。中医称，大红袍是紫金牛科植物铁仔的根或全草。

云贵地区，医学书籍这样描述大红袍：铁仔，常绿灌木，或小乔木。高1米至2米，最高可达6米。有小枝、叶柄，叶柄长1.5毫米，其上均有短柔毛。单叶互生，叶呈椭圆形至长椭圆形。叶长10毫米至18毫米，宽6毫米至8毫米，钝头，有小突尖，或凹头。茶叶基部呈楔形，叶子边缘有细锐的锯齿，但基部除外。叶子上下面中肋基上，有短小的小柔毛。叶面侧脉，三对至四对，看上去不明显。有茶花，花期在春季，开花三朵至八朵，簇生叶腋，花直径约2毫米。单性，雌雄异株，柱头两裂至四裂。浆果较小，呈球形，径3毫米至4毫米。大红袍通常生长在山地、路旁、灌木丛中，从地域上说，通常是分布在长江以南各地，夏季、秋季采摘。

云贵地区的大红袍，药性略微不同。《贵州民间药物》称，大红袍性平，味涩。《云南中草药》说，大红袍甘淡，凉。在功用主治方面，大红袍活血，祛风，理湿。治风湿痹痛，泄泻，痢疾，血淋，劳伤咳血。《贵州民间药物》说，大红袍驱风湿，活血，治痢疾。《云南中草药》称，大红袍消炎，止痛，止痢。治牙痛，肠炎，痢疾。治病时，通常内服：煎汤，0.3两至1两；炖肉或浸酒。据《贵州民间药物》记载，云贵地区，大红袍治病之方有多种，主要用于治疗痢疾、风湿和红淋病。治痢疾时，用大红袍、仙鹤草根各一两，以水煎服。治疗风湿时，以大红袍五钱，大风藤、追风散各三钱，红禾麻二钱，泡酒一斤。日服二次，每次五钱至一两。治疗红淋病时，以大红袍三钱至五钱，以水煎服。

大红袍是武夷山岩茶，有人认为这种产自山区的岩茶，当年采的新茶越新越好。其实，这是一种误解，并不是越新越好，特别是对于肠胃不好的人，尤其需要注意。因为，新茶从山上刚刚采摘回来，存放的时间很短，新茶中含有很多没有经过氧化的多酚类、醇类和醛类物质，这些多酚类物质，对于健康人群来说，没有什么影响，但是对于胃肠系统功能较差的人，特别是胃肠道有慢性炎症的人，情况就完全不同了。这些多酚类物质会不同程度地刺激胃肠黏膜，使得胃肠功能本来就较差的人更加容易诱发胃病。所以，大红袍新茶对于肠胃不好的人来说，不宜多喝。如果想喝，最好是存放半个月以上；如果存放不足半个月，最好不要喝。据测试，大红袍新茶之中，含有大量的咖啡因、活性生物碱和多种芳香物质，这些物质很活跃，容易让人的中枢神经系统兴奋，对于患有神经衰弱、心脑血管病的人来说是应该远离的。最好的建议是，在睡觉以前不要饮用大红袍，空腹的时候就更不要饮用了。

十一、评价

大红袍是武夷山中的岩茶，更是全国闻名遐迩的特种茶叶，生长在九龙窠悬崖峭壁之上，人称茶中之王。九龙窠地理位置较独特，山上到处都是茶树名丛。来到这里，放眼望去，漫山遍野的茶树，感觉自己真的置身于天下名茶的茶树王国了。从这里往东，就是天心岩了。天心岩下，是武夷山最大的佛教寺院永乐禅寺。据研究，大红袍茶树所在的悬崖峭壁上，有一条十分狭长的岩罅，这里的岩石顶部，终年有泉水流淌，从岩罅滴落。泉水之中，附有各种苔藓类有机物，这里的土壤比起其他地方茶区的土壤更加湿润、肥沃。所以，大红袍茶，具有其他茶所没有的独特品质和特殊药用功能。经过多年来的测试、评定，大红袍茶味独特，成茶冲至九次，依然保持原茶真味，具有特殊的桂花清香。相比之下，其他名茶，最多冲至七次，茶味几乎就没有了。大红袍，茶中之王，名扬天下。

1921年，蒋叔南在《游记》中说，当年，大红袍价值超过了黄金，每斤值64银元，折合大米是4000斤。

据报道，1995年，福建省银芝集团董事长吴文南喜爱大红袍，认为大红袍有极大的升值潜力。考虑再三，他决定以每公斤 3 万元的价格，向市茶叶研究所购买了 1 公斤纯种大红袍。随后，吴文南将这珍贵的 1 公斤大红袍转销给国内和国外，获得了十分理想的收获。有不少外国客人也喜爱大红袍，他们直接或间接向武夷山购买纯种大红袍。1998 年 8 月 18 日，福建举行第五次岩茶节，母树大红袍茶，重 20 克，首次举行拍卖，竟然拍出了超常天价 15.68 万元，创造了茶叶单价的最高纪录！这一消息引起世人的极大关注。

许多史料上说，武夷山大红袍茶曾经被列为皇帝指定的贡茶。可是，查阅了大量的档案资料，也没有看到有关大红袍茶进贡的记载。难道是遗漏了？乾隆皇帝喜爱品茶，每遇好茶必品，每品必写诗词。查阅乾隆皇帝的诗文集，也没有专门描写大红袍的诗文。大红袍的名声如此响亮，为什么没有成为贡茶？如果成为贡茶，为什么没有相关的档案记载？现在，有据可查的、史料确凿的，是位于武夷山九曲溪畔的御茶园贡茶，但没有任何一个书籍或者史料提到过九龙窠的贡茶。1927 年，孙中山品尝过大红袍，感觉很好。后来，蒋介石来到武夷山，专门品味大红袍，赞美有加。1949 年，崇安县政府特地将大红袍送给毛泽东品尝。毛泽东不大喜爱这种茶，批示：以后不要再送了。

大红袍是武夷山岩茶之王，是中国乌龙茶品中的极品茶叶。大红袍生长在武夷山中，在这里，栽培大红袍，已经有三百五十多年的历史。经过当地茶叶专家和科技人员多年刻苦钻研和科研攻关，在二十世纪八十年代初，大红袍无性繁殖成功。福建省科委组织有关专家进行鉴定，专家们一致认为，无性繁殖的大红袍，依然保持了母本的优良特征特性，在武夷山特定的山区、特定的生态环境下，可以进行推广。国家技术监督总局很重视大红袍的生长培育和推广应用，特别批准武夷山岩茶大红袍为原产地域保护产品，同时，发布和制作了大红袍质量的强制性标准，以及由国家工商总局商标局批准使用"武夷山大红袍"证明商标。所以，有人说：大红袍，红天下。

茶叶方面的专家教授大多都很喜爱大红袍，他们给予大红袍很高的评价。中国政协委员、国家茶叶质检中心主任骆少君，福建农林大学校长郑金贵，国家一级评茶师、福建省茶叶质量检测中心站站长陈郁榕等人，在接受海峡电视台采访时，对大红袍推崇备至，特别强调这种优质岩茶的保健、强身功能。母树大红袍的停采留养，是科学保护优良茶种的一个有效措施。当记者问到这一事情时，骆少君说，武夷山停采母树大红袍，目的是把它很好地保护起来，这样做，有利于茶树的发育生长，可以说，这是一个非常明智的举措。她进一步解释说：经过上千年的生长、采摘，再生长，按照植物生长的规律，母树大红袍是应该休养生息的。停止采摘后，大红袍茶树的生长态势肯定会比现在好，生命力也会更强。她说：身为茶人，我当然非常希望茶叶王国中名门望族代表的大红袍能长生不老，就像云南的野生大茶树一样。……经过无性繁育，武夷山大红袍已形成规模，大家可以放心，它的质量和母树是一样的。事实上，我们喝茶只要喝到品质一样就行了，没必要去追寻它的源头。

福建农林大学受命鉴定大红袍，他们发现，大红袍有神奇的保健功能。他们在春茗茶会上，正式发布了鉴定报告。福建农林大学校长郑金贵说，福建农林大学茶学学科是国务院学位委员会批准的博士点，经过专家的认真鉴定，确认大红袍生长在武夷山特殊条件之中，含有茶多酚、茶多糖、茶氨酸三种有益成分，而且含量特别高。这些物质，具有多种功能，特别是在抗癌、降血脂、降血压、增强记忆力等方面具有极为良好的作用。郑校长说，大红袍，茶多酚特别多。其中，最重要的是 EGCG，具有极好的抗癌功能。大红袍茶多糖含量极高，大约是红茶的 3.1 倍，绿茶的 1.7 倍。茶多糖高，可以极大地增强人体免疫力，降低高血脂。氨基酸是茶叶所特有的，人称茶氨酸。大红袍的茶氨酸含量十分可观，达 1.1%。这种茶氨酸，对人体很有益，特别是能够有效地促进脑部血液循环，对健脑和健身有着非凡的意义，特别具有增强记忆力和降低血压的功效。

福建茶叶质量检测中心站站长陈郁榕女士一生研究茶叶，对大红袍有独特的认识。她说：我经常喝武夷山大红袍，它和其他地方的茶还是有区别的。具体来说，可以从外形、颜色、香气、滋味等四个方面来甄别。大红袍外形呈条索状，成品茶颜色绿褐油润或是背青带褐油润，冲泡后汤水呈橙黄色；虽然由于不同厂家工艺的差别，大红袍的香气千姿百态，但它们大都具有一个共同的特点——岩骨的花香，而且大红袍入口醇厚回甘，所具的有岩韵是其特殊的地域特征。

北苑茶

宋代时，顾渚贡茶院日趋衰落。与此同时，福建建安的北苑茶渐渐引起了朝野的关注，皇帝下令在建安设立御茶园。建安位于福建省中北部，是古地名，东汉建安年间设置的，故名。自东汉以来，这里就以产茶而闻名遐迩，特别是入宋以后，设立御茶园，北苑贡茶名扬四海。北苑坐落在建安（今建瓯）境内的凤凰山麓，从南唐至元代，这里就是朝廷贡茶的主产地。宋代设立御茶园，茶园内有御泉，泉水甘甜清澈，专门用于制造贡茶。专制贡场的焙场，人称龙焙、正焙、官焙。

数百年间，北苑龙焙名扬天下。从皇帝到大臣到儒生，纷纷著书，

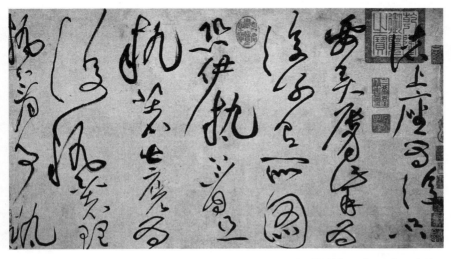

宋·黄庭坚草书《诸上座帖》

谈论品茶，对北苑贡茶情有独钟。宋徽宗《大观茶论》、宋人蔡襄《茶录》、丁谓《北苑茶录》、赵汝励《北苑别录》、沈括《梦溪笔谈》、宋子安《东溪试茶录》、熊蕃《宣和北苑贡茶录》、姚宽《西溪丛语》等书，分别从不同的视角记载和描述了北苑贡茶的盛况。

宋徽宗懂得品茶，特地写了一部《大观茶论》，描写、记述准确到位。他说：本朝之兴，岁修建溪之贡，龙团凤饼，名冠天下……故近岁以来，采摘之精，制作之工，品第之胜，烹点之妙，莫不盛造其极。熊蕃在《宣和北苑贡茶录》中说：唐末，然后北苑出，为之最。沈括在《梦溪笔谈》中说：建溪胜处曰郝源、曾坑，其间，又岔根山顶二品尤胜。李氏时（南唐国主），号为北苑，置使领之。姚宽在《西溪丛语》中指出：建州龙焙，面北，谓之北苑。宋子安《东溪试茶录》记载：北苑，西距建安之洄溪二十里，东至东官（山）百里。过洄溪，逾东官，则仅能成饼耳，独北苑连属诸山最胜。

宋蔡襄，字君谟，仙游（福建莆田）人。宋仁宗天圣八年（1030年）进士，是北宋著名的大臣、学者和书法家。历任福州、泉州、杭州知府，官至起居注。他曾任福建转运使，专门负责制造大小龙团进贡。他所著《茶录》，大约成书于宋仁宗皇祐年间（1049—1053年），全文七百余字，分上下两篇。上篇论茶，分色、香、味、藏茶、炙茶、碾茶、罗茶、候汤、烤盏、点茶十条。下篇谈茶器，分茶焙、茶笼、砧椎、茶钤、茶碾、茶罗、茶盏、茶匙、汤瓶九条。

他在序言中说：朝奉郎右正言同修起居注臣蔡襄上进，臣前因奏事，伏蒙陛下谕臣先任福建转运使，所进上品龙茶，最为精好。臣退念草木之微，首辱陛下知鉴，若处之得地，则能尽其材。昔陆羽《茶经》，不第建安之品。丁谓《茶图》，独论采造之本。至于烹试，曾未有闻。臣辄条数事，简而易明，勒成二篇，名曰《茶录》。伏维清间之宴，或赐观采，臣不胜惶惧荣幸之至！

蔡襄所写序言，意思是：朝奉郎右正言同修起居注臣蔡襄上进，从前，我因为向朝廷上书，条奏政事，承蒙皇上恩宠，任命我为福建转运使的时候，进贡给皇上的是上品龙茶，都是贡茶茶叶中最好的精品。空闲的时候，我在想，草木这样微不足道的细小东西，承蒙皇上明察和鉴赏。为人臣子，如果事事处事得当，就一定能够人尽其才了。唐代茶圣陆羽写《茶经》，没有提到过福建建安茶的品种和优质。本朝丁谓写《茶图》，只说了一点儿采集和制造的基本原理和方法。至于茶如何烹试，前人没有谈到。因此，我讲一点儿烹茶的注意事项，文字很简单扼要，也容易懂。书稿写成了两篇，取名《茶录》。恭请皇上空闲的时候，能够看一看，或许能够采用。如果能够这样，我就不胜感激了。

自南唐以后，官私贡茶之焙最盛之时达三百三十六家。当时，片茶压以银模，饰以尤凤花纹，贡品真是精湛绝伦。小团贡茶二十饼为一斤，身价惊人，值金子二两。贡茶之外，成品建茶按照质量好次分成十个等级，朝廷官员按职位高低分别享用。

先春茶、探春茶、次春茶、紫笋茶

北宋时期，著名的茶品有八大片茶，先春就是其中之一。根据清光绪十三年（1887 年）的《新安志》记载：北宋时，茶则有胜金、嫩桑、仙芝、耒泉、先春、运合、华英之品，又有不及号者，是为片茶八种，其散号茗茶。这些片茶、散茶，都是北宋熙宁时期的名茶，属于蒸青饼茶和蒸青散茶一类。片，意思是茶叶蒸压成片，不是叶片之意。

进入明代以后，形成四大建宁贡茶，就是先春、探春、次春、紫笋茶。

武夷茶

武夷山茶区产茶历史悠久，唐代时已经有史书记载，宋代时成为闻名遐迩的产茶之地，历宋、元、明、清一千余年，一直名茶辈出，品种繁多，享誉天下。北宋时，以岭南建茶、北苑贡茶驰名四海，风靡一时，成为皇宫大内的宠爱之物。北宋著名大臣、诗人范仲淹喜爱武夷茶，他在《和章岷从事斗茶歌》中盛赞武夷茶，他写道：年年春自东南来，建溪先暖水微开。溪边奇茗冠天下，武夷仙人从古栽。……长安酒价减千万，成都药市无光辉。不如仙山一啜好，逾然便欲乘风飞。

元代时，武夷茶与驰名天下的北苑茶齐名，并且逐渐取代了北苑贡茶，成为朝廷推重的第一贡茶，获得了皇帝和后妃们的喜爱。从唐代到元代的数百年间，武夷所产的茶叶基本上都是蒸青绿茶，是以饼茶或者称为团茶居多，间或有散茶，包括石乳、龙团等名目。明代以后，开始出现炒青散茶，包括闻名遐迩的贡茶先春、探春、次春、紫笋、灵芽、仙萼、雨前，等等。清代以后，17 世纪时，以星村为聚散地，武夷之地的茶种发生了变革，以小种红茶为主力的茶种迅速发展和传播，成为主要的茶种和茶品。18 世纪以后，属于青茶的武夷岩茶成为武夷茶的主要品牌，一直延续至今。

清代大学者袁枚研究武夷茶，喜爱武夷茶。他写《随园食单》，盛赞武夷茶：每斟无一两，上口不忍遽咽。先嗅其香，再试其味，徐徐咀嚼而体贴之，果然清芬扑鼻，舌有余甘。一杯之后，再试一二杯，令人释躁、平矜、怡情、悦性。始觉龙井虽清而味薄矣，阳羡虽佳而韵逊矣，颇有玉与水晶品格不同之故。故武夷享天下盛名，真乃不添，且可以瀹至三次而其味犹未尽！宋代诗人赵自木，号霁山，就是崇安（今福建武夷山市）人，南宋度宗咸淳十年（1274 年）进士。南宋亡，入元不仕，一心好茶。他喜爱武夷茶，认为这种从石髓中流出泉水所滋养出来的灵草，是了不起的神品，特地写有《武夷茶》诗赞赏：石鼓沾余润，云根石髓流。玉瓯浮动处，神入洞天游。（《全宋诗》）

清嘉庆十三年（1808 年），修成《崇安县志》，书中写到武夷茶时说：宋咸平中，丁谓为福建漕，监造御龙，进龙凤团。庆历中，蔡端明为漕，始贡小龙团七十饼。其时，多在建州北苑，武夷贡额尚少。元初，于第四曲御茶园建造堂宇，贡额只二十斤。大德间，至二百五，四品。嘉靖三十六年，以茶枯，太守钱公业详请罢之。国朝，仍充土贡。

附山为岩茶，沿溪为洲茶，岩为上，洲次之。有小种、小焙、花香、松萝、莲心、白毫、紫毫、雀舌诸品。（《崇安县志》卷二）

清道光二十六年（1846年），修成《武夷山志》，书中称：唯武夷为最，他产性寒，此独性温也。其品，分岩茶、洲茶，附山为岩，沿溪为洲，岩为上品，洲次之。又，分山南、山北，山北尤佳，山南又次之。岩山之外，名为外山，清浊不同矣。采摘，以清明后、谷雨前为头春，立夏后为二春，夏至后为三春。头春，香浓，味厚。二春，无香，味薄。三春，颇香而味薄。种处，宜日宜风，而畏多风日，多即茶不嫩。采时，宜晴，不宜雨，雨则香味减。各岩著名者，白云、天游、接笋、金谷洞、玉华、东华等处。采摘烘焙，须得其宜，然后香味双绝。第岩茶反不甚细，有小种、花香、清香、功夫、松萝诸名，烹之有天然真味，其色不红。崇境东南，山谷平原，无不有之。唯崇南曹墩，乃武夷一脉，所产甲于东南。至于莲子心、白毫、紫毫、雀舌，皆外山洲茶。初出，嫩芽为之，虽以细为佳，而味实浅薄，若夫宋树尤为稀有。又有名三昧茶，别是一种，能解酲消胀，岩山外山，各皆有之，然亦不多也！（《武夷山志》卷十九）

莲芯尖茶

莲芯茶，又称莲子芯茶、莲芯尖茶。古今都用此名，不分茶类。因为此茶在采摘时，采茶树新发嫩芽，一枪一旗未展者制作而成，形如莲子，故称莲芯茶。武夷茶中有莲芯茶，西湖龙井中也有。

郑宅芽茶

郑宅茶，出闽中兴化府（府之治所，在今福建莆田）。清代学者徐昆写《遁斋偶笔》，记载说：郑宅茶，闽中兴化府城外郑氏宅，有茶二株，香美甲天下，虽武夷岩茶不及也！所产无几，邻近有茶十八株，味甘美，合二十株。有司先时使人谨伺之，烘焙如法，借其数以充贡。间有烘焙不中选者，以饷大僚，然亦无几。此外，十余里内所产，皆冒郑宅。清代学者郭柏苍写《闽产录异》，书中称郑宅茶是福建贡品第一：国朝闽茶入贡者，以郑宅为最。大臣、诗人叶观国写《端午恩赐郑宅茶》诗，称赞郑宅茶是绝世贡品：嫩芽来郑宅，精品冠闽溪。便觉曾坑俗，应令顾渚低。溶溶云夜澹，剡剡雪枪齐。石鼎烹尝罢，封缄手自题。

通常来说，茶树是地域性很强的一种植物。茶树汲山水之灵气，沐雨露之精华，依山川而秀洁，所以，不同的山坡水土，就生长出不同的茶树。福建莆田茶树栽培历史悠久，始于隋代，大约有一千五百年的历史。唐代时，福建仙游孝仁里郑宅（今赖店圣泉）、凤山和莆田龟山、林山等山区山清水秀，已经成片地种植茶树，茶叶生产十分兴旺。《八闽通志》记载说：龟洋山（今华亭龟山）产茶，为莆之最（《八闽通志》卷十一）。唐代时，无了禅师在莆田龟山创建龟洋庵，其时，辟茶园十八处，开茶林千亩，建十八座茶寮。大约在唐宋年间，仙游郑宅茶闻名遐迩而名动京师，成为皇帝御用贡品，成为享誉天下的福建名茶之一。

北宋大臣蔡襄研究茶叶，写《茶录》一书，充分肯定了福建郑宅茶，莆田茶叶自此身价百倍。元代时，莆田诗人洪希文写《煮土茶歌》，将莆田茶叶之美描写得淋漓尽致：

> 论茶自古称蛰源，品茶地出钟灵泉。
> 莆田苦茶出土产，乡味自汲井水煎。
> 器新火活清味永，且从平地休登仙。
> 王侯第宅斗绝品，揣分不到山翁前。
> 临风一啜心自省，此意莫与他人传。

据史书记载，宋元时期，福建仙游度尾东山寺出了两品名茶，它们分别是东山寺僧制作的药丹花和赖店岩里寺制作的九条茶，这两款

《乾隆汉装写字像》

茶，都是远近闻名的药茶。大约南宋时，日本僧人慕名来到岩里寺，亲口品尝九条茶，如获至宝，再三求购，带回日本，成为日本的一个优良茶种。明神宗万历年间（1573—1620年），东山寺每年进献贡茶达两百多斤。特别是这里的出产的种香茶，闻名遐迩，驰名京城。明清时，东山寺的九条茶影响遍及国内外，大量出口到日本及东南亚各国。

郑宅茶很早就成为清代皇帝御用的宫廷贡茶，清代的皇帝、后妃们都喜爱这种武夷茶品。清乾隆皇帝年轻时就喜爱郑宅茶，他在做皇子时，就写《郑宅茶》诗：

榴枕桃笙午昼赊，红兰窗细透窗纱。

梦回石鼎松风沸，先试冰瓯郑宅茶。

水递何须古辣泉，满杯香露侍儿煎。

浮瓜沉李浑无事，为咏卢仝七椀篇。

据档案记载，1924 年，仙游园庄古马山涌泉寺行圆法师试图引进优良茶树，他和枫林村人曾席儒寻访武夷山，选择优质的水仙、黄袍茶种在枫林山区种植，大获成功。1933 年，他们又从安溪引进铁观音、色茶等良种茶，再次获得成功。从此以后，莆田优质茶叶品种繁多，名品辈出，成为全国很有影响的产茶区，这里的名品茶叶多达二十余种，主要包括佛手、水仙、黄旦、福云、乌龙、桃仁、大白茶、大卷茶、大红、奇兰、肉桂、菜茶等。1949 年以后，莆田地区的茶叶生产迅速发展。资料显示，20 世纪 80 年代后，全市大力种植优良茶树，全年投产的茶叶多达五万多亩。1991 年，全市共有茶叶农场三百四十七个，主要包括霞溪、钟山、梅洋、白云、度尾等茶场，年产茶叶一千三百余吨，产品远销海内外。其中，最有名的就是佛手茶，由仙游园庄茶场生产，1983 年获全省茶叶鉴评会乌龙茶桂冠。度尾茶厂出口的茉莉花茶，多次获省优、部优产品称号。

九　浙江贡茶

　　浙江位于中国东部沿海地区，坐落在烟波浩渺的长江下游南岸，因为境内钱塘江最负盛名，钱塘江旧称浙江，所以，称为浙江。浙江地区是中国四大产茶区之一的江南茶区，也是中国主要的产茶省份之一，每年产茶在 11 万吨以上，是中国第二大产茶省。浙江地形独特，境内以山地和丘陵为主，河渠纵横，水网密布，气候温暖，湿润多雨，土地大多数是黄色和红色土壤，非常适宜灌木型中型、小型茶树生长、发育，是绿茶出产的理想之地。

　　浙江地区的茶叶品种较多，有眉茶、烘青、蒸青、珠茶、花茶、红茶、乌龙茶和龙井茶等驰名于世的名茶。大约在东汉时，浙江天台山就开始产茶。据说，在东汉末年，道士葛玄在天台山华顶种茶，开创了浙江种茶、产茶的先河。浙江产茶之地较广，主要分布在湖州、杭州、睦州、明州、越州、婺州等地。浙江名茶很多，从唐代以来，名茶代不绝书，包括顾渚紫笋、婺州东白、会稽日铸、睦州鸠坑、天目山茶、余姚瀑布茶、杭州西湖龙井茶等。其中，有许多茶定为专供皇帝御用的贡茶，包括黄茶、内素茶、大突茶、小突茶、日铸茶、龙井茶等。

黄茶

　　黄茶是再生茶，人们在炒青绿茶的过程中，发现杀青、揉捻之后干燥不足或者不及时的茶叶，叶色变成黄色，于是，在中国的茶叶王国中，产生了一个新的品种，就是黄茶。黄茶的最大特点就是黄叶黄汤，这种茶叶的黄色，是制茶过程中进行闷堆渥黄导致的。黄茶芽叶较为细嫩，有明显的显毫，清香味美，鲜醇可口。浙江黄茶，曾作为贡品进入宫中。

　　黄茶是属于发酵茶类，黄茶的制作过程与绿茶有许多相似之处，所不同的是，黄茶多一道工序，这就是闷堆。可以说，闷堆工序是制作黄茶的关键点。这道工序，有人称为闷黄、闷堆，也有人称为初包、复包、渥堆。有的是在揉前堆积闷黄，有的是在揉后堆积或久摊闷黄，有的是在初烘之后堆积闷黄，有的则是再烘时再闷黄。闷黄之后，黄茶、黄色、黄汤，这正是黄茶与绿茶的基本区别。一句话，绿茶是不发酵茶，黄茶是发酵茶。

　　黄茶由于品种不同，在选取茶片、茶叶加工上有很大的区别。按照茶叶的新鲜嫩度和芽叶大小，黄茶分为三大类：黄芽茶、黄小茶和黄大茶。黄芽茶，原料讲究细嫩，主要采摘单芽，或者是一芽一叶，将这些芽叶加工而成。黄芽茶名声很大，主要包括浙江黄茶、湖南岳阳洞庭

《乾隆南巡图》（局部）

湖君山的君山银针茶，四川雅安、名山县的蒙顶黄芽茶和安徽霍山的霍山黄芽。黄小茶，是以采摘细小嫩芽加工而成的茶叶，主要包括湖南岳阳的北港毛尖，湖南宁乡的沩山毛尖，湖北远安的远安鹿苑和浙江温州、平阳一带的平阳黄汤茶。黄大茶，是以采摘一芽二三叶甚至一芽四五叶为原料制作而成的茶叶，主要是指安徽霍山的霍山黄大茶和广东韶关、肇庆、湛江等地的广东大叶青，还有安徽金寨黄茶和海马宫茶。

　　黄芽茶之极品茶，就是湖南洞庭君山银针。湖南岳阳洞庭湖君山的君山银针茶是中国宫廷贡茶，这款名茶的最大特点，是全部采用一色的肥壮芽头，制茶工艺十分精细，包括杀青、摊放、初烘、复摊、初包、复烘、再摊放、复包、干燥、分级十道工序。成品后的君山银针茶，茶叶挺直，均匀整齐，银毫显现，芽身金黄，茶质鲜嫩，汤色杏黄，茶水明净，味道清香，甘醇可口。简言之，君山银针是黄芽茶的代表作，三大特点是：外表披毛，色泽金黄，茶汤诱人。安徽霍山的黄芽茶，也是黄芽茶中的珍品。霍山茶历史很悠久，起码从唐代开始，就生产这款茶。到明清时期，霍山茶闻名遐迩，成为皇帝专用的宫廷贡品。霍山黄大茶，其中又以霍山大化坪金鸡山的金刚台所产的黄大茶最为名贵，干茶色泽自然，呈金黄，香高、味浓、耐泡。

日铸茶

　　日铸茶出产于浙江绍兴日铸山，这里出产茶叶，茶以山名，故称日铸茶。日铸山又叫日注山，所以，这茶又称日注茶。日铸茶是名茶，历宋、元、明、清，享誉上千年，以宋代时最为显赫，闻名遐迩。宋代大文人欧阳修写《归田录》，夸奖日铸茶：草茶盛于两浙，浙之品日注第一。（《归田录》卷一）《青箱记》称：越州日铸茶，为江南第一，范文正汲清白泉，以建溪、日铸、卧龙、云门之品试之，云甘液华滋，悦人灵襟。宋代学者杨延龄在《杨公笔谈》中说：会稽日铸山，茶品冠江浙。山去县几百里，有上灶下灶，盖越王铸剑之地。……山有寺，其泉甘美，尤宜茶。山顶谓之油车岭，茶尤奇，所收绝少。其真者，芽长雨余，自有麝气。

宋代大文豪苏轼喜爱日铸茶，他在《宋城宰韩秉文惠日铸茶》诗中说：君家日铸山前往，冬后茶芽麦粒粗。大诗人陆游也喜欢日铸茶，他在《游洞前岩下小潭水甚奇取以煎茶》诗中说：囊中日铸传天下，不是名泉不合尝。王十朋是研究浙江风俗和茶叶的行家，写了一部《会稽风俗志》。他说：日铸雪芽茶，明代许次纾在《茶疏》中记天下名茶，有绍兴之日铸。清人张岱《陶庵梦忆》中说：日铸兰雪茶，哄动一时。乾隆时期，修成《嘉兴会稽志》，书中记载：日铸岭，产茶奇绝，然有名颇晚。吴越贡奉中朝，土毛毕入，不闻有日铸，殆出在吴越国除之后。

龙井茶

乾隆皇帝喜爱龙井茶，曾写《烹龙井茶》赞美龙井：我曾游西湖，寻幽至龙井。径穿九里松，云起凤篁岭。新茶满山蹊，各泉同汲绠。芬芳溢出颊，长忆清虚境。塞苑夏正长，远人寄佳茗。窗前置铛炉，松明火石猛。徐徐蟹眼生，隐见旗枪影，芳味千里同，但觉心神静。西崖步晚晖，恍若武林景！

杭州西湖种茶和产茶，历史很悠久。史书有确切记载的最早年代，大约是在唐朝。这一带所产的茶叶正式称为龙井茶，则是在明代。人称茶圣的陆羽是唐代人，生活在 8 世纪末期的唐德宗时代。因为他深谙茶道，被誉为茶仙。又因为他写了一部流传千古的名著《茶经》，所以，历来被人们尊为茶圣。陆羽说，唐代时，钱塘（杭州）天竺、灵隐二寺已产茶。

乾隆皇帝对于龙井情有独钟，六次南巡，每次都到西湖龙井村，题匾、赋诗、赏茶、赐果。乾隆二十六年（1861 年），龙井兴复古迹，堂轩泉石，焕然鼎新。明年，高宗临幸，御题前堂额：篁岭卷阿。御题后堂额：清虚静泰。又题过溪亭、涤心沼、一片云、凤篁岭、方圆庵、龙泓涧、神运石、翠峰阁八额，称龙井八景。乾隆二十七年（1862年），皇帝御题西湖龙井寺四字额：不着一相。嘉庆十三年（1808年）四月二十三日，《苏大人奏为分赏王大臣龙井茶等物事》：

> 龙井茶各二瓶，果脯各一瓶，南酱瓜条各一瓶。董诰、禄康、费淳、长麟，龙井茶各一瓶，果脯各二瓶，南酱瓜条各一瓶。明亮、恭阿拉，龙井茶各一瓶，果脯各一瓶。缊布、苏楞额、阿明阿、广兴，龙井茶各一瓶，果脯共二瓶，南酱瓜条共一瓶。

嘉庆十三年（1808年）四月初三日具奏奉旨：阿广出差，毋庸赏给，着添文与缊苏三人分赏。钦此。

一、西湖龙井

西湖，水光潋滟，美丽如画。这里土地肥沃，云雾缭绕，是茶树的天然乐园。大约在东晋时期，这里就开始种茶。但真正的西湖龙井，则是在北宋时期才开始大面积种植的。

龙井产于浙江杭州市的西子湖畔，因为龙井茶色泽鲜绿，味道甘美，外形灵秀，清香四溢，从唐宋以来就闻名遐迩，所以，皇帝将其定为贡品，人称天下第一茶。西子湖又称西湖，这里一水临城，三面环山，山上的坡地都栽种着茶叶。可以说，在整个西湖区，都是产茶的极佳胜地。西湖风景区以湖心区为中心，分湖滨区、钱塘区、北山区、南山区和湖心区五大部分，这一湖五区都是出产优质茶叶的好地方，其中，最好的茶叶主要分布在包括北山宝石山、南山玉皇山、西山灵峰山、大慈山、天竺山等山地的广大地区。这一带土地肥沃，南北二山双峰并峙，树深林密，放眼望去，整个地区山清水秀，泉水长流，潺潺的溪水清澈见底，真是风景如画。

杭州西湖种茶和产茶，历史很悠久。史书有确切记载的最早年代，大约是在唐朝。这一带所产的茶叶正式称为龙井茶，则是在明代。

陆羽说，唐代时，钱唐（杭州）天竺、灵隐二寺已产茶。至于何时产茶，茶圣陆羽没有说。其实，在唐代之前，天竺、灵隐二寺已经产茶很久了，而且影响甚广，许多文人、高僧和隐士都在这里留下了他们的足迹。

天竺，在杭州灵隐寺南面的青山之中。天竺有三个，一是下天竺法镜寺，创建于东晋王朝；二是中天竺法净寺，创建于隋代；三是上天竺法喜寺，创建于五代时期。宋代大诗人苏东坡一生仕途坎坷，两次到杭州任职，他对这座美丽的江南城市充满感情，自然对这里的龙井情有独钟。苏东坡说：西湖最早的茶树，种植在下天竺的香林洞周围。最早在这里种茶的人，是南朝大才子谢灵运。谢氏活跃在5世纪初期，是当时很有影响的文坛诗人，对于佛教有很深的造诣。当时，谢氏在下天竺翻译佛经，经常往返于浙江天台山和杭州下天竺法镜寺。有一次，他从天台山带来了茶树种子，在下天竺种植。从此，优良茶种找到了最适宜的土壤。如果从南朝算起，下天竺香林洞绿茶，有将近一千六百年的历史了。

灵隐寺，位于杭州西湖西边的灵隐山，是中国佛教禅宗的名刹古寺。这座古寺创建于东晋咸和初年，距今有一千七百年的历史。寺前青山巍峨，冷泉潺潺流淌，飞来峰高耸入云，气势磅礴。据说，印度修法高僧慧理来到这里，看见对面的飞来峰，惊叹不已，叹息说：此乃天竺国灵鹫山之小岭，不知何以飞来？佛在世日，多为仙灵所隐。于是，在这里开工建寺，取名灵隐寺。起码在唐代，灵隐寺的绿茶已经闻名遐迩了。按照苏东坡的说法，灵隐寺种茶的创始人，也是南朝的谢灵运，他将天台山的茶种带到了美丽如画的西湖，在云雾缭绕的下天竺和灵隐寺种植茶树。从此，茶树在这里枝繁叶茂，漫山遍野。清康熙皇帝喜爱这座江南名城，下江南时，特地游览此地，赐名云林禅寺。

龙井茶，得名于龙井村。龙井，有四龙之说，就是龙井茶、龙井村、龙井泉、龙井寺。据说，龙井最早的名字叫龙泓，坐落在西湖西边翁家山的西北麓，这个地方就是今天的龙井村。很早的时候，龙井有一眼泉，成年累月，形成一个圆形的泉池。这口泉很神奇，无论怎样大旱，泉水永不干涸。时间久了，古人感觉神异，认为这口井一定通向大海，井中一定有龙，所以，称为龙井。传说，晋代炼丹大师葛洪曾流连此地，并在这里炼丹，曾用过井中的水。文人雅士们很早就认识到龙井泉泡龙井茶，为南山北山之双绝。明代学者田艺蘅懂得鉴水，也懂得品茶，著有《煮泉小品》。他在书中说：今武林（杭州）诸泉，唯龙泓入品，而茶亦为龙泓山为最。又其上，为老龙泓（老龙井），寒碧倍之，其产茶，为南北山绝品。……求其茶泉双绝，两浙罕伍。

大约距离这口龙井向西约 500 米，有一个落晖坞，坞中有龙井寺，当地人称为老龙井。老龙井创建很早，大约在五代后汉乾祐二年（949年）就已经存在了，最初名为报国看经院。北宋时，改名为寿圣院。南宋以后，改称广福院、延恩衍庆寺。明正统三年（1438年），此寺才迁移至龙井之畔。现在，寺庙已破废，部分房间稍加修整辟为茶室。龙井泉、老龙井成为龙井村的象征。同时，龙井泉周围，还建有不少名胜古迹，包括一片云、涤心沼、神运石等。

龙井有泉水，龙井泉不是普通的泉水，是杭州四大名泉之一。龙井泉位于杭州西湖西南的凤篁岭上。龙井泉最早发现于三国东吴时期，大约是在孙权在位的赤乌年间（238—250年）正式发现的，距今约有一千七百余年。明代田汝成写《西湖游览志》，书中记载龙井泉发现于赤乌年间。明时，在龙井泉中，还发现了一片书简，简上刻有吴赤乌年水府神龙祈雨祷告文。龙井泉水较为独特，水质清洁甘洌，口感醇厚甜美。龙井泉的水由两部分组成，一是地下水，一是地面水。地下水在下，地面水在上。有趣的是，地下水和地面水是不同的。如果用一根棍子按顺时针轻轻搅动龙井内的泉水，地下的泉水会慢慢地翻到水面上来，两种水自然形成一圈分水线。仔细观察，当地下水下沉，重新沉到底下，神秘的分水线渐渐缩小，直到最后完全消失。这一现象，非常有趣，成为当地的特色景观。

龙井村产龙井茶，名闻中外。根据产地的不同，龙井茶分四类：

狮、龙、云、虎，也就是四地龙井：狮峰、龙井、云栖、虎跑。民国以后，在四龙井之外，又出现了一个大名赫赫的梅家坞，这里的茶叶产量和质量都可以与四大龙井媲美，在产量上也有了很大的提高。这样，龙井就有了五龙井之说：按照五个产地龙井的不同品质，划分龙井茶的质量，最后确定的排名分别是：狮、龙、云、虎、梅。1949 年后，政府大力扶持龙井茶业，并在浙江省内广泛地种植龙井。事实上，龙井的品质是参差不齐的。如今，龙井主要分为三大类：西湖龙井、钱塘龙井和越州龙井。其中，以西湖龙井品质最佳。

二、龙井茶的传说

十八棵茶树传说之一

很早的时候，龙井旁边住着一位老妇人。老妇人的家风景很美，家的周围，有十八棵风华正茂的野山茶树。这里是交叉路口，家门口的路正是生活在南山的村民前往西湖的必经之地。这家门口面积较大，地面平坦，绿树成荫，从热腾腾的山地走到这里突然感觉很凉爽。所以，行人走到老妇人家门口，总是想在这里坐一会儿，稍事休息。老太太心地善良，人很热情，干脆就在门口放几条板凳，搁一张桌子，让大家坐下来休息、说话。每天，老妇人烧一大壶水，准备一壶茶，这壶茶是用野山茶叶就着沸腾的山泉水沏上的。行人们来到这里，坐下来歇脚、聊天、喝茶，天长日久，这里就成为一个热闹的场所，老妇人和她的野山茶一时之间，远近闻名。

有一年冬天，天气异常寒冷。临近过年的时候，突然下起了大雪。这场雪下得很大，很猛烈。大雪纷飞，伴随着阵阵凄厉的寒风。草木都枯黄了，十八棵茶树也在寒风中挣扎，快要冻死了。这个时候，年关将近，很多人采办年货，行人络绎不绝，他们高高兴兴地在老太太家门口休息、歇脚。这一天，来了一个长者，见老太太愁容不展，就关切地问道："老人家，年货办了？"老太太叹息一声，摇头说："别说年货了，这么冷，我担心这些茶树快要冻死了，明年春天就没有茶了！"长者捋着胡子，用手指着旁边一个破石臼诚恳地说："不打紧，我自有办法，你只要将这石臼卖给我就行，如何？"

这位长者不是别人，正是一位神仙，他找仙界丢失的酒杯。这仙界的酒杯，恰是老太太院子里的石臼。老太太说："你要这石臼啊？不值钱，你拿去就是了。"老太太取了石臼，仔细地洗了洗，然后将洗的水泼在地上，将石臼送给长者。长者掏出 10 两银子交给老太太，老太太不肯收钱，可长者放下银子，一转身就不见了。老太太感觉很奇怪，就将钱收下了。第二年春天，十八棵茶树生机盎然，长出了满树的新枝嫩牙。奇怪的是，经过寒冬之后，茶树比往年长得更好，更旺盛，其他的树木花草也更加生机勃勃。更加奇怪的是，洗石臼泼水的地方，又长出无数棵茶树苗，茶树苗充满生机。老太太很高兴，很好地保护这片茶树。这些茶树，就是最早的龙井茶。

十八棵茶树传说之二

很久很久以前，天庭金碧辉煌，阳光灿烂。王母娘娘生日到了，准备在天庭举行盛大的蟠桃会。那一天，各地神仙踩着祥云，应邀赴会，热闹非凡。天庭内，金童玉女，吹拉弹奏，唱歌跳舞，一片祥和。仙女们殷勤好客，奉茶献果，彩带飘飘，往返不绝。忽然，善财童子对地仙说：地仙，嫂夫人得了重病，正在床上翻滚乱叫呢，快快回去！地仙心惊，一不留神，面前的茶盘一歪，八只茶杯，其中一只茶杯骨碌碌地翻落出去，落到凡间去了。这时，旁边的吕洞宾大仙一算，知道凡间该有茶运了。他接过地仙的茶盘，把剩下的七杯茶分给七洞神仙，掏出一粒仙丹，郑重地对地仙说道："你回去吧，快拿了仙丹，去救你娘子，然后，就下凡找茶杯去吧！这儿，我来照应。"

地仙非常感激，接了仙丹，施一长揖，转身出了天庭，回到家中。夫人吃了仙丹，安然无事。地仙惦记着茶杯，立即下凡去了。天上方一日，地上已千年。地仙一个筋斗来到人间，正好落到了云雾缭绕的杭州西湖。他摇身一变，变成一个和尚，在西湖边行走，想寻找天庭的茶杯。这一天，他放眼望去，看见不远处有座山，形状像只狮子。他感觉很清爽，走过去，但觉山清水秀，清溪碧壑。山脚下的竹林间，有一座茅屋，茅屋门口，坐着一位大娘，年纪不小，但看上去面色红润，身体健康。地仙上前施礼：敢问施主，这里是什么地方？老太太回答：这里叫晖落坞。听老人说，有一天晚上，天空之中，突然轰隆隆地落下万道金光，所以，这里就叫晖落坞了。

地仙一听，又惊又喜，心里十分高兴，心想，茶杯算是有着落了。他抬头一看，忽然眼前一亮，茅屋门口旁边堆满垃圾的旧石臼，不正是天庭的茶杯！天庭的圣物，满身尘土，破旧的石臼里面，满是萋萋的青草。圣物上布满了蛛网，蛛丝在阳光照耀下晶莹闪亮，一根一根的，从屋檐、窗边、墙角一直拉到石臼里。地仙一下子明白了，这里有一只蜘蛛精，修炼千年了，识得圣物，正在那里贪婪地偷吸天宫仙茗！地仙笑着说："劳烦施主，这旧石臼虽然破旧，倒有些用，我用一条金丝带换，你看行不？"老太太说："你要这石臼子啊？我留着没有用，有用，你就拿去好了，不用换！"

地仙再三致谢，摸了摸石臼。他想，带着圣物上天，怕有闪失，不太安全，得找这山间的马鞭草，织一条九丈九尺长的绳子，将圣物捆住，才好安全带走。地仙就对老太太说，他去去就来。地仙刚离去，老太太心想，这石臼太脏了，既然他要，就得弄干净些！于是，老太太清理屋门前的垃圾，把石臼掏空，拿着石臼，来到在房前十八棵茶树下，用水慢慢地将石臼擦干净。老太太没想到，擦到石臼的最深处，惊动了蜘蛛精，蜘蛛精大怒，施一个妖法，只听得咔嚓嚓一声巨响，石臼弹射而出，没有了踪影。地仙找到了马鞭草，结了绳子，回来一看，傻了：石臼不知去向。没有办法，地仙只好垂头丧气，两手空空，回到天庭。据说，当时，天庭茶杯翻了无数个跟头，从天而降，砸了下来，砸出了一口井。这口井，吸引了一条龙，龙吸了仙茗。龙去后，留下了一井清水。这就是龙井、龙井泉的来历。

乾隆御封茶传说之一

沧海桑田，在历史的风云变迁中，龙井村也开始发生了变化。老太太居住的茅屋被人们视为神仙福地，建成了一座庄严的老龙井寺。后来，老龙井寺改建，更名为龙井村胡公庙，一直保留至今。在这座古庙前，至今依然挺立着十八棵茶树，村民们说，这是经过神仙仙露滋润的茶树，所以这些树，经历了上千年，依旧长得蓬勃茂盛，生机盎然。明代于若瀛喜爱龙井茶，写下了《龙井茶歌》：

西湖之西开龙井，烟霞近接南山岭。

飞流密泊写幽壑，石磴纤曲片云岭。

挂杖寻源到上方，松枝半落澄潭静。

铜瓶试取烹新茶，涛起龙团沸谷芽。

中顶无须忧兽迹，湖州岂惧涸金沙。

漫道白芽双井嫩，未必红泥方印嘉。

世人品茶未尝见，但说天池与阳羡。

岂知新茗煮新泉，团黄分沥浮瓯面。

二枪浪自附三篇，一串应输钱五万。

乾隆皇帝六下江南，差不多每次都要微服私访，来到杭州西湖。龙井村旁的狮峰山下，是乾隆皇帝经常光顾的地方。这里的胡公庙更是一方圣地，乾隆皇帝每次必到。乾隆皇帝第一次来到胡公庙时，庙里的老和尚陪同皇帝游山赏景，他们信步走到十八棵茶树前，只见几个俊俏的采茶女，正兴高采烈地在庙前的十八棵茶树上采摘新芽。乾隆皇帝心中大喜，高兴地走进茶园，也学着采茶。过了一会儿，忽然，一身便装的太监急速来报：皇上，太后病了，叩请皇上回銮。乾隆一听，母亲病了，一时忘记了身在何处。因为心里着急，乾隆皇帝随意地将手中的茶芽向袋内一放，起身吩咐立即回銮。乾隆风尘仆仆，回到寝宫，向太后请安问好。实际上，太后没有什么病，只是想念儿子，担心儿子远在江南，怕有什么事，心里一着急，肝火上升，就吃不香，睡不着。几天下来，双眼红肿，肠胃不适。

太后忽见皇帝回来了，心里很高兴，一下子情绪极好，病情也就烟消云散了。太后心情愉快，皇帝一靠近，她就闻到了一股异样的清香，香气浓郁，扑面而至，赶忙问道：皇上从杭州回来，带来了什么好东西，这么香？乾隆皇帝好生奇怪，边摸索自己的身上，边歉意地说：儿子心中焦急，匆忙回来，并没有带什么东西，哪来的香味？乾隆皇帝停止摸索，低头细闻，确实有一股浓郁的清香从体内溢出。他摸一摸口袋，立即明白了，笑着说：啊，原来是龙井茶叶！听到太后病了，我正在杭州西湖龙井村胡公庙前采茶，顺手就把茶叶放在口袋里了！想不到，好几天了，茶叶都干了，还能发出如此浓郁的香味！

太后好奇，想品尝一下这龙井茶叶的味道。乾隆皇帝细心地拿出所有的茶叶，让宫女沏好，奉给太后。太后品尝，一股从来没有过的清香扑鼻而来，沁人肺腑。太后吃惊地看着儿子，只觉得满口生津，回味无穷，神清气爽。奇怪的是，喝了这杯龙井以后，太后仅有的不适，一下子全部消失了，脸上的疲乏之色没有了，眼肿也立即消失，肠胃没有任何的不适！太后高兴地问：这是什么茶？胜过任何一剂灵丹妙药啊！乾隆皇帝心中大喜，连忙回答：这是龙井茶。乾隆皇帝没想到太后会这么高兴，会如此喜爱龙井茶。于是，乾隆皇帝立即吩咐，传旨将杭州西湖狮峰山下胡公庙前十八棵茶树封为御茶，每年派专人采制，进贡宫中。

乾隆皇帝御封茶传说之二

龙井茶有独特的形状，就是扁形的。龙井的这个特点，据说是清乾隆皇帝钦定的。乾隆皇帝多次南巡，看尽了江南美丽的风景，遍尝了江南的山珍海味。有一天，乾隆皇帝乔装打扮，巡游杭州。他信步闲游，不知不觉，来到龙井村狮峰山下的胡公庙。走进庙中，老和尚见来者相貌堂堂，立即恭敬地迎接客人，招呼入座，献上山寺的极品香茶狮峰龙井。这狮峰龙井是西湖龙井茶中的珍品，茶香，色绿，味醇。乾隆皇帝品尝之后，感觉神清气爽，清香四溢，心中连说：好茶好茶！

乾隆皇帝心中高兴，就走到后山茶林，亲自采茶，随手将所采之茶放入衣袋，下山去了。乾隆皇帝回到京城，吃惊地发现，一路上带回

《乾隆观荷抚琴图》

的龙井茶，全压扁了，形状极好看。沏一壶给太后献上，太后十分高兴，夸奖：真是好茶！乾隆皇帝高兴，立即传旨，封胡公庙前茶树为御茶树，明令每年炒制扁形龙井进贡皇宫，专供太后享用。查阅史料，可以确认这是牵强附会的传说。其实，龙井茶确实是扁形的，但是，明末清初的时候就已经是扁形的了，这是受相邻的安徽大方茶的影响。

三、品茶

西湖北部是山清水秀的宝石山，宝石山的西侧有一座驰名天下的山岭，人称葛岭。山不在高，有仙则灵。这座岭，没有什么特别之处，只因道教祖师、大医学家、世代炼丹之家葛氏祖孙曾在这里精修和炼丹，而名扬四海，成为道家弟子的朝圣之地。三国时期，东吴的炼丹大师葛玄精修道法，他是葛洪的从祖父，人称太极葛仙翁。东汉汉灵帝光和年间（178—184 年），葛仙翁在浙江天台山修习道法，颇为成功。随后，他发现了一个修道的最佳之地，就是华顶归云洞。这里风景秀丽，终年雾气缭绕，云蒸霞蔚，是修习道法的理想场所。葛仙翁在归云洞，做了两件有意义的事。一是入洞炼丹，成为后世炼丹的祖师爷，对炼丹派影响极大。二是在洞前种植茶叶，这些茶叶生长在雾霭之中，吸尽香龙之脂，成为滋养修道大师的仙浆。有趣的是，葛仙茗圃，保留至今，历时千余年，茶树还依然生长得蓬勃旺盛。

葛洪继承了父、祖的大业，在西湖宝石山炼丹修道，让一座普通的山岭名垂青史。葛岭，至今依然保留着当年炼丹大师用过的炼丹台、抱朴院、炼丹井等。葛洪不仅在葛岭炼丹，还将天台山的仙浆茶叶也引入了这片绿色的山岭，特别是宝严院垂云亭一带，成为一片绿色的茶园。这里的茶叶翠绿如玉，吸引了大量的清谈之士和风雅官员，他们口耳相传，垂云茶的美名不胫而走，名扬天下。

真正将龙井茶引进西湖、开山大量种植的人，是上天竺的辨才法师。辨才法师生于宋真宗大中祥符五年（1012 年），很小就与佛结缘。他学识渊博，佛法修养深厚，他的功德和修为，在北宋时期就闻名遐迹。他一生的主要活动空间，就是西湖。当他从上天竺来到广福院，也就是龙井寿圣院时，他就在龙井狮峰山开始种茶，首开西湖种植龙井之先河。

辨才是浙江临安人，俗名叫徐无象。他天生与佛有缘，很小的时候就出家为僧，法名叫元净。最初时，他住在钱塘法惠院藏经宝阁，成为入门弟子，学习寺院仪规。大约十八岁时，他风尘仆仆，来到上天竺寺，拜慈云法师为师，虔诚学习佛法，成为饱学之士，名扬四海。七年后，宋神宗感于他的佛学修为，下旨赏赐紫衣，皇恩加赐法号辨才，任命他为上天竺寺住持。

辨才法师对于名声十分淡然，他隐身在古寺之中，博览群书，不断地精进自己的学问，扩大视野，增加自己的佛学修养。他通佛经，懂医术，能写诗，以佛法慰心，以医术治病，以诗文状景。他在上天竺、下天竺传播佛教四十余年，成为闻名遐迩的高僧，也是众多文人士子、官僚贵族仰慕的雅士。他从上天竺移居到下天竺，又从下天竺迁移到南屏山兴教寺，往来于上天竺、下天竺、南屏山等各大寺院之间，授徒讲经，传播教规，弟子超过万人。

宋神宗元丰二年（1079 年），辨才大师退居龙井村寿圣院（广福院），在这里潜心钻研佛学经典，过着一种与世隔绝的隐居生活。宋学者杨杰著《寿圣院记》，记载了寿圣院的历史和知名人物，他在书中特地谈到辨才大师：初住钱塘法惠院之藏经宝阁，次住上、下天竺，又住南屏山之兴教寺。往来学徒，盖逾万人，分传教规，多能演其所闻，开悟学者。

辨才法师在寿圣院的最大收获，就是将天台山的优良茶种引入西湖狮峰山，开西湖龙井种植之先河。他在狮峰山麓种茶、采茶、品茶，研习佛经，吟诗诵赋，过着神仙一般的生活。正是由于辨才大师和他的名望，西湖茶得以地名闻名遐迩，人称龙井。可以说，辨才是龙井茶的开山鼻祖。有趣的是，辨才大师一到寿圣院，名声赫赫的大词人秦观就前往寿圣院，拜会辨才法师。

秦观，字少游，别号淮海居士。他是扬州高邮人，家有房屋数间，田地百亩。秦观幼承家学，熟读经史，通贯子集。青年时慷慨激昂，立志杀敌于疆场，收复国土。三十岁时，赴京城考试，途中过徐州，遇见大诗人苏东坡，深得苏氏的赏识。应举之试，屡次不第，遂闭门品茶、读书。元丰二年（1079年），苏东坡知湖州，携秦观等文士南下，同游金山、惠山、松江，沿途诗文唱和，互为知己。随后，秦观告别苏东坡，前往越州拜见自己的大父和叔父。元丰五年（1082年），秦观再次应试，依然落第。三年后应试，才考中进士，仅授一个定海主簿、教授，不久辞职。

秦观正是在仕途不如意之时，产生了隐居的想法，他仰慕辨才，上山拜访。他们二人进山选泉水，煮茶品茗，游山玩水，结下了深厚的情谊。秦观很感慨，写下了《游龙井记》：元丰二年，辨才法师元净自天竺谢事，退休于此山之寿圣院。院去龙井一里。凡山中之人，有事于钱塘，与游人之将至寿圣者，皆取道井旁。法师乃即其处为亭，又率其徒，以浮屠法环而咒之。庶几，有慰夫所谓龙者。……是年，余自淮南如越省亲，过钱塘，访法师于山中。法师策杖，送余于凤篁岭之上。

元丰六年（1083年），江南草长的四月，杭州南山负责佛教事务的僧官释守一仰慕辨才，特地来到龙井寿圣院方圆庵，拜会居住在这里的辨才法师。辨才很客气地招待这位喜欢佛法的僧官，他们对坐在庵前的树下，品着新采摘的龙井香茶，讲论经义，阐释佛法，巧对禅机，感觉十分投缘。释守一告别辨才法师，回到住所，感慨良多，不禁挥笔写下了《方圆庵记》，详细地记述了这次游览龙井村、相会辨才大师的真切感受。他十分推崇辨才大师的人品、学问，特别称赞大师淡泊名利、甘于寂寞、隐居龙井山下的清雅生活，每天品茗观景，往来于烟云之间，优哉游哉。他说：辨才不居其功，不宿于名，乃辞其交游，去其弟子，而求于寂寞之滨，得龙井之居以隐焉。南山守一往见之，过龙泓，登凤篁岭，引目周览，以索其居。……逡巡下危磴，行深林，得之于烟云仿佛之间，遂造而揖之。

辨才大师在龙井村一直过着悠闲的隐居生活，但这里并不平静，经常有各方名流、贵族、官僚、雅士前往造访，辨才的清雅和才学甚至于惊动了皇帝，特地派遣王子前来拜会。元丰八年（1085 年）秋天，宋神宗特派礼部侍郎杨杰陪同高丽负责佛教事务的王太子祐世，前往杭州西湖龙井村寿圣院，专门拜访辨才大师。辨才大师很淡定，依旧很客气地招待这位王太子。他们一起喝茶，谈论佛经，游览凤篁岭、龙井村、归隐桥、涤心沼，在方圆庵坐而论道，几天几夜，不知疲倦。这位皇帝钦派的礼部第二堂官，职位很高，学问渊博，对王太子拜会辨才大师，品茶论道，充满敬意。后来，他写了一篇游记，详细记载了这次龙井相会的情景："元丰八年秋，余被命陪同高丽国王子祐世僧统访道吴越。尝谒师于山中，乃度凤篁岭，窥龙井，过归隐桥，鉴涤心沼，观狮子峰，望萨锤石，升潮音堂，憩讷斋，酌冲泉，入寂室，登照阁，临闲堂，会方圆庵。从容议论，久而复返。"

辨才大师是龙井茶的开山鼻祖，是龙井村以龙井扬名天下的第一人。几乎与辨才齐名的人物，就是韬光法师和以他的法号命名的韬光寺。

韬光是四川人，大约生活在唐穆宗时期，是一位修养深厚的得法高僧。长庆年间（821—824 年），他离开四川，云游各地。在他云游之前，师父送给他八个字：遇天可前，逢巢即止。韬光法师尊敬师父，将师父的嘱咐谨记在心。他四海为家，云游天下名山大川。他听说白居易任杭州刺史，十分敬仰这位大名鼎鼎的大诗人白乐天，于是，他决定前往杭州。当他走到浙江杭州灵隐山巢枸坞时，一下子记起了师父的嘱咐：遇天可行，逢巢即止。因此，韬光法师就在灵隐山住了下来。据史书记载，韬光法师博闻强记，知识渊博，是一位闻名遐迩的高僧。

白乐天也是四川人，和韬光法师是同乡，他听说韬光法师来到杭州，在灵隐山暂住，便立即上山拜访。他们在庵中品茶，在树下谈经，吟诗诵赋，十分惬意。他们相互敬仰，将对方引为知己，尤其白乐天，政务繁杂，一有空闲，就上山找法师品茶。有一天，白乐天想念韬光法师，特地在刺史衙门的虚白堂，备一桌丰盛的素宴，写诗一首，诚心诚意地邀请韬光法师进城小叙。白乐天的诗句自然写得文采飞扬，情真意切，最后一句特别提到进城相聚，不过是吃点儿素食，喝一杯淡茶：命师相伴食，斋罢一瓯茶。

韬光法师离开四川以后，如闲云野鹤一般，云游四方。但是法师一直自持甚严，到山寺定居以后，规定自己足不入市，步不下山。接到好友白乐天的邀请诗，韬光法师淡然一笑，研墨、入座，写诗一首，回赠好友，委婉地表达了自己足不入市、不愿被尘垢污染的本意。韬光法师的诗写得很雅致，充分地表达了自己寄情山水、喜好林泉、深山品茗的真切情怀："山僧野性好林泉，每向岩阿倚古眠。……城市不能飞锡去，恐妨莺啭翠楼前。"白乐天读诗，一下子读懂了韬光法师的幽静心境。不几日，白乐天再次来到寺院，拜见韬光法师。韬光法师十分高兴，取寺中的金莲池泉水，两人一起煮茶品茗，讲论经史，谈笑风生。然后，他们相携着游览山水，在一个山冈的高处，一同观望烟波浩渺的西湖山水。

韬光法师建造的这座寺院，人称韬光寺。韬光寺内，至今依然保留着金莲池，因为韬光法师用这金莲池的泉水煮茶招待白乐天，人称这金莲池为烹茗井。金莲池的旁边，建造了一座亭子，上书两个大字：观海。据说，这个地方，正是韬光法师陪同白乐天观赏西湖山水之处。这处观海亭的确是观赏西湖的最佳之地，从这里极目远眺，整个湖区尽收眼底。西湖云雾缥缈，仿佛降临尘凡的一个美丽仙女，身披轻纱，在云雾弥漫的青山绿水间漫步。湖面波平如镜，芦苇飘逸，游船点点，天际处若隐若现一条白带，那就是潮水如山的钱塘江了。这就是韬光观海，是钱塘十景之一，也是西湖十八景之一。

韬光法师喜爱灵隐山这处天然胜地，这里的一草一木，仿佛都融入了他的血肉之中。他是一位隐士，也是一位敏锐的诗人，他在《答白太守》诗中说：不解裁松陪玉勒，唯能引水种金莲。韬光法师喜爱自然，将天地、山水、清泉、金莲、绿茶融为一体。韬光法师的寺院，人称韬光寺，又称灵隐寺，实际上就是一个寺。所以，白乐天在《寄韬光禅师》中说："一山门作两山门，两寺原从一寺分。"只是后来，僧人斗法，自立门派，一寺分成了两寺，发展到最后，两寺竟然互不来往，势同水火。清代学者李卫修《西湖志》，他在书中清楚地记载了这段历史，最后感叹地说：云林寺（灵隐寺）僧不能不饮韬光之水，韬光寺僧不能不走云林之路。

西湖南边是南屏山，在南屏山的北麓，有一座著名的寺院，就是净慈寺，这里是一代宗师南屏谦师的禅房。净慈寺肇建于五代时期，大约在后周显德元年（954年），吴越王看中了这块风水宝地，下令兴建寺院。如果从那时算起，这座寺院已经有上千年的历史了。最早的寺名不得而知，大约在宋代时，这处寺院取名为净慈寺。从禅院的规模上说，径山寺第一，灵隐寺第二，这净慈寺位居禅院五山之中的第三。净慈寺的西边，有一座高大的塑像，这就是宋代高僧济公和尚的写真像。净慈寺的东边，有一口古井，井中泉水清冽。净慈寺的前边，耸立着一座碑亭，内悬一口驰名中外的古钟，人称南屏晚钟，列为西湖十景之一。

净慈寺是禅院胜地，也是种植优质茶叶的极佳场所。

四、吟咏

大文豪苏轼喜爱杭州，敬仰辨才法师，与龙井茶结下了不解之缘。苏轼，字子瞻，自号东坡居士，四川眉山人。他才思敏捷，读书万卷，二十二岁中进士，满腹经纶，心怀救世之志。他的自负和才华，在《沁园春·赴密州早行马上寄子由》序文中，说得十分明白："有笔头千言，胸中万卷。致君尧舜，有何难哉！"可是，苏东坡万万没有想到，政见的不同、命运的不济，让他一直处于政治旋涡的风口浪尖。他是保守派，和革新派的宰相王安石政见相左，偌大京城，竟没有他立足之地，他别无选择，只好请求离开京城。他先后出任杭州、密州、徐州、湖州等地地方长官，政绩斐然。其中，他在杭州时间较长，政绩最为卓著，杭州苏堤就是耸立在西湖的一座永久的丰碑。

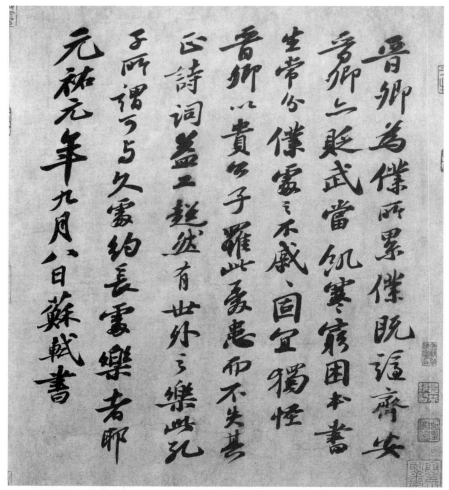

宋·苏轼《题王诜诗帖》

　　四十岁时，苏轼在密州任上，中秋月圆之夜，和友人们欢聚，纵酒狂欢，通宵达旦，不禁大醉。乘着醉意，他写下了流传千古的名篇《水调歌头·丙辰中秋欢饮达旦大醉作此篇兼怀子由》：

　　　　明月几时有？把酒问青天。不知天上宫阙，今夕是何年。我欲乘风归去，惟恐琼楼玉宇，高处不胜寒。起舞弄清影，何似在人间。

　　　　转朱阁，低绮户，照无眠。不应有恨，何事常向别时圆？人有悲欢离合，月有阴晴圆缺，此事古难全。但愿人长久，千里共婵娟。

苏词想象丰富，意境开阔，哲理深远。但是，因为诗涉谤讪朝政，元丰二年（1079年），四十三岁的苏轼被捕入狱。不久，苏轼贬官，调任黄州团练副使。这是安置罪官的虚职，苏轼无所事事，每天巾幅芒鞋，与田父野老悠闲于田地之间，品茶观景，喝酒写诗。他在黄州时，仕途坎坷，但心情不错，写出了五十余首诗词，几乎篇篇都是佳作。他自负地说："日近新阕甚多，篇篇皆奇！"佳作中的佳作，自然就是《念奴娇》和《临江仙》了。相比之下，《临江仙》更能代表苏轼当时的真实生活：

> 夜饮东坡醒复醉，归来仿佛三更，家童鼻息已雷鸣。敲门都不应，倚杖听江声。　长恨此身非我有，何时忘却营营？夜阑风静縠纹平。小舟从此逝，江海寄余生！

苏轼在寄情山水的同时，每天不忘品茶养生。他的好友们都知道，东坡先生一生爱茶，对于上品之茶，格外喜欢，讲究茶具和泉水，品茶赋诗。他的好友千里迢迢送来建溪双井茶等贡品好茶，他亲自去采名泉谷帘泉水，他将这好茶和名泉送给心仪的美人胜之。胜之是黄州太守徐君猷的后房，风姿慧丽，是名门之后。他们一同品茶，苏东坡感慨良多，写下了《茶词》，又名《西江月》：

> 龙焙今年绝品，谷帘自古珍泉。雪芽双井散神仙，苗裔从来北苑。　汤发云腴酽白，戋浮花乳轻圆。人间谁敢更争妍，斗取红窗粉面。

宋哲宗元祐初年，保守的旧党执掌政权，一直遭到排斥的苏东坡得以被召回京城，重新重用，授翰林学士。这是苏东坡一生仕途之中难得的黄金时期，也是苏词所表现得最为欢快的岁月。元祐四年（1089年），五十三岁的苏东坡鬓发斑白，第二次出任杭州太守。经历了人生坎坷和曲折生活的苏东坡，刚刚踏上杭州的土地，就迫不及待地来到西湖，亲自登临龙井寿圣院，拜访好友辨才法师。从此，他们经常相聚，一起游览山水，品茶讲经。然而，神仙一般的日子不长，三年后，皇帝宣召苏轼进京，任命他为礼部尚书兼端明殿学士、翰林侍读学士。

离开杭州之前，苏轼哪里也不去，特地再次到龙井寿圣院，向辨才法师辞行。两人相见，心照不宣，像没事一样，煮泉品茶，讲论经典，相谈甚欢。不知不觉中，谈至深夜，苏东坡就借宿于寿圣院，两人继续品茶论诗。第二天，两人吃过早饭，依旧款款而谈，心情十分愉快。苏东坡辞别法师，法师淡淡一笑，一路款谈送别，谈笑风生。辨才哪里知道，苏轼要走，他也迷失了自己，送别好友，自己制定的规矩自己竟然忘了，这规矩就是：送客不过溪。八十高龄的辨才送五十六岁的苏东坡过了溪，又送过了归隐桥，一同走下凤篁岭，苏轼再三请求留步，辨才这才依依惜别。龙井品茶相会、远送惜别，仿佛刻在苏轼的心里，他到达京城以后，就写了一首诗，赠送辨才：

> 日月转双毂，古今同一丘。
>
> 唯此鹤骨老，凛然不知秋。
>
> 去住两无碍，人天争挽留。
>
> 去如龙出山，雷雨卷潭湫。
>
> 来如珠还浦，鱼鳖争骈头。
>
> 此生暂寄寓，常恐名实浮。
>
> 我比陶令愧，师为远公忧。
>
> 送我还过溪，溪水当逆流。
>
> 聊使此山人，永记二老游。
>
> 大千在掌握，宁有别离忧。

辨才大师十分敬仰苏轼，佩服他的胸怀，敬仰他的学问。这几年的相知、相识，两人十分投契，相互引为知己。这次一别，辨才心里确实非常伤感。苏轼离开以后，他就在送苏轼过溪的老龙井旁边，建造了一座亭子。这座亭子，人们称为过溪亭，又称二老亭。辨才送苏轼经过归隐桥，也就是过溪以后的第一座桥，人们称为二老桥。辨才送客从来不过溪，也就从来不过桥了。辨才每天来到桥边，看苏轼走过的路，然后回庵品茶，想象着一肚子不合时宜的苏大学士。接到苏轼的诗后，辨才更是感慨万千，当即回赠一首，诗云：

> 政暇去旌旗，策杖访林丘。
>
> 人惟尚求旧，况悲蒲柳秋。
>
> 云谷一临照，声光千载留。
>
> 轩眉狮子峰，洗眼苍龙湫。
>
> 路穿乱石脚，亭蔽重岗头。
>
> 湖山一目尽，万象掌中游。
>
> 煮茗款道论，奠爵致龙优。
>
> 过溪虽犯戒，兹意亦风流。
>
> 自惟日老病，当期安养游。
>
> 愿公归庙堂，用慰天下忧。

第二年，也就是元祐八年（1093 年），年近耄耋、一身道骨仙风的辨才大师，在他最后选定的风水胜地龙井村寿圣院圆寂，终年八十一岁。弟子们十分悲痛，他们尊重大师的遗愿，就近在寿圣院旁边的山坡上建一座墓塔，将辨才的真身存放在塔内。翰林学士苏东坡非常忧伤，坐在方圆庵中，品着大法师亲手种植的龙井，含着泪，写下了感人至深的祭文。苏东坡的弟弟苏辙也是辨才的好友，官至尚书右丞相，也赶到杭州龙井村，祭奠辨才大师，并亲自撰写墓志铭。

辨才大师曾与两任杭州太守赵抃、苏东坡在龙井寿圣院内品茶谈经，南宋时，人们就在寿圣院内建造了一座祠堂，供奉他们三人的塑像，以纪念他们以茶会友，人称三贤祠。苏东坡是性情中人，他怀念辨才大师，行文情真意切，在祭文中写道：

孔老异门，儒释分宫。又于其间，禅律相攻。我见大海，南北西东。江海虽殊，其至则同。虽大法师，自戒定通。律无持破，垢净皆空。讲无辨讹，事理皆融。如不动山，如常撞钟。如一月水，如万窍风。八十一年，生虽有钟。遇物而应，施则无穷。

明代文学家袁宏道喜爱龙井茶，写下了《龙井》组诗：

都说今龙井，幽奇逾古时。
路迁迷旧处，树古失名儿。
渴仰鸡苏佛，乱参玉版师。
破筒分谷水，茇草出秦碑。

数盘行井上，百计引泉飞。
画壁屯云族，红栏蚀水衣。
路香茶叶长，畦小药苗肥。
宏也学苏子，辨才君是非？

明代学者屠隆嗜好龙井茶，特地写了一首《龙井茶》长诗：

山通海眼蟠龙脉，
神物蜿蜒此真宅。
飞流喷沫走白虹，
万古灵源长不息。
诤琮时谐琴筑声，
澄亭冷浸玻璃声。
令人对此清心魂，

一漱如饮甘露液。
吾闻龙女参龙山,
岂是如来八功德。

此山秀洁复产茶,
谷雨脉霖抽新芽。
香胜旃檀华庄界,
味同沆瀣上清家。
雀舌龙团亦浪说,
顾渚阳羡讵须夸。
摘来片片通灵窍,
啜处冷冷馨齿牙。
玉川何妨尽七碗,
赵州借此演三年。
⋯⋯

清代大学者朱彝尊学问好,也是一位品茶高手,对于龙井茶格外喜爱,特地写下了《龙井》诗吟咏龙井:

一泓亭山坳,过者不敢唾。
虽然龙窟宅,亦许斗茶坐。

清代大臣舒位喜爱吟诗,也曾写了一首《龙井》,认为一杯龙井,胜过一斛珍珠:

珍珠一斛买倾城,
未抵卢仝七碗情。
禅榻茶烟何处扬,

在山泉水本来清。
碧波桥下春如泻，
药玉船来酒共倾。
抛得杭州未能去，
枯肠枨触井眉名。

清代大臣汪士慎是位大才子，他喜欢龙井茶，特地写了《龙井山新茶》描述龙井采茶的情况：

野老亲携竹箬笼，
龙山茗味出幽丛。
采时绿带缫丝雨，
剪时香飘解箨风。
久嗜自应癯似鹤，
苦吟休笑冷于虫。
一瓯雪乳光浮动，
映得樱桃满树红。

清乾隆皇帝六下江南，据史料记载，有四次前往杭州西湖，品尝龙井。清末学者徐珂是杭州人，在其著作《清稗类钞》中，专写《高宗饮龙井新茶》一章：杭州龙井茶，初以采自谷雨前者为贵，后则于清明节前采者入贡，为头纲。颁赐时，人得少许，细仅如芒。瀹之，微有香，而未能辨其味也。高宗则制三清茶，以梅花、佛手、松子瀹苦，有诗纪之。茶宴日即赐此茶，茶碗亦摹御制诗于上。宴毕，诸臣怀之以归。

乾隆皇帝喜爱灵隐寺，怀念龙井的清香，写有《项圣漠松荫焙茶图即用其韵》诗：

记得西湖灵隐寺，春山过雨烘晴烟。

新芽细火刚焙好，便汲清泉竹鼎煎。

五、天下第三泉

说到杭州双绝，杭州人就会脱口而出：龙井茶，虎跑泉。

虎跑泉坐落在杭州西湖西南部大慈山白鹤峰山麓，是江南最负盛名的泉水。为什么叫虎跑泉？有一段惊险的传说。这个传说很早，故事大约发生在一千二百年前的唐宪宗元和年间（806—821年）。当时，高僧寰中，人称性空和尚，喜欢云游四方。当他来到杭州西湖大慈山时，感到这里山灵水秀，白鹤峰山峰耸立，云雾缭绕，他感到这是他一直寻找的理想修身之所。寰中决定栖身在这里，修身养性。他修整山坡，建造寺院，将这一带建成了一处参禅修身的极佳去处。寺院很快初具规模，香火兴旺。这里满目青山，花果遍地，只有一点让寰中感到遗憾，就是没有生活用水。

有一天，大虎、二虎兄弟来到小寺，拜见寰中大师，想拜大师为师父，终日服侍大师，专门为寺中挑水。寰中大师很高兴，接受了这两位虔诚的弟子。大虎、二虎十分卖力，每天满头大汗，不停地挑水。可是，无论他们如何尽心去做，依然还是力不从心，无法满足整个寺院的生活用水。寺院的水总是供应不上，大虎有点儿着急。他对大慈山很熟悉，遇事善于想办法。一天早上，突然，大虎灵机一动，想起了大师说起的南岳衡山，那里有一口童子泉，甘甜清冽，永不干涸。大虎一拍大腿，高兴地对二虎说：这童子泉多好，如果搬到这白鹤峰，泉水就永远用不完！说干就干，兄弟俩收拾好用具，立即起程，前往南岳搬泉。他们风尘仆仆，到达衡山童子泉边，恨不得马上搬走这口香甜的甘泉。可是，任凭他们使尽力气，童子泉纹丝不动。

几天几夜，兄弟俩千方百计地搬泉，没有成功。护泉仙童十分感动，指点说：只要你们兄弟脱离俗世，变成老虎，就可以将泉移走。兄弟俩闻言大喜，表示愿意，于是，兄弟俩变成了老虎。这样，大虎背着护泉仙童，二虎扛着童子泉，风驰电掣，奔往杭州大慈山白鹤峰。这天半夜，寰中大师正在禅房打坐，不知不觉进入梦乡，梦见有两只老虎，正在禅房外刨地，地下石头缝隙之中，不停地涌出大量泉水。寰中大喜，从梦中惊醒。他立即起身，来到禅房外，果然看见大虎二虎，笑逐颜开，浑身湿漉漉的，他们身后的一口泉涌出甘洌的泉水。寰中大师双手合十，感谢佛祖施恩。于是，这里就称为虎跑泉。

虎跑泉的传说很多，官方史书、地方志也有正式记载。明万历年间修成的《杭州府志》记载称：唐元和十四年（819年），高僧寰中居此，苦于无水。一日，梦见二虎刨地作穴，泉从穴中涌出，故名虎刨泉。后，又改名为虎跑泉。同时，在唐元和年间，这里还建有虎跑寺、滴翠轩、虎跑亭。事实上，虎跑泉是一道天然的泉水，是从大慈山后山石英砂岩岩石之中渗透出来的甘洌清净的泉水。据说，这种泉水十分清洁纯净，富含矿物质。鉴别这泉水的最直观方法有二：一是将泉水在碗中盛满，涨出碗沿二、三毫米，依旧不外溢；二是将碗中盛满泉水，水面上放一枚硬币，不下沉。这些鉴别虎跑泉水的方法，明清时期人们就已经了然于心。清代学者丁立诚曾专门写诗《虎跑泉水试钱》，记述此事：

虎跑泉勺一盏平，投以百泉凸水晶。

绝无点点复滴滴，在山泉清凝玉液。

明代学者高濂是位品茶高手，在他的著作《四时幽赏录》中，谈到了龙井和虎跑泉：西湖之泉，以虎跑为最。西山之茶，以龙井为佳。

说到品茗，乾隆皇帝自然是品赏天下好茶的第一高手了。他在品鉴了天下之泉以后，得出的结论是，北京西山玉泉水是天下第一泉，而杭州大慈山白鹤峰的虎跑泉水可称通国之水，敕封天下第三泉。乾隆皇帝喜欢虎跑泉的清纯，尤其是用虎跑泉沏龙井茶，味道格外清香甘醇，回味无穷。

乾隆皇帝六下江南，四次亲临龙井茶园，品尝龙井，赞美有加。

乾隆十六年（1751年），乾隆皇帝第一次南巡，在西湖天竺寺，他观看了龙井茶的采摘、炒制之后，随兴写下了《观采茶作歌》诗：

> 火前嫩，火后老，唯有骑火品最好。
>
> 西湖龙井旧擅名，适来试一观其道。
>
> 村男接踵下层椒，倾筐雀舌还鹰爪。
>
> 地炉文火续续添，干釜柔风旋旋炒。
>
> 慢炒细焙有次第，辛苦功夫殊不少。
>
> 王肃酪奴惜不知，陆羽茶经太精讨！

乾隆二十二年，乾隆皇帝二下江南，第二次来到西湖，游览云栖之后，再作《观采茶作歌》诗：

> 前日采茶我不喜，率缘供览官经理。
>
> 今日采茶我爱观，吴民生计勤自然。
>
> 云栖近取跋山路，都非吏备清跸处。
>
> 无事回避出采茶，相将男女实劳劬。
>
> 嫩荚新芽细拔挑，趁忙谷雨临明朝。
>
> 雨前价贵雨后贱，民艰触目陈鸣镳。
>
> 由来贵诚不贵伪，嗟哉老幼赴时意。
>
> 敝衣粝食兽不數，龙团凤饼真无味！

乾隆二十七年，乾隆皇帝三下江南，三月朔日，第三次游历龙井，特地到老龙井寺品尝龙井，写下了《坐龙井上烹茶偶成》诗：

> 龙井新茶龙井泉，一家风味称烹煎。
>
> 寸芽出自烂石上，时节焙成谷雨前。
>
> 何必凤团夸御茗，聊因雀舌润心莲。
>
> 呼之欲出辩才在，笑我依然文字禅。

乾隆三十年，乾隆皇帝四下江南，第四次游赏龙井，写下了《西游龙井作》诗：

清跸重听龙井泉，明将归辔君华旂。
问山得路宜晴后，汲水烹茶正雨前。
入目景光真迅尔，向人花木似依然。
斯真佳矣予无梦，天姥聃希李谪仙！

六、采摘

龙井茶的采摘有着严格的季节性，通常是依据不同的季节在固定的时间采摘。龙井茶主要分三个季节采摘，就有了春茶、夏茶、秋茶之分。这种划分，主要是依据龙井茶生长的环境在不同的季节变化中有不同的味道以及茶树新梢生长的间歇而确定的。事实上，在中国许多的产茶区，茶树的种植、生长、采摘和茶叶制作都是有季节性的。四季之中，只有冬季是不适宜采茶的，所以，采茶和制茶，通常分为春、夏、秋三季。所不同的是，各个品种的茶，品质不同，三季划分的标准也不一样。以节气分：清明至小满采制的茶为春茶，小满至小暑采制的茶为夏茶，小暑以后采制的茶为秋茶。以时间分：5月底以前采制的为春茶，6月初至7月上旬采制的为夏茶，7月上旬以后采制的茶，就算秋茶了。

龙井茶也是分春、夏、秋三季茶：每年3月至5月采制的茶叶称为春茶，6月至7月份采制的茶叶为夏茶，8月至9月份采制的茶叶为秋茶。春茶是龙井茶的主要茶叶品种，无论在种植、栽培、采摘和制作上，春茶投入的精力、智力和物力最大，投入的时间最多，收获自然也是最为可观。从龙井茶的品种上看，春茶再细分为多种，主要有明前茶、雨前茶、雨后茶。"明前茶"，意思是清明节前采制的茶叶，时间上通常是在4月5日以前。龙井明前茶，又细分为四级：特特级、特一级、特二级、普通二级。"雨前茶"，意思是是清明后谷雨前采制的茶叶，时间上通常是 4 月 5 日至 4 月 21 日之前。龙井雨前茶，分为两个等级：一级、二级。雨后茶，意思是谷雨以后采制的茶叶，通常是 4 月 21 日以后。

乾隆皇帝喜喝龙井雨前茶，曾写《雨前茶》诗：

> 新芽麦粒吐柔枝，水驿天劳贡骑驰。
>
> 记得西湖龙井谷，筠筐老幼采忙时！

七、龙井的品种

龙井茶的茶树品种都是国家级的优良茶树种，正是由于这些优良的茶树种才能采制出精良绝伦的龙井茶。中国农业科学院茶叶研究所就设立在龙井茶区之中，他们研究龙井的传统茶种群体种，同时，又从传统群体种中选育和培养出新的品种龙井 43、龙井找叶种等。这些新品种茶叶，每年春季的时候，发芽抽叶比传统茶树要提前十天左右，特别不同的是，所有的茶树发芽的时间几乎一致，芽苞的大小基本相同；更为奇特的是，它们的芽叶、色泽大同小异，新枝新梢均匀如一。最令人惊奇的是，用这些新品种炒制出来的茶叶，才是地道的龙井茶，更加具有龙井的传统特色，这就是中国茶叶科学家的智慧结晶。

群体种

群体种是龙井茶传统的品种，也是最早的优良品种。从茶叶的质量上来说，群体种是龙井茶的品牌，也是经过检测、检验以后证实的目前品质最好的茶叶。西湖龙井茶中，驰名中外的狮峰山龙井茶，就是这个群体种。从时间上来说，群体种茶叶的采摘比其他品种的茶叶采摘要晚一些，一般是在清明节前后。

龙井 43

龙井 43 是新龙井，是中国农业科学院茶叶研究所从龙井群体种中选育出来的优良品种。这是灌木型的中叶类茶树，树姿呈半开张形，茶树分枝较密。龙井 43 特早种，一芽一叶期通常是在 4 月中旬。春茶有着蓬勃的育芽能力，发芽结实、整齐，芽苞密度大，芽叶短小、粗壮、少毛。一般地说，春茶一芽二叶，富含氨基酸、茶多酚、儿茶素、咖啡碱，是制作雀舌、龙井、玉叶等扁形茶的优良茶叶。茶香味浓度，清香持久，味道甘醇，汤色清绿明净。

平阳特早

茶树中叶类，灌木型，发芽密度大，育芽能力强，大约 4 月中、下旬采摘。这种茶最大的特点是香气高、口味淡。

大佛白龙井

大佛白龙井是一种新茶的茶品，是用安吉白茶精制而成的。白茶是一个特殊的茶种，特别适宜在高山地区生长，尤其是云雾缭绕的地区。白茶的叶片呈椭圆形，茶叶也是淡绿色，但是，春季的时候，白茶的嫩叶除了其主脉之外，全部都是白色，特别是到了茶叶长成最旺盛之时的一芽二叶的时候最为明显，放眼望去，整个茶园一片白色。其实，白叶是嫩叶的颜色。随后，茶叶渐渐成熟，光合作用加强，气温升高，茶叶渐渐变成淡绿色。进入夏季和秋季以后，茶叶就全部变成了纯绿色。白茶的春芽很鲜嫩，富含叶氨基酸、茶多酚、咖啡碱等，是制作绿茶的极好茶叶。白茶色泽鲜亮，茶叶嫩绿，口感清爽，味道香浓，是营养价值极高的健康绿茶。

新昌镜屏乡地处高山云雾之中，是栽种茶叶的理想山区。这里桐桥湾村的茶农得知安吉白茶是制作绿茶的极优品种，就毅然从安吉引进白茶，获得了成功。茶农们很高兴，他们选派该乡龙井茶的炒制高手出面，将这些新引进的白茶，精心炒制成新的龙井茶。据说，镜屏乡的主要负责人带着几位茶农，风尘仆仆地前往中国农科院茶叶研究所，将他们炒制成龙井的白茶送交茶叶专家鉴定，专家惊奇地发现这是一个优质品种，给予了高度的评价，认为将白茶炒制成龙井，是一次大胆的技术突破和创新，具有自己独特的特色：外形扁平，叶面光滑，茶香浓郁，味道清爽，口感极好。在专家的建议下，新昌镜屏乡桐桥湾村炒制的白茶定名为大佛白龙井。

八、龙井的喝法

龙井茶要品，品就有讲究：

冲泡龙井，第一关键是水温，应该用75℃至85℃的水冲泡，切忌用高温水。龙井茶是鲜茶，茶叶都是没有经过发酵的，茶叶叶片十分娇嫩，不宜用90℃至100℃的水冲泡。备好茶壶、茶杯、公道杯，将沸水倒进公道杯中，沸水自然凉了许多。然后，再将公道杯的沸水倒进茶杯之中冲泡。冲泡时，要高冲，低倒。因为，高冲的时候，让沸水充分接触空气，增强冷却的效果。

观赏茶叶：龙井茶叶是扁形，茶叶嫩绿，条形整齐，大小均匀，色泽鲜绿带黄，一芽一叶或一芽二叶。备杯：备好茶杯，最好是透明的，如水晶杯、玉杯、玻璃杯。冲泡：杯中投入龙井茶叶，没底。准备适量开水，倒入公道杯中，再倒入茶杯。赏茶：冲泡以后，真正的龙井茶一片片下沉，茶叶在水中漂浮，婀娜多姿，十分优美。汤色明亮，茶叶慢慢伸展，一旗一枪，在绿色的茶汤中沉浮，赏心悦目。

九、鉴别

闻名遐迩的西湖龙井，盛产于浙江杭州西湖区。龙井茶叶的最显著特征是：扁形，茶叶细嫩，条形整齐，叶片的宽度基本一致；颜色呈绿黄色，手感很光滑；茶叶一芽一叶或者一芽二叶，茶芽长于叶片，通常长不到3厘米；龙井的芽和叶较均匀，呈朵状，不带夹蒂，也无碎片，茶叶看上去小巧玲珑；龙井茶味道纯正，清香可口，有一种浓浓的香味直沁心脾。假冒的龙井茶通常有一种青草味道，夹蒂、碎片较多，手感也不光滑。龙井茶有四绝，就是：色绿，香郁，味醇，形美。这四绝，形象地说，就是翠而绿，香而浓，醇而长，扁而齐。

看：龙井的颜色，通常是翠绿色和绿色的，包括特级龙井、高级新品龙井，上品龙井则是在翠绿和米黄色之间，特别是西湖龙井之极品的狮峰龙井，颜色是在翠绿如玉和茶农称为"糙米色"的黄色相间，绿、黄两色，浑然天成。假冒龙井也能够做到绿中带黄，只是这黄色是锅中加火硬"闷"出来的，黄得没有光泽，如同黄脸婆一样，糊糟糟的，隐约可见焦煳之痕。

闻：龙井清香，人们喜欢将兰花与龙井比较，结果是两者相当。所以，人称西湖龙井香郁若兰。兰香散发的是淡淡的香味，味道持久地扩散，称为幽香。相比之下，龙井比兰花之幽香，味道更浓郁，间有一种淡淡的甘甜味道，因而，更能沁人肺腑。这种特殊的味道，西湖当地的茶农们形象地称为蚕豆瓣香。蚕豆香，确实很形象。蚕豆香、兰花豆香，就是龙井味道最直观、最通俗的描述。钱塘人陆次仁是清康熙时人，参加博学鸿词科，受到重用。他对品茶有嗜好，谈到龙井时，他说：龙井，其地产茶，作豆花香。

赏：龙井茶外形美观，条形整齐，色泽翠绿带黄，非常养眼。龙井的形状十分独特，高级龙井，要求严格，采摘时必须是一芽一叶，称一旗一枪；芽、叶不能等长，芽长于叶。芽是枪，叶是旗，两叶就是两旗。宋代大诗人苏东坡说："白云峰下两旗新。"明《嘉靖通志》说："取其一旗一枪，尤为珍贵。"乾隆皇帝说："枪旗春月已舒叶，冰雪秋时乃吐花。"冲泡以后，茶叶在杯中漂浮，片片下沉，旗枪毕现，汤色清净、碧绿，赏心悦目。

品：龙井茶清醇气爽，回甘味浓。闻之，清香扑鼻，口舌生津；饮之，神清气爽，沁人肺腑。品，就是品味，是一种全身心的感觉。龙井特有的豆花清香通过味觉在口腔中弥漫，扩散到体内，扩散到四周，那种感觉就是一种轻飘飘的、升腾之感。龙井形体很美，美如佳人；颜色很美，色压群芳；味道很美，太和纯正。康熙时大臣陆次仁说："龙井，啜之淡然，似乎无味。饮过后，觉有一种太和之气，弥漫乎齿颊之间。……其贵如珍，不可多得！"

十、龙井的冲泡法

西湖龙井是绿茶中最有特色的茶品之一，明代诗人高应宽喜爱龙井茶，特别是龙井的清香，他这样描述龙井："茶新香更细，鼎小煮尤佳。若不烹松火，疑餐一片霞。"大约清末之时，龙井闻名遐迩，龙井茶出现了五大字号正品龙井，这就是狮、龙、云、虎、梅五家龙井。这五家龙井，因为都是位于西湖之畔的群山之中，品质优良，故称为本山龙井。其余的龙井茶，地理位置不同，品质各异，故称为四乡龙井。后来，所有西湖茶叶，都称为龙井茶。当然，直到今天，龙井茶依然是以狮峰山、五云山、梅家坞、虎跑村、龙井村所产为最佳。

初识佳茗：西湖龙井茶有独特的形、味、色，外形扁平，味道清香，颜色翠绿，手感光滑，人称龙井四绝：色绿、香郁、味醇、形美。

清·漕运总督进贡雨前龙井茶

5家龙井，品质优良，茶叶黄绿，是茶叶中的佳茗。极品龙井茶，以清明前采制的为最佳，称为明前茶。其次就是谷雨前采制的龙井了，称为雨前茶。谷雨以后，采摘的茶叶乃普通茶了。明诗人田艺衡说："烹煎黄金芽，不取谷雨后。"明代代礼部尚书吴宽博览群书，毕生爱茶、嗜茶，特别喜爱龙井。他的友人知道他之所好，好友朱懋恭不远千里，送来龙井茶。他十分高兴，特地写诗《谢朱懋恭同年寄龙井茶》称赞，认为龙井远胜唐代贡茶浙江顾渚、紫笋和宋代贡茶福建建溪龙凤团饼一筹："谏议书来印不斜，但惊入手是春芽。惜无一斛虎丘水，煮尽二斤龙井茶。顾渚品高知已退，建溪名重恐难加。饮余为此留诗在，风味依然在齿牙。"

二赏甘霖：虎丘水，就是虎跑泉水。龙井茶，虎跑水，被称为是杭州西湖双绝。虎跑泉位于西湖西南大慈山白鹤峰山麓，泉水香甜甘洌。据记载，虎跑泉的泉水是从白鹤峰山的砂岩、石英岩石之中渗透出来的。有人试过，如果将杯子注满水，水面高出杯口，不会外溢；硬币轻放在盛满虎跑泉水的杯子中，硬币浮在泉水上，不会下沉。这些表明，虎跑泉水，水分子密度高，表面张力较大，水中的碳酸钙含量低。优质龙井茶，用优质的虎跑水冲泡，自然茶水交融，融为一体，能够最大限度地展示水的甘洌和茶的香醇，两者相得益彰。所以，清代文学家王倩在《西湖竹枝词》中，对龙井茶和虎跑泉赞不绝口："虎跑泉水竹风炉，龙井茶芽瓷瓦壶。谁道雨中山果落，红菱新贩过西湖。"

三心齐备：喝龙井茶，应当平心静气，有清心、净心、平常心，做到三心合一，才能品出龙井的真滋味。品饮龙井，讲究眼观、鼻闻、心感、口品。眼观，就是泉水冲泡，细观其形。清净透明的茶杯之中，绿色的茶叶在碧绿的茶汤中漂浮，一旗一枪，舒展成花朵，赏心悦目。极品龙井，在透明的茶杯之中慢慢舒展，真的看上去如一朵盛开的幽兰。鼻闻，就是冲泡之后，不要急于品尝，应该凑近茶杯，轻轻呼吸，杯口弥漫着袅袅茶雾，雾气冉冉升腾，一股若有若无的茶香贴附过来，越来越浓，如电光火石一般地沁入肺腑，神清气爽。心感，就是用心感觉。口品，就是用口品味茶香。观茶、闻香、口品之后，这时，你会感觉身轻如燕，仿佛仙子。你不妨用鼻子轻嗅，立即会感觉口中香而不冽，齿颊留芳。你静下心来，再次轻嗅，会发现天地之间满满的都是兰花香和豆花香。所以，清代有《松庐诗》传诵："龙井茶先谷雨长，味甘还作豆花香。平生嗜好无他物，日煮清泉一勺尝。"

四置茶具：冲泡龙井佳品，自然要用雅致的茶具，宜兴茶壶、青花茶碗、白玉茶杯，这些都是皇帝的至爱。当然，平常百姓，用清净透明的玻璃杯，只要三心齐备，一样也能看到扁形的茶叶、碧绿的汤色、娇嫩的茸毫，能品到浓郁的茶香。泡茶人、赏茶人和品茶人，都要有一颗感恩之心、圣洁之心。有道是，茶滋于水，水藉于器。也就是说，水养茶，茶养器，器养人。水和茶，要融为一体。水之甘与茶之香，要通过器来充分展示出来，让人来品尝。优质水和极品茶，要比例适宜，才能冲泡出上品好茶，这样的茶才会不失茶性，才会充分展示茶的清香和美丽。水和茶叶，最佳的比例是杯底茶叶，每次冲水半杯。也就是说，每克龙井茶，大约冲水 50 毫升。一个普通玻璃杯，2 克龙井，冲泡半杯就是 100 毫升水。

五温茶芽：温茶，实际上是洗茶和润茶。茶叶在采摘和制作的过程中，会沾上一些灰尘，还有一些杂碎之物。用热水温茶，目的有二：一是清洁，就是洁净茶叶；二是温芽，就是将茶芽用温水浸润，使茶芽吸水舒展。温茶，对水温要求很高，通常 60℃ 至 70℃ 就可以了，温过即可。水温高了，不行，会将鲜绿茶芽泡熟。龙井泡熟了，就会失去龙井的美形、美姿、美色和美味，特别可惜的是，龙井的颜色会变暗，汤色会变黄。水温太低了，不能温热茶具，也不能舒展茶叶，茶香不能散出挥发，茶汤也变得清淡无味，尤其是茶水之上会浮现茶叶，实是品茶之大忌，有碍观瞻，也有碍品饮。温杯也是极其重要的，温杯到位了，在正式冲泡龙井时，不会因为茶杯吸热而使水温变化不定，影响沏茶的质量。

六悬高冲：冲泡龙井，沸水水温，应该在 80℃ 左右，不能低于

75℃，也不能高于85℃。低温水，淡而无味。高温水，破坏了茶叶的品质，过犹不及。温芽以后，茶叶散发出淡淡的清香。冲泡时，先注入少量开水，没过茶叶即可。入水之后，立即手握茶杯，轻轻旋转，让杯中的龙井茶充分浸润，吸收水分，膨胀舒展。这时，就要开始用沸水高冲龙井了。通常是将沸水倒入提梁壶中，提高水壶，高冲沸水，倾泻入杯。这样做，是防止刚刚沸腾的水，水温过高。冲泡时，将冲水提梁壶由低到高，充分利用手腕的力量，接连冲三下，让茶叶在沸水中上下翻滚，充分游移沉浮，整杯茶汤浓度相当，颜色一致。这种龙井冲泡法，俗称凤凰三点头。凤凰三点头有三雅：一是形雅，就是沏茶者务必冲泡规范，姿态优雅；二是仪雅，就是冲泡茶水时，恭敬有仪，体现了对客人尊敬，三点头又如鞠躬行礼，正是对客人表示敬意；三是茶雅，冲泡之后，适当的水温，冲泡出了最佳的茶汤，一时之间，清香四溢，其乐融融，立即营造出了一种清雅的气氛。

七敬佳宾：上品佳茗，自然要与佳朋分享，或者用来祭拜月里嫦娥。茶敬佳宾，是中国历来的好客之道，也是中国人传统习俗的优良美德。无论什么时候，家中有客人来，通常是以香茶待客，用最好的茶来招待客人。而且，茶泡好以后，总是先敬客人，以客人为尊。这是中国的礼仪所规范的，也是中国人的茶训。北宋时，杭州太守赵抃喜欢品茶。赵氏是浙江衢州人，喜爱龙井。元丰七年（1084年），七十六岁的赵氏时隔数十年，特地再次登临龙井寿圣院，拜会辨才法师。法师很高兴，陪同他上山观景，在龙泓亭（龙井亭）沏上品龙井待客。辨才法师才华横溢，待客恭敬。龙井沏好后，先敬佳宾。赵氏两鬓已白，坐在龙泓亭上，饮着龙井，品味着弥久不散的清香，感慨万千。兴之所至，他欣然命笔，写下了《龙井诗》：

湖山深处梵王家，半纪重来两鬓华。

珍重老师迎厚意，龙泓亭上点龙茶。

八识香韵：龙井茶，色、形、香、味俱佳。龙井是茶中奇珍，素有西湖龙井四绝之说：色绿、香郁、味甘、形美。龙井泉水清纯，茶汤碧绿，旗枪沉浮，交相辉映。龙井只采嫩芽，称为"莲心"。一芽一叶，叶旗芽枪，称为"旗枪"。一芽两叶，叶形卷曲，形似雀舌，称为"雀舌"。茶品不同，香味各异：莲心嫩，茶香淡。旗枪适中，茶味清香。雀舌叶多，香味浓郁。观形，赏色，品茶，闻香，品尝龙井，品的就是一种韵味。乾隆时期的进士舒位，是顺天府（北京）人，博学多才，善画工诗。一生好茶，对龙井的清香韵味有特别的感觉。好友宋助教赠送上品龙井茶，他再三品尝龙井以后，写下了《宋助教寄龙井茶》三首，写尽了龙井的韵味，认为龙井胜过贡品白云茶：

鲤鱼风里豆花香，绝胜三瓶寄夜航。

初试西湖好滋味，居然压倒白云枪。

诗肠渴禁酒三焦，正要瓯香细细浇。

难觅中泠泉第一，梅花檐下雪初消。

南屏茶事妙谦师，禅榻花风感鬓丝。

未负春青狂杜牧，君吃新茗报君诗。

九悟太和：水清茶绿，滋味绵长，上品龙井的特殊韵味，只有清心之士、禅心之人才能够细心体会，静静品尝。而富贵之人、功名利禄之心重者，是不能吃、不能感也。何者？因为，清者自清，禅者自净，清净之人，能够感悟太和，寄情山水，将自己融汇于天地自然之间。而追逐富贵、功名、利禄者，浊心太重，无法感悟绿茶太和之佳气。

清康熙时期，江阴知县陆次仁，对家乡龙井特别偏爱，在《湖需杂记》中说：龙井茶，真者甘香而不洌，啜之淡然，似乎无味，饮过后，觉有一种太和之气，弥沦于齿颊之间，此无味之味，乃至味也。为益于人不浅，故能疗疾，其贵如珍，不可多得也。袁枚是乾隆年间进士，对于家乡龙井，也是格外喜爱。他在《随园食单》中说：龙井茶，杭州山茶处处皆清，不过，以龙井为最耳。每还乡上冢，见管坟人家送一杯茶，水清茶绿，富贵人所不能吃者也！

十　四川贡茶

　　四川是天府之国，地理环境优越，山清水秀，云雾缭绕，是茶树生长的最优场所之一。四川出产茶叶历史悠久，历代名茶辈出，进贡宫廷之中的御用贡茶主要有：仙茶、涪茶、观音茶、春茗茶、茅亭茶、锅焙茶、灌县细茶、邛州砖茶、青城芽茶、狼猱山茶、都濡月兔茶、蒙顶山茶等。其中，锅焙茶、观音茶、青城茶、蒙顶茶最负盛名。四川出产了不少地方特色的地方名茶，包括鸡鸣茶、巴岳茶、红崖茶、白芽茶、老人茶、凌云山茶、石上紫花芽、涪州三般茶、都濡月兔茶等。

　　巴岳山，在县南十五里。……浓荫苍翠，鸟道曲盘，上有三十五峰，多产佳茗。……巴岳茶，雨水前叶细如粒，以此时采者为佳。红崖茶产于定风山，在叙永县北，红崖下产细茶，甚佳。定风山以红崖茶最为著名，又称定风茶。乾隆十一年《犍为县志》说："观斗山，在县东十五里。其地有寺，相传有老人植茶于此，树皆连抱，服之者年至百岁。今其树尚有，乡人采之，名老人茶。"清嘉庆《峨眉县志》说：峨眉山出茶，初苦后甘。峨眉山多药草，出白芽茶尤异。嘉庆十七年（1812年）《乐山县志》记载："凌云山茶，色似虎丘，味逼武夷，泛绿含黄，清馥芳烈，伯仲天目六安。"《茶谱》说："涪陵有三般茶，宾化最上，制于早春；其次白马，最下涪陵。"

观音茶

观音茶又叫观音山茶，是四川有名的贡茶。清代大臣何绍基喜爱观音茶，曾写有《韩孟传大令赠观音山茶因言荥经蚕桑颇盛今皆废而采茶矣》组诗：

> 荥经茶引行腹边，税银万两课三千。
> 观音仙茶最上品，质轻干短色味鲜。
>
> 地下出泉天落雨，但到此山化甘乳。
> 一旗一枪悉慈悲，不寒不削滋肺腑。
>
> 其中细叶尤可珍，箬笼锡匣贡九阍。
> 人人皆具媚兹意，雨前采尽一山春。
>
> 开山寺前石如镜，照见形容可端正。
> 纷纷儿女叩观音，保佑年年茶事盛。
>
> 观音有灵应叹嗟，吾民不肯做人家。
> 多年抛废蚕桑业，竟唱山歌来采茶。

春茗茶

春茗茶是荥经县的名茶，清代是作为贡品进贡宫廷的。民国时期，它依然是抢手的优良茶品。据《荥经县志》记载：茶产县西境，种类不一，曰大茶、金玉、春茗、白毫、毛尖、白茶、红茶。大茶、金玉、春茗销巴里藏卫，白毫销成都，毛尖销宁远，红茶销本地。以上各种，每年约共销二百三十余万斤。

锅焙茶

锅焙茶出产于邛州地区，就是今天的四川邛崃、大邑之地。此茶一直是作为贡茶进献宫廷，称为紫饼月团。清乾隆二十六年（1861年）修《丹陵县志》，书中称："茶俱产西山，总冈至盘陀，蜿蜒数十里。民家僧舍，种植成园，用以致富。其细者曰雨前，次曰锅焙，次曰花刀，粗曰大叶，最下曰铁甲。旧传土浅而味薄，唯打箭炉一路可售，今松潘、川北通引盛行矣！"（《丹陵县志》卷五）清代学者周蔼联写《竺国纪游》，他说："西藏所尚，以邛州雅安为最。有锅焙子、日贡、八厦、新野之分。"（《竺国纪游》卷二）

近代学者徐珂写《清稗类钞》，书中说：锅焙茶，产邛州火井漕，弱里囊封，远致西藏。味最浓烈，能荡涤腥膻厚味，喇嘛珍为上品。乾隆末，钱塘吴秋农茂才闻世随宦蜀中，尝饮之后而为诗曰：临邛早春出锅焙，仿佛蒙山露芽翠。压膏入臼筑万杵，紫饼月团留古意。火井槽边万树丛，马驮车载千城通。性醇味厚解毒疠，此茶一出凡品空。

邛州砖茶

邛州砖茶和竹当茶都很有名，砖茶是贡茶，竹当茶是稀有茶品，五斤价值三金。清代学者周蔼联在《竺国纪游》中说：西藏所尚，以邛州雅安为最。……大家最重竹当茶，亦邛州产。加白土少许，熬出作胭脂色。每甀五斤，价需三金。其熬茶有火候，先将茶之梗叶，用竹罩罗出扬之。茶之精华皆与水融合，然后入酥油或牛乳，以甬搅匀，方可饮也。

青城芽茶

清代时，青城芽茶一直是官府采办的重要贡茶之一。清光绪十二年（1886 年），《增修灌县志》称：康熙十三年，布政司札饬县属青城山天师洞三十五庵僧道等，每年采办青城芽茶八百斤，内拣顶好贡茶六十斤，陪茶六十斤，官茶六百八十斤。道光四年，奉文裁减一百斤。（《增修灌县志》卷六）

狼猱山茶

清嘉庆二十一年修《四川通志》，书中记载：南平县狼猱山茶，黄黑色，渝人重之，十月采贡。（《四川通志》卷七十四）

石上紫花芽

石上紫花芽出自峡州，产量少，是宋代珍贵的贡茶。宋代学者虞载所著《古今合璧事类外集》称：峡川石上紫花芽，理生头痛，年贡一斤。

都濡月兔茶

清同治三年（1864 年），修成《酉阳直隶州续志》，书中记载："茶，酉属皆有之，然唯彭水为多。彭水之茶，古志未尝言及。至宋，则都濡、洪杜，嘉茗独传。"黄山谷《答从圣使君书》云：今奉黔州都濡月兔两饼，施州八香六饼，试将焙展尝。都濡，在刘氏时，贡炮也，味殊厚，恨此方难得真好事者耳。又《与冯兴文判官书》言："分惠洪杜新芽，感刻是也。而黔州之茶，亦于此时并著。山谷书云：此邦茶乃可饮，但去城或数日，土人不善制造，焙多带烟耳，不然亦殊佳。"（《酉阳直

隶州续志》卷十九)

蒙顶山茶

一、仙茶

四川赫赫有名的茶就是蒙顶茶，蒙顶茶出产于四川风景如画的蒙山。放眼望去，蒙山一片葱绿。蒙山地理位置十分独特，山峦绵绵不绝，横跨名山、雅安两县，山势巍峨俊秀，山峰挺立，层峦叠嶂，险壑飞瀑。山上日照时间长，溪水潺潺，终日云雾缭绕，是种植茶叶的天然胜地。可以说，蒙山云山雾罩，自然风物与景色可与峨眉山、青城山媲美。所以，文人感叹说："蒙山，仰则天风高畅，万象萧瑟。俯则羌水环流，众山罗绕。茶畦杉径，异石奇花，足称名胜。"

蒙山是一座清雅秀丽、巍峨挺拔的青山，这里山脉绵延，高峰耸立，其中，最有名的就是上清、菱角、毗罗、井泉、甘露五座山峰，五峰并峙，气势磅礴，人称五峰山。这里是名山、名峰，出产名茶，所以蒙山茶闻名遐迩。这里的传说也十分独特，与众不同：大约在两千多年前，有一位游历四方的高僧，名叫吴理真，人称甘露普慧禅师。甘露禅师充满智慧，一身仙气，终生别无所好，就喜欢种茶。当他游历到蒙山时，被这里独特的气候和地理环境所吸引，他决定就落脚在这风水极佳的蒙山。他察看了这里的山水，最后，将优良茶种带到五峰山。从此，蒙山茶开始兴旺发达，漫山遍野。史书记载说："普慧携灵茗之种，植于五峰之中。"

蒙山五峰之中，以中峰上清峰最为崇高，也最为俊秀。据说，普慧大师吴理真察看了五峰之后，最早就来到上清峰。上清峰山清水秀，他选了一处云雾缭绕的坡地，栽种了七株茶树。这七棵茶树，高不盈尺，郁郁葱葱。后来，人们发现，这七株茶树，繁荣昌盛，不生不灭，迥异寻常。特别不同的是，这七株茶树采下的茶叶，味甘而清，色黄而碧，慢酌杯中，香云罩覆，久凝不散。这样的好茶，慢酌久饮，清心爽目，飘然欲仙。常饮此茶者发现，蒙山茶是长寿茶，尤其有益于脾胃，健身活血，延年益寿，故此，人称仙茶。

唐黎阳王喜爱蒙山茶，写下了《蒙山白云岩茶》诗，认为蒙山茶是人间第一茶：

> 闻道蒙山风味佳，洞天深处饱云霞。
> 冰绡剪碎先春叶，石髓香黏绝品花。
> 蟹眼不须煎活水，酪奴何敢问新芽。
> 若教陆羽持公论，应是人间第一茶。

清代学者张澍写《蜀典》，记载蜀地山川风物，书中说："蜀之雅州有蒙山，山有五顶，顶有茶园，其中顶曰上清峰。昔有僧病冷且久，尝遇一父老，谓曰：蒙之中顶茶，尝以春分之先后，多构人力，俟雷之发声，并手采择，三日而止。若获一两，以本处水煎服，即能祛宿疾。二两当限前无病者，三两固以换骨，四两即为地仙矣。是僧因之中顶筑室以候，及期获一两余，服未竟而病瘥。时到城市，人见容貌常年三十余，眉发绿色。其后，入青城访道，不知所终。今四顶茶园采撷不废，唯中顶草木繁茂，云雾蔽亏，鸷兽时出，人迹罕到矣。"此茶又称雷鸣茶，嘉庆二十一年《四川通志》记载："雷鸣茶，蒙山有僧，病冷且久，遇父老，曰：仙家有雷鸣茶，俟雷发声乃苗，可并手于中顶采摘。服未竟，病瘥，僧健至八十余，入青城山，不知所之。"（《四川通志》卷七十五）

二、蒙顶茶传说

"扬子江中水，蒙山顶上茶"，蒙顶茶自唐朝起就被列为"贡茶"，品质优异，人人皆知。可是，知道它的来历的人却并不多。相传，很古的时候，青衣江有条仙鱼，经过千年修炼，成了一个美丽的仙女。仙女扮成村姑，在蒙山玩耍，拾到几颗茶子。这时，她恰巧碰见一个采花的青年，名叫吴理真，两人一见钟情。鱼仙掏出茶子，赠送给吴理真，两人订了终身，相约在来年茶子发芽时，鱼仙就前来和理真成亲。鱼仙走后，吴理真就将茶子种在蒙山顶上。

第二年春天，茶子发芽，鱼仙出现了，两人在茶树前结为夫妇。她们成亲之后，相亲相爱，共同劳作，培育茶苗。鱼仙解下肩上的白色披纱抛向空中，顿时白雾弥漫，笼罩了蒙山顶，滋润着茶苗，茶树越长越旺。鱼仙生下一儿一女，每年采茶制茶，生活十分美满。但好景不长，鱼仙偷离水晶宫，私与凡人婚配之事，被河神发现了。河神大怒，下令鱼仙立即回宫。天命难违，无奈何，鱼仙只得忍痛离去。临走前，嘱咐儿女要帮父亲培植好满山茶树，并把那块能变云化雾的白纱留下，让它永远笼罩蒙山，滋润茶树。

吴理真一生种茶，活到八十，因思念鱼仙，最终投入古井而逝。后来有个皇帝，以蒙顶茶为贡品，并因吴理真种茶有功，追封他为"甘露普慧妙济禅师"。蒙顶茶因此世代相传，朝朝进贡。贡茶一到，皇帝便下令派专人去扬子江取水，取水人要净身焚香，午夜驾小船至江心，用锡壶沉入江底，灌满江水，快马送到京城，煮沸冲沏那珍贵的蒙顶茶，先祭先皇列祖列宗，然后皇帝，后妃与朝臣才分享香醇的清茶。

蜀茶的珍品出自蒙山，故有"蒙山味独珍"之谓。白居易爱蜀茶，最爱的亦是蒙山茶："琴里知闻唯《渌水》，茶中故旧是蒙山。"琴与茶是白居易晚年"穷通行止长相伴"的心爱之物。弹琴他最爱听《渌水》之曲，饮茶则把蒙山茶当做老朋友般喜爱。孟郊乞讨的"蒙茗玉花"，也就是蒙山茶。宋文彦博在《赞蒙顶茶》中说："旧谱最称蒙顶味，露芽云液胜醍醐。"誉蒙顶茶如云之脂膏，赛过醍醐。宋吴中复《谢人惠茶诗》有"吾闻蒙山之岭多秀山，恶草不生生淑茗"之句。李肇在《唐国史补》卷下说："茶之名品益众，剑南有蒙顶石花，或小方，或散芽，号为第一。"

三、蒙顶第一

蒙顶茶，产于横跨四川省名山、雅安两县的蒙山，历史悠久，是中国最古老的名茶之一，被尊为茶中故旧，名茶先驱。懂得品蒙山茶的人知道，蒙山茶是天下第一佳品，只有扬子江中水才能配这蒙山茶。所以，有诗人称赞说："扬子江中水，蒙山顶上茶。"这两句诗，道出了蒙山茶的超高品质。传说，扬子江心水，味甘而鲜美，然而，风波险恶，很少有人能够尝到。如果用这种扬子江心之水泡蒙山顶中的仙茶，那自然是人间最美的佳饮了。这等享受，恐怕常人是不可得的。茶圣陆羽在品尝了天下名茶之后，得出的结论是：蒙顶第一，顾渚第二。顾渚何许茶也？顾渚茶产于浙江长兴，是唐代名茶中的珍品，列为贡茶。

蒙顶茶有"仙茶"之称，其神话传说也充满仙气。相传，很古的时候，有一位德高望重的老和尚，得了一场重病，吃了很多药，都没有效果。眼看治疗无望，僧人们十分焦急，四处化缘，寻找治病良方。春天来了，有一天，一位白髯飘飘的老翁跑来，告诉奄奄一息的老和尚："念你好功德，告诉良方，春分前后，春雷初发时，采蒙山中顶茶，以山泉水煎服，可治愈顽疾。"

老和尚如获至宝，立即照老翁的话去做。僧人们马上行动，登蒙山上清峰，在那里筑起石屋，专人长住在石屋里，遵照老翁所传授的秘法，采蒙顶茶，以清泉水煎服。煎服数天后，老和尚病果然痊愈了。不仅如此，老和尚体格日益健壮，精力旺盛，面色红润，看上去如同壮年人一般。特别不同的是，老和尚在山上行走，如履平地，健步如飞，整个人如同返老还童一般。于是，蒙顶茶是仙茶之说不胫而走，仙茶可以返老还童的神话从此广为流传。

四、贡茶园贡茶

四川蒙山，是中国历代的名山，古时候一直是作为特别尊崇的名山之一，君主在重大活动的时候就会亲自或者遣使祀祭。据说，三代圣主之一的大禹就十分敬仰蒙山，他在治理水患之前就祈祷山神，成功治理了水患之后，他特地来到蒙山，祭祀山神。同时，自从佛教传入中国以后，作为南方名山的蒙山自然成为佛教圣地，僧人们在山上建造寺院，研究佛经，传习教规。蒙山顶上，五峰耸立，每一座山峰，都与佛教有关，它们的名字仿佛就是佛号：上清、菱角、毗罗、灵泉、甘露。

《尚书》是一部古书，是儒家六经之一，同时，它也是中国最古老的一部地理书。在这部书中，记载了蒙山：蔡蒙旅平者，蒙山也，在雅州，凡蜀茶，尽出于此。在蒙山之顶种植茶树，历史很悠久，起码在公元前 1 世纪的西汉时期就已经开始。据史书记载，西汉宣帝甘露元年（公元前 53 年），僧人吴理真登蒙山，亲手将七株灵茗之种，植于五峰之中，高不盈尺，不生不灭，迥异寻常，人称仙茶。这段记述，恐怕是中国人工种茶方面最早的文字记载。

蒙顶茶，享有"仙茶"的美誉，自然有它与众不同的仙气。可以说，蒙山茶有其悠久的种植历史，神秘的贡茶生涯，独特的仙茶品质，精湛的制茶工艺，独具特色的娟秀外表和光辉灿烂的仙茶文化。记载地方风物较有特色的《云南记》，记述了各地的特产，书中说："名山具出茶，有山曰蒙山，绵延数十里，在县西南。"蒙山种茶，从西汉宣帝算起，至今已有两千多年的历史。许多种植茶叶的地方，都是荒山野岭，乱石遍地，杂草丛生。可是，蒙山茶却与众不同，都是生长在青山秀岭之上，而且，这里只长仙茶，不生恶草。所以，有诗人赞美称："蒙山之巅多秀岭，不生恶草生淑茗。"

蒙山产茶，仙茶之名不胫而走，名扬四海。不过，数百年间，仙茶一直流行在民间，由有道僧人和文臣雅士享用。蒙山的蒙顶茶真正闻名遐迩、震惊天下的黄金时代，是在大唐时期，正式确立蒙山茶为皇家专用的贡茶。随着皇家贡茶的设立，蒙山顶最好的茶区就划定为皇帝御用的贡茶园。贡茶园设专人看守，由地方长官负责监督。与别的御茶园不同的是，蒙山贡茶园，完全由山上的寺僧进行看护和管理，从种植、护理、采摘、杀青，到拣选、炒揉、烘焙和加工，每一道工序都分工严密，各司其职。

有人说，名山之茶美于蒙，蒙顶之茶美天下。蒙顶茶，可以说，它是大自然赏赐给人类的奇珍。蒙山山高多雾，气候温和湿润，终日阳光充足，所以蒙山顶上，成为仙茶的乐园。史书赞叹称："蒙山有茶，受全阳气，其茶芳香，为天下称道。"正是因为有这样良好的自然条件，蒙山茶早在汉代就已经如雷贯耳，闻名天下。起码在东汉时，蒙山就已经有了多款名茶，包括"雷鸣茶"、"吉祥蕊"、"圣杨花"等。当时，懂得品茶的文人感慨不已，纷纷写诗称赞。有文人形象地描述称："蒙顶茶，味甘而清，色黄而碧。酌入杯中，香云幂覆，久凝不散。"

唐代经济繁荣，也是蒙顶茶发展的黄金时期。唐玄宗天宝元年（742年），喜爱品茶的皇帝下令闻名遐迩的蒙顶茶作为贡品，每年定时入贡皇宫。当时，按照皇帝的圣谕，解送京城长安、进贡宫廷的贡茶种类不少，主要有蒙顶、雷鸣、雾钟、雀舌、鸟嘴、白毫等茶，紧压成团的茶则是龙团、凤饼。唐宪宗时，贡茶种类繁多，蒙顶茶已经成为贡茶中最多的一种茶。记载地方风物的《元和郡县志》称：蒙山，在县西十里。今每岁贡茶，为蜀之最。

蒙顶茶作为贡茶之后，身价百倍，誉满天下。最好的蒙顶茶出产于贡茶园，进贡宫廷。蒙山五峰，都是产茶区，自然还有大量的蒙顶茶问世。这样，王公贵戚、达官贵人在每年的春天，无不千方百计、不惜重金地购买蒙顶茶，所以，先春蒙顶茶在每年的春天，身价倍增，胜过黄金。有史书称：蜀茶得名蒙顶，元和以前，束帛不能易一斤先春蒙茶。正是因为蒙顶茶能够获得暴利，所以，茶农的积极性空前高涨，纷纷改进种植环境，提高茶叶的产量。当时，蒙山茶区形成了空前绝后的大生产运动，茶业繁荣昌盛，茶事活动盛况空前。史书记载称：以是蒙山先后之人竞栽茶，以规厚利，不数十年间，遂斯安草市，岁出千、万斤。

盛唐时代，中国经济高速发展，首都长安成为世界政治、经济、文化高度繁荣的中心。特别是中日之间，一衣带水，经济、文化交流日益频繁。可以说，刚刚从蛮荒时代进化而来的日本急于从大唐的繁荣中吸取营养，想尽快摸索出一条富国强国之路。大约从唐太宗开始，直到唐王朝灭亡，也就是从公元630年至894年间，日本派出了一批又一批的遣唐使来到中国，学习大唐的政治制度、经济策略、语言文字、宗教艺术以及先进的生产技术和建筑艺术等。

从史书记载上看，大规模的遣唐使先后有十三次，每次少则数十

慈觉大师圆仁像

人，多达数百人，他们包括大使、副使、留学生、留学僧以及随船随员。这些遣唐使不仅学习文化，带走技术，而且将优良种子也带回日本，包括茶种。唐文宗开成五年（840年），日本留学僧慈觉大师圆仁经过多年苦学，在首都长安学习期满，准备从长安回到日本。大唐皇帝李昂以泱泱大国君主的身份，向日本遣唐使馈赠礼品。在皇帝馈赠的礼物中，就有蒙顶茶二斤、团茶一串。由此可见，在晚唐时期，蒙顶茶不仅是国内的极品贡茶，享誉天下，而且蒙顶茶已成为国际礼品，作为国家级礼物的馈送茶，扬名海外。

如果说唐代开创了蒙顶茶御茶园，贡茶获得了极大的发展，在盛唐之时蒙顶茶进入了它的黄金时期。那么，可以说，宋代则是蒙顶茶作为贡茶发展的极盛时期。蒙顶茶经过几百年的发展，从栽培、种植、采摘到制作、加工，茶叶的品质和质量都有很大的提高，尤其在制茶技艺方面进一步创新和完善，在许多地方都有所突破，创制出了令皇帝赞叹的蒙顶贡品，如万春银叶、玉叶长春等。当时，四川地理位置独特，潮湿的气候、温暖的天气、充足的阳光和四季不断的云雾缭绕，使得四川成为全国最优的产茶区，茶叶产量居全国第一，蒙顶贡茶也一直是全国贡茶中的佼佼者。

蒙顶山著名贡茶，还有圣杨花，宋代就闻名遐迩。宋学者陶谷《荈茗录》称：吴僧梵川，誓愿燃顶，供养双林傅大士。自往蒙顶采茶，凡三年，味方全美。得绝佳者圣杨花、吉祥蕊，共不逾五斤，持归供献。清光绪十八年（1892年）修定《名山县志》，书中收录了知县胡寿昌所写《三登蒙山采茶序》：尝考陶谷《清异录》载，吴僧日住蒙顶，结庵种茶，凡三年，味方全美，得绝佳者，曰圣杨花，又为吉祥蕊，所采不逾五斤，持归贡献。不复再摘，此蒙顶仙茶之始也。复考毛文锡《茶谱》载，蒙山顶茶，以石花为最。按，蒙顶与蔡山对峙，孤峰独秀，陡壁千寻，昂藏天际，逶迤而登，盘旋二十余里，始达山巅。山有五峰，环列状如指掌，曰上清，曰甘露，曰玉女，曰井泉，曰菱角。仙茶植于中心蟠根石上，每岁采仙茶七株为正贡，分贮银瓶。以菱角湾所采为帮贡，此石花之所宜列于上品也。其造茶之法，琥贡隔纸微焙，不令见火，拣精洁者六百片入贡，余则分致同官。每盒不过五片，宝如奇珍。收藏数载，苍翠如故，其见重如此。菱角湾陪茶，仍焙颗而清芬过之。……叶梦得《石林燕语》载：庆历中，蔡君谟不福州转运使，别择茶之精者，为小品龙团以进，其品清绝，尝缕金花于上，宫中每值南郊致斋，中书、枢密各赐一饼，四人分之，自是遂为岁贡。蒙顶团茶，适与福州茶饼相类，盖亦不减于密云、阳羡矣！……尝考熊蕃《北苑茶谱》载：万春银叶，造自宣和二年。玉叶长春，造自政和二年。其正贡不过四十斤，今蒙茶焙作，固已同于宋制矣！

与此同时，四川名山茶叶产量居四川之首，质量上也是仅次于蒙顶茶，成为闻名遐迩的名山边茶。大约从宋神宗元丰初年时期开始，在将近一百年的时间中，名山茶叶产量都是在两百万斤左右，这在当时的历史条件下是十分惊人的。蒙顶茶和名山茶，芳名远扬，成为西南、西北和南方地区各民族茶马交易的主角。各少数民族同胞都很喜欢蒙顶茶和名山边茶，蒙顶茶不易得，他们就特别喜爱适合他们饮用的名山边茶。正是因为如此，皇帝特诏："专以雅州名山茶易马，不得他用。"名山边茶和名马交易，互惠互利，皇帝特旨，将其立为永法。从此，历唐、宋、明、清，数百年间，名山边茶成为西南、南方各少数民族进行茶马贸易的专用品，也是中央政府与少数民族，中原汉人与藏族、回鹘、傣族、白族、彝族、纳西族等少数民族人民进行政治、经济、文化交流的重要纽带。

从时间上说，蒙顶茶进贡皇宫，自唐代以来，有一千多年的历史了。这期间，蒙山人将珍贵的蒙山茶采摘、加工，制作成上佳珍品，年年送进京城，岁岁进贡皇宫，这一进贡制度，直至民国时期才最后终止。经过近几十年的发展，蒙顶山成立了蒙山茶场，他们挖掘传统茶艺，运用现代制茶技术，有继承，有发展，不断开拓创新，全面复原古代贡茶的传统、技艺和制茶特点，恢复了黄芽、甘露、石花、玉叶长春、万春银叶等贡茶生产，使千年贡茶再次获得了新生，再现了昔日的荣耀和辉煌。随后，他们又创制春露、春眉等名茶。所有这些蒙顶名茶，在历次评奖活动中，屡次获得国优、部优、省优产品，并被指定为国家礼茶送给总统一类的贵宾。

现在所说的蒙顶茶，是蒙山地区所产的各种各样茶叶的总称，包括雷鸣、雾钟、雀舌、鹰嘴、芽白、凤饼、龙团、黄芽、甘露、石花、玉叶长春、万春银叶等茶。民国年间，蒙山以生产黄芽为主，人称蒙顶黄芽。现在，蒙顶已经跻身于国际名茶之列，打进了国际市场，远销美国、日本、泰国、瑞士、斯里兰卡等国。香港《文汇报》以显著的版面报道："昔日皇帝茶，今入百姓家！"文中称，蒙顶茶不愧为实至名归之茶中极品。据说，吴理真种茶遗址保留至今，有御茶园、古蒙泉、甘露室，还有神采奕奕的采茶仙姑，它们正以优美的环境、优质的茶叶和无尽的芳香，吸引着五洲四海的朋友。

五、蒙顶制茶工艺

蒙顶茶是皇帝钦定的贡茶，其采制过程是十分隆重而神秘的。每年立春前后，茶芽萌发，御茶园一片生机勃勃。从这个时候开始，地方行政长官就要着手准备采茶了。他们要隆重地选择采茶吉日，大约定在"火前"正式开始采茶。贡茶的采茶仪式是很隆重的，通常是在火前举行，也就是确定在清明节之前，负责御茶的有关官员沐浴熏香，郑重穿起官方朝服，举行隆重的仪式，鸣锣击鼓，燃放鞭炮，地方最高行政长官率领全体僚属以及寺院住持、众僧，朝拜山神和仙茶。隆重礼拜之后，长官亲自采摘，然后督率众人采茶，新一年的采茶开始了，茶事工作就此全面展开。

贡茶的采摘是十分严格的，不仅要选择吉日，举行仪式，长官亲自督率，而且在采摘数量上也有限制，通常只许采七株。蒙顶甘露，必须采摘细嫩茶芽，每年春分之时，御茶园中约有百分之五的茶树开始萌芽，就要开园采摘，采摘的标准是单芽，或者一芽一叶初展。贡茶的加工是十分繁杂的，工艺流程多，分工细致，主要工序是高温杀青、三炒三揉、解块整形、精细烘焙等。从采摘数量上来说，贡茶的采摘是十分有限的：初采是六百叶，后为三百叶到三百五十叶，最后以农历一年天数为采摘叶数，比如一年三百六十日，年采三百六十叶。

茶叶采好之后，交给寺僧，由寺僧中的制茶高手精心炒制。炒茶的时候，身穿僧衣的寺僧围绕着炒炉，侍立诵经。茶炒好之后，收储在两只银瓶内，将银瓶装入木箱，以黄缣丹印密封，交给地方长官。地方官员收齐贡茶后，备足数量，选择吉日起程。启运时，地方官再择吉日，身穿朝服，面阙叩拜。专使和护从负责押送贡茶进京，所经州县都要负责本地方的安全，全程全责，谨慎护送。贡茶如期、顺利到达京城，送进皇宫，供皇帝祭祀和日常品尝之用，这些入宫的贡茶，称为"正贡"茶。正贡茶之外，所有采制的贡茶，制法同样精致，将它们成批选送宫廷，供宫廷成员饮用的名品，包括雀舌、白毫、雷鸣、雾钟、鸟嘴等茶品。现在，蒙顶茶是四川蒙山地区各种名茶的总称，包括传统名茶和新创茶品，其中，闻名遐迩的就是蒙顶甘露、蒙顶黄芽，人们称之为今日的正贡仙茶。

蒙顶茶是绿茶，在制作上不发酵。蒙山地区的蒙顶茶，统称为蒙顶茶，其制法各有不同。蒙顶甘露：一芽一叶，茶叶初展。新芽摊放，高温杀青，三炒三揉，三烘整形。成品外形美观，条索紧卷，身披毫毛，鲜绿嫩润，香高味醇，汤黄清澈。蒙顶石花：采摘嫩芽，晾干杀青，入锅整形。出锅摊凉，入锅复炒，低温烘干。成品银芽扁直，汤色黄碧，香味隽永。蒙顶黄芽：制法同石花，不同的是，杀青后必须揉捻。茶芽金黄色，茶汤色泽黄亮，香味鲜浓，汤黄清亮。万青银叶和玉叶长青：采摘较晚，采大芽叶。制成方法，同于甘露。

六、品味蒙顶茶

四川蒙顶一带，是古代巴蜀之地，可以说，这里是中国早期的重要产茶区，也是中国早期茶事较为繁荣的地方。早在战国时期，四川就开始生产茶叶。四川茶，起源早，种类多，声誉高，名品史不绝书。从史料记载上看，蜀茶很早就名扬四海，书中有上品、极品、仙品之称。到大唐以后，朝廷贡茶，以蜀为重，蜀茶中的蒙顶茶成为贡茶中的佼佼者，皇帝喜爱，天下文人墨客更是想一尝为快，对蜀茶刮目相看。历代文士称颂蜀茶的诗句甚多，大诗人白居易喜欢蜀茶，春深时节，酒渴舌枯，恰逢蜀茶寄到，白居易心中大喜，立即呼童汲水，支炉烹茶。诗人铺纸挥毫，特地写诗赞叹蜀茶之美，诗人欣喜之情，跃然纸上：

> 蜀茶寄到但惊新，渭水煎来始觉珍。
> 满瓯似乳堪持玩，况是春深酒渴人。

白居易喜欢蜀茶，当然最喜爱的是蜀茶中的珍品。蜀茶的珍品，出自蒙山，自然就是蒙顶茶了，人称蒙山味独珍。白居易爱蜀茶，最爱的就是蒙山茶，所以，白居易说：琴里知闻唯《渌水》，茶中故旧是蒙山。白居易性情豪放，一生喜诗，喜琴，喜茶。晚年的时候，白居易依旧行吟赋诗，琴茶相伴，即使是穷困之时，琴和茶也是"穷通行止长相伴"。听曲，品茶，白居易无限感慨，写下了《琴茶》：

> 兀兀寄形群动内，陶陶任性一生间。
> 自抛官后春多醉，不读书来老更闲。
> 琴里知闻惟渌水，茶中故旧是蒙山。
> 穷通行止长相伴，谁道吾今相与还。

苦吟诗人孟郊，喜欢在苦字上下工夫。他不仅喜爱推敲文字，也喜爱品味鲜茶，特别喜爱蜀茶。孟郊说，当他没有茶叶的时候，就感到十分心焦，很不自在："蒙茗玉花尽，越瓯荷叶空。"他想到蜀山，想到锦水，就感觉有了盼头："锦水有鲜色，蜀山饶芳丛。"怎么办呢？就乞求朋友送茶："幸为乞寄来，救此病劣躬。"蜀茶到了，苦茶生病的孟郊就有救了。

诗人孟郊所乞讨蒙茗玉花，是什么茶？事实上，这蒙茗、玉花，就是蒙山茶。宋大臣文彦博称赞蒙山茶胜过醍醐，他在《赞蒙顶茶》中说：旧谱最称蒙顶味，露芽云液胜醍醐。史学家李肇则称蜀茶名品第一的就是蒙顶石花，他说：茶之名品益众，剑南有蒙顶石花，或小方，或散芽，号为第一。

可惜的是，茶圣陆羽没有品尝蒙山茶，所以，他在《茶经》之中没有列蒙山茶。应该说，这是茶圣莫大的遗憾，后人对此很惋惜，感叹不已。诗人黎阳王写有《蒙山白云岩茶》诗，十分感慨：

> 闻道蒙山风味佳，洞天深处饱烟霞。
>
> 冰绡剪碎先春叶，石髓香黏绝品花。
>
> 蟹眼不须煎活水，酪奴何敢问新芽。
>
> 若教陆羽持公论，应是人间第一茶。

蒙顶茶品质优良，具有独特的形体特色：外形紧卷，茶身多毫，颜色嫩绿，茶条鲜润。开盖之后，茶叶香气馥郁，芬芳四溢。冲泡沸水，茶水鲜嫩，汤色微黄，杯底嫩芽秀雅、整齐，清澈明亮的茶汁滋味鲜润，清爽可口，浓香四溢，回味无穷。北宋大画家文同，以擅画墨竹闻名于世。他一生喜爱喝茶，供职四川邛州之时，友人特地寄给他新出产的蒙顶新茶，他喜出望外。他用千里之外的无锡惠山泉水烹煮蒙顶茶，真是一啜云津生，顿时神清气爽，感觉要羽翼腾身了。文同窗下挥笔，写下了《谢人寄蒙顶茶》诗：

> 蜀土茶称圣，蒙山味独珍。
>
> 灵根托高顶，胜地发先春。
>
> 几树惊初暖，群篮竞摘新。
>
> 苍条寻暗粒，紫萼落轻鳞。
>
> 的砾香琼碎，蓬松绿蒉均。

漫烘防炽炭，重碾敌轻尘。

惠锡泉来蜀，乾崤盏自秦。

十分调雪粉，一啜咽云津。

沃睡迷无鬼，清吟健有神。

冰霜凝入骨，羽翼要腾身。

落人真贤宰，堂堂做主人。

玉川喉吻涩，莫厌寄来频。

十一　安徽贡茶

安徽是中国著名的产茶区之一，许多名茶都出自这个地理独特、气候宜茶的地方。这里最有名的茶就是贡茶六安瓜片了，每年例进三百袋，不许用银子折算。六安茶是宫廷之中皇帝后妃们都十分珍爱的茶叶，慈禧太后就很喜爱品这六安贡茶。六安茶之外，安徽名茶众多，主要包括：安茶、野雀舌、小砚春、霍山黄芽、霍山翠芽、西涧春雪、华山银毫、九山翠剑、舒城兰花、敬亭绿茶、塌泉云雾、丹山翠云、天湖凤片、溪涌火青、太平猴魁、黄山毛峰、黄山银钩、老竹大方、休宁松萝、金台毛峰、白岳黄芽、五溪山毛峰、黄山绿牡丹，等等。

六安茶

一、产地

六安瓜片简称为片茶，属于绿茶之一，可以称为绿茶中的特种茶。六安瓜片成为闻名中外的名茶，主要是得益其特殊的产地、特殊的品质和特殊的工艺。六安瓜片产于安徽六安、金寨、霍县三县毗邻的响洪甸水库周围和儿独山、诸佛庵一带。历史上，特别是清代时，六安茶主要产于霍县，现在，极品产地是金寨县。茶学家许次纾在《茶疏》中说："天下名山，必产灵草。江南地暖，故独宜茶。大江以北，则称六安。"六安瓜片的自然生长条件极佳，这里位于长江以北。六安瓜片的最佳产茶区，坐落在长江大边山北麓、淠河上游山区。这里是一片山清水秀的天然腹地，周围高山环抱，群峰耸立，山区终年云雾缭绕。在这片山地，清溪如注，绿树成林，翠竹葱葱。如此优美的生态环境，自然是六安瓜片最佳的洞天福地。这一带地处大别山北麓，高山耸立，群峰环抱，终年云雾缭绕，气候温和、湿润，生态优异，植被良好，是优质绿茶的天然最佳土壤。

六安瓜片，从产量上说，以六安市最多，占总产量80%以上。从品质上说，以金寨县齐山、黄石、里冲、裕安区黄巢尖、红石等地为最佳。齐山名片，又称金寨名片、齐山云雾瓜片，可能是六安瓜片的极品茶了。这里是山区，海拔一般在100米至600米。因为雨量充沛，在流水的切削下，地貌景观多样，高山、盆地、低岭、丘陵交替。这一带林地多，耕地少，茶园坡度通常都是25℃以上。四季分明，气候温暖，光照充足，无霜期较长。据史料记载，这里的气温、光照、降水、土壤，都极适宜茶树生长。

气温：春秋凉爽，冬夏温和，年平均气温16℃左右。无霜期长，每年无霜期超过200天。1月份平均气温2.1℃，7月份平均气温28.2℃。春秋气温凉爽温和，4月和10月平均气温分别为15.4℃、16.7℃。海拔100米至300米，常年平均气温15℃。海拔300米以上，低于14℃。年平均无霜期210天至220天。光照：每年日照时间为2000小时至2230小时，年日照百分率在50%左右。

降水：年平均降水量在1200毫米至1400毫米。据统计，25年平均年降水中，春季占28.9%，夏季占41.1%，秋季占19.4%，冬季占10.6%。年平均降水天数为126天，常年相对湿度80%，属于湿润地带。土壤：内山区以黄棕壤为主，包括普通黄棕壤与山地黄棕壤，母质多为花岗岩、花岗片麻岩、角闪片麻岩。土壤肥沃，深厚达1.5米。土壤中有机质含量高，土壤肥力和通透性好。外山区属分化而成的黄棕壤，土层厚，但耕作层浅，底层常有不透水黏盘层，肥力和通透性较差。一般来说，土层深厚，肥力高，能透性好，就是优质高产茶园区。

目前，国家质检总局已经确认六安瓜片的地理标志产品认证，将其正式列入国家非物质文化遗产名录，详细确认了六安瓜片茶原产地保护范围是六安市的二十六个乡镇，包括六安、金寨、霍县三地。这二十六个乡镇都是六安瓜片的主产地，它们是六安市裕安区石婆店镇、石板冲乡、独山镇、西河口乡、青山乡，金寨县响洪甸镇、青山镇、燕子河镇、响齐办、天堂寨镇、古碑镇、张冲乡、油坊店乡、长岭乡、槐树湾乡、张畈乡，霍山县佛子岭镇、黑石渡镇、诸佛庵镇、磨子潭镇、漫水河镇、太阳乡、大化坪镇，金安区毛坦厂镇、东河口镇、舒城县晓天镇。名列第一的石婆店镇是六安瓜片茶的正宗产地，在瓜片的形、色、味、香上达到极致，工艺超群，堪称一绝。

二、历史

从史料记载上看，六安茶历史悠久，起码在秦汉之间就已经出现，距今有两千余年的历史。经历了六朝时期的发展，到唐宋年间，六安茶已经颇具规模，名扬天下。唐代茶圣陆羽在《茶经》中特别提到六安茶，称庐州六安。《罗田县志》记载："宋太祖乾德三年（965年），官府曾在麻埠、开顺设立茶站。"《六安州志》称："齐头绝顶常为云雾所封，其上产茶甚壮，而味独冲淡。"

明代时，六安茶已经闻名全国，成为皇帝御用的宫廷贡品。六安茶有消食化积之功能，能够入药。明代学者屠隆写《茶笺》，他特地写到六安茶："六安，品亦精，入药最效。"学者陈霆在《两山墨谈》中说："六安茶，为天下第一。有司仓贡之余，例馈权贵与朝士之故旧者。'玉堂联句有云：七碗清风自六安，每随佳兴入诗坛。'"六安茶作贡茶，身价百倍。据说，其头芽一斤，价值白金一两。六安是古地，历史上，分别称为郡、军、州，辖地范围大小不一，大致包括今安徽六安县、霍山县、金寨县；湖北英山、河南固始等县也一度包括在内。从历史上看，六安茶，明代主要是指霍山茶，清代则包括六安、金寨茶。

三、贡品

明清时期，六安茶列为贡品，前后有三百余年的贡茶历史。从六安茶的历史发展来看，明清时期是六安茶发展的黄金时代，也是六安茶最为繁荣昌盛的时期。正式确定六安为贡茶，是在明嘉靖三十六年（1557年）。这一年，武夷茶罢去贡茶资格，明室指定六安茶为贡茶，直到到清咸丰年间（1851—1861年）取消进贡茶，历时三百余年。从贡茶时间上看，六安瓜片经历了明清两个朝代。可以说，六安瓜片是中国历史上贡茶时间最长的贡茶。

清代时期，六安茶是贡品中的重点贡品。皇帝多次下旨，必须确保六安茶按期按量进贡，不许折合银两。乾隆二年（1737年）四月十五日，有总管内务府满文《奏请暂免六安州霍县等地贡茶折》。乾隆六年（1741年）五月初七日，有满汉文《奏报盘查广储司六库多出六安茶归类情形折》。皇帝圣旨："知道了，六安茶所交所用缘由查明具奏。钦此。"乾隆六年五月十七日，有满汉文《奏请每年额解六安茶四百袋折》：

总管内务府谨奏为奏闻事。臣等遵旨，查得茶库所进所用六安芽茶缘由一事，于康熙五年六月内奉旨是问该部此茶或系该处出产之物，或系进贡，或销算钱粮交进缘由查明，钦此。随后据礼部复称，会典内开旧例，每年所进新茶，俱由出产之处解运等语。今江南六安州霍山县每年所解新茶非系折算钱粮等回在案。又于乾隆二年二月内经安庆巡抚赵国麟奏称：窃照六安州霍山县每年例解进贡六安芽茶三百袋，始系茶户办纳本色，交官起解。每茶一窠，止征水脚解费，银二钱二三分不等。后因民办本色不能划一，每奉发换补解，民多苦累，于康熙三十七年据士民公请纳银官办，是时册载，茶四千九百余窠，每窠议折银三钱五分。嗣于康熙四十六七年，窠被水冲，兼树老茶荒，豁除一千二百余窠，不敷办解，复议。每窠征银四钱五分，历年办解，官民无误。雍正十年部文添办六安芽茶一百袋，永著为例。每窠又议增银一钱五分，现今每年额解四百袋，重七百斤。每窠共征银六钱。

乾隆帝朝服像

乾隆元年王公等分家部行添办茶七百二十袋，又增征办解在案。伏思茶户之解茶，犹田户之纳赋，固小民任土作贡之常经，唯是产茶之地不加于前而办茶之银屡增于后，旧为四钱五分，复征六钱，民力自觉艰难。请嗣后每年以三百袋为额，每窠止征银四钱五分。其奉文新增一百袋动存公银两添补办解。如奉文额外需用者亦领存公银两采办，永不加征茶户等因具奏。

奉朱批：总管内务府王大臣议奏钦此。随经臣衙门复奏以增添六安芽茶一百袋系康熙五十九年增添之项，遵行已久，应仍照旧例办解。其分给王公茶斤自应动用官银办解，不应加派于民。但此项茶斤，业已送到，而该抚又称民力艰难等语，请将六安芽茶四百袋，自乾隆三年为始，停解二年，以舒民力，其解到六安芽茶七百二十袋相应储库，以抵二年供用，其应分王公茶斤，于清茶房交出之普洱等茶一千七百十斤内动用一千二百六十斤分给等因，奏准在案。又查得现今内廷清茶房及各寺庙等处，每月需用六安芽茶三十余袋，合计每年需用六安芽茶四百余袋不等，但每年所进六安芽茶仅有四百袋，以前不敷应用茶斤没有库存，清茶房交出之普洱等茶四百余斤，是以足用。再库储由户部领去，浙省解交散芽茶，每斤销算价银六分，较之六安芽茶稍次，嗣后各处领用茶斤，有可节省者，令其酌量节省。如额交六安芽茶实不敷用，即以散芽茶补用可也。为此，仅将各处用项细数另缮清折一件奏闻等因于乾隆六年五月十七日交与奏事员外郎萨哈岱转奏。

奉旨：慈宁宫佛堂、御花园佛堂、景山学艺处所用六安茶俱着减半，给予其各处办道场及药房配仙药茶等项所用六安茶着内务府总管等酌量减半给予。钦此。

附件《各处所用六安茶数目折》，详细列出各宫殿及王公、公主、道场所用六安的具体数目：

福佑寺每月用六安茶十五两

中正殿每月用六安茶十五两

慈宁宫佛堂每月用六安茶二觔（斤）

御花园每月用六安茶三斤

永宁寺每月用六安茶十五两

圣花寺每月用六安茶十五两

清茶房每年传用六安茶五十余袋不等。

皇太后每月用六安茶一斤

妃每月每位用六安茶十二两

嫔每月每位用六安茶十二两

贵人每月每位用六安茶六两

常在每月每位用六安茶六两

答应每月每位用六安茶三两

果亲王阿奇公主每月每位用六安茶四两二两不等

和硕淑顺公主和硕端柔公主每月每位用六安茶十二两

景山学艺处每月用六安茶十二斤

各处办道场及药房配仙药茶等项每年约用六安茶一百八十余斤

以上每月用六安茶三十七袋

一年通共用六安茶四百四十七袋

六安的供应必须每年按时进呈，即使是战争期间也要千方百计解到，确保每年宫中 400 斤的需要。咸丰八年（1858 年）二月二十四日，总管内务府汉文《奏为饬安徽巡抚采办内用六安茶解京事折》称：

总管内务府谨奏为奏闻请旨事：查向来上茶房及内廷主位宫分月例用六安茶一款，从前由安徽巡抚每年采办解京，年递一年，足敷应用。每届岁底，臣等将一年例用之数一并恭进，历经办理在案。计自咸丰三年起，因安徽省霍山县被匪滋扰以来，迄今六年之久，未经解到。臣等节次咨催，曾经该抚复称：于咸丰三年四月二十一日奏准，霍山县地方被匪滋扰，茶商歇业，所有应进例贡茶叶请俟军务告竣再行采办，委员解京等因。今查安徽省霍山县业已平靖，道路疏通，应进岁贡茶叶似可仍复旧制，相应请旨饬催安徽巡抚，遵照旧章，赶紧采买，务期年内解京，恭备上用，敬谨办理。其上茶房年例用六安茶九十袋，并内廷主位宫分每月例用六安茶十四斤，约计一年共用四百余斤。现在广储司茶库所存六安茶将次用竣，不敷本年应用。臣等拟请俟安徽解到六安茶即行恭进。臣等因库款短绌起见，是否有当，伏祈圣鉴训示遵行，为此谨奏请旨等因。咸丰八年二月二十四日总管内务府大臣裕诚、瑞麟、麟魁、文丰。于咸丰八年二月二十四日具奏奉旨：依议钦此。

同治四年（1865 年）六月十二日，有《总管内务府奏为安徽巡抚进到贡芽茶等转饬茶库验收折》。

四、采制

六安瓜片采摘方法独特，制作工艺与众不同。采摘茶叶时，茶农选取茶树茶枝中的嫩梢壮叶，去梗去芽。所以，六安瓜片在众多茶叶之中形成独树一帜的茶品，其最大的特色是无梗无芽的叶片，茶叶肉质醇厚，营养丰富，口感甚佳，成为中国绿茶之中唯一一种去梗去芽的片茶。依据采摘季节的不同，六安瓜片分为三个品级：谷雨前采摘的，质量最好，称为提片，作为贡品进献皇宫；谷雨采摘的，数量大，品质优，口感好，称为瓜片；梅雨时期采摘的，茶叶粗老，质量一般，称为梅片。特别指出的是，六安瓜片是外形酷似瓜子形状的单片，茶叶自然伸展，叶缘微微上翘；茶叶整齐均匀，色泽鲜绿亮丽，汤色澄明明亮，没有芽尖，没有茶梗；味道清香，甘醇可口，滋味绵长。

六安瓜片的制作方法较为简捷，但每一道工序，一丝不苟，不容半点儿苟且。制作工序分五道：生锅、熟锅、毛火、小火、老火。炒制工具较为特别，有原始生锅、芒花帚和栗炭，以拉火翻烘，人工翻炒，前后烘、炒达八十一次，茶叶单片，不带梗芽，色泽宝绿。在制作工艺上，独树一帜的地方有三点：一是采摘茶叶之后，严格分离梗叶，不留梗，不留芽，分别进行杀青；二是炒茶、揉茶相结合，杀青与做形几乎同时完成；三是火候工夫必须精湛，特别是最后一关的老火技术务必熟练掌握，出神入化。

六安瓜片讲究老火，最不容易掌握的也是老火。木炭烘烤，拉老火时，六安瓜片在许多方面都是独占鳌头的，尤其是木炭火焰之猛烈、上烘时间之短暂、翻烘次数之多等诸方面，在茶叶烘焙技术上都是最高的。史书称赞六安瓜片的制茶工艺，描述为：火光冲天，热浪滚滚。拉上拉下，以火攻茶。在这些独特的技艺之下，形成六安瓜片的独有特色：色亮，茶香，味醇，形美。

六安瓜片传统制茶工艺，概括起来，主要是三道，详解如下：

第一道采摘：新梢长到一芽三四叶时开面，叶片生长基本成熟。

第二道扳片：采摘鲜叶后，经过摊凉、散热，再进行手工扳片，就是将每一枝芽叶的芽、叶、梗分开。摘片时，要将断梢上的茶芽和第一叶至第四叶用手一一摘下，随摘随炒。第一叶制提片，第二叶制瓜片，第三叶或第四叶制梅片。嫩芽炒银针，茶梗炒针把，叶片分老嫩片，炒制瓜片。

第三道分炒：摘片以后，开始炒片，主要是分生锅和熟锅分炒，每次投鲜叶不宜多，以一两至二两为宜。生锅是高温，目的是翻抖杀青。相比之下，熟锅是低温，以低温炒拍成形。翻炒的目的，最关键在于把鲜叶杀青和将叶片炒开。炒片起锅以后，再进行烘片。每次烘片，叶量也不宜多，以2两至3两为宜。烘时，先拉小火，再拉老火，直到清香四溢，叶片身上显露出白霜，茶叶的色泽宝绿，翠色均匀，就是最佳状态了。这时，一定要在茶香四溢之际，趁着热气，装入容器之中，密封起来，按时分类储存。这是一道典型的传统工艺，工具也是传统器具，有生锅、熟锅和竹丝帚或者芒花帚。

炒制的时候，时间和火候的掌握十分重要。炒生锅时，每次投放鲜叶，以三两为宜，翻炒时间不要超过 2 分钟。一旦鲜叶变软、变暗，立即转到熟锅，要一边炒，一边拍，使翻翘的叶子在热力下变成片状。要记住的是，六安瓜片的颜色、香味是与众不同的，之所以不同，最关键的地方就在火候，就是拉毛火、拉小火、拉老火。拉毛火前，要选择上好的栗炭，每烘一笼，放 3 斤左右，烘到约九成干时，迅速地拣去茶叶中的黄片、红筋、老叶、漂片等。

拉毛火一天以后，开始拉小火，每烘一笼，投茶叶照拉毛火时加倍，约 6 斤。拉小火火温不宜太高，一直烘到足干为止。拉老火时，瓜片的制作工艺进入高潮：老火场面很宏大，茶锅中的木炭通红，熊熊燃烧，火焰冲天。这时，两个人抬着烘笼上锅，烘上 5 秒钟左右，再抬下来，快速翻炒。如此循环往复，连续翻烘八十一次。最后，茶叶叶片宝绿，绿中带着白霜，香气四溢，趁热装桶密封，就是上乘六安瓜片了。烘烤上乘好茶，时间是最重要的，必须争分夺秒。宋代梅尧臣在《茗赋》描述说："当此时也，女废蚕织，男废农耕，夜不得息，昼不得停。"

六安瓜片，火候是关键，能够有效地传导火候的锅就显得格外重要了。锅分生锅、熟锅，生、熟不同，选择也不一样。炒茶茶锅，造型和大小大同小异，通常口径约 70 厘米，呈 30°倾斜，两锅相同，一生一熟。生锅温度大约在 100℃，熟锅则略低些。标准鲜叶，投叶量约三两，嫩些的酌减，老些的稍多。炒锅时，鲜叶下锅，用竹丝帚或芦花帚翻炒，大约 1 分钟。这次翻炒，主要是杀青。叶片变软后，将生锅茶叶转入熟锅，整理茶叶条形，边炒边拍，让茶叶逐渐变成片状。这时，用力是不同的，要视鲜叶嫩老程度的不同而定。嫩叶要轻翻，老叶要轻拍。茶叶定型，含水率大约 30%时，立即出锅，及时上烘。

据说，现在六安市拥有天然优质六安瓜片茶园 30 万亩，开发出六安瓜片三品十级等六安系列，每年产精品六安瓜片 6 万余斤，产品远销海内外。据分析，六安瓜片具有非凡的保健作用，在化学成分方面，主要是由蛋白质、脂质、碳水化合物、氨基酸、生物碱、茶多酚、有机酸、色素、香气成分、维生素、皂苷、甾醇等有机化合物和二十七种无

清·大雅斋瓷器

机矿元素磷、钾、硫、镁、锰、氟、铝、钙、钠、铁、铜、锌、硒等组成。茶叶中含有丰富的叶蛋白，对人体十分有益。茶叶中含有的游离氨基酸，种类达二十多种，绝大多数是人体必需的氨基酸。茶叶中还含有可观的碳水化合物和脂质等物质，也都是人体所必需的成分。

五、品尝

品尝六安瓜片，讲究四法：观、闻、赏、品。品鉴时，要求高冲、低斟、括沫、淋盖。观茶：观看瓜片的瓜子形状和老嫩程度，观察瓜片的色泽和品质，有经验的人一观往往就能明白其瓜片的真假和品质的高下。闻茶：瓜片冲泡以后，茶叶立即散发出特有的清香，感觉神清气爽，滋味绵长，就是上佳好茶。赏茶：茶叶冲泡时，瓜片上下翻腾，瓜子形状的叶片慢慢舒展，伴随着特殊的清香，瓜片完全展开，漂浮在明净的茶杯之中，颜色宝绿，鲜丽可人，让人迫不及待地去品尝。品茶：赏茶之后，闻着瓜片特有的清香，立即就想品赏这款极品好茶了。品茶之前，先看茶汤，茶汤的色泽鲜澄明净，味道清香，就可品尝。品尝的时候，不妨选择一款心仪的茶具，用左手轻握茶杯，以食指、拇指环住杯边，以中指顶住杯底，低斟漫饮，细滚汤花，这就是三龙护鼎品汤花。

鉴赏六安瓜片，要掌握其特色、工艺和鉴别要点。天气正常的年景，瓜片新茶通常在谷雨前十天采摘出品。大量的新茶，也都是在谷雨前采摘完成的。瓜片鲜叶，必须长到开面才正式采摘。通常的情况是，早上采摘，下午板片、去梗、去芽。炒制的时候，分两部分：一是炒生锅和炒熟锅，二是拉毛火、拉小火、拉大火，每个步骤都很讲究。火候最重要，以竹篓装木炭，茶灶架木灰，炭火一次比一次猛烈，从火苗如萤到火苗盈尺。茶农抬篮、架炭、走烘，一步一抬，边烘边翻，赤身裸体，茶香在茶室中弥漫，看上去如古人跳古舞一般。如此八十余次，茶叶结霜，形如瓜子，清香满室。清康熙年间，文华殿大学士兼礼部尚书张英颇为得宠，他是安徽桐城人，一生喜爱品茶。他著《聪训齐语》，在卷首中写道："予少年嗜六安茶，中年饮武夷而甘，后乃知介茶之妙。此三种可以终老，其他不必问矣。介茶如名士，武夷如高士，六安如野士，皆可为岁寒之交。六安尤养脾，食饱最宜。"

鉴别六安瓜片，如同品尝瓜片一样，做到望、闻、观、尝，细品其色、香、味、形，就可以察看和辨别六安瓜片的真假和高下了。望：瓜片宝绿，望其茶叶铁青色，深青透翠，色泽鲜绿，就是烘制到位的好茶。凑近一闻，茶叶漂浮着淡淡的栗子幽香，可谓上乘瓜片。如果是草香，茶也不错，只是烘炒欠点儿火候。入口细嚼，苦甜相间之后，涌上一股清爽之气，就是正宗瓜片了。瓜片的外形也是一望可知：形如瓜子，大小均匀。闻：洁杯，轻水，冲泡瓜片，闻其香，感觉有一股浓厚的栗香缠绵不绝。细看汤色，茶汤莹亮透绿，干净清爽，没有混浊之态。观：冲泡之后，沿着杯子，细观其形。茶叶轻浮于上，随着叶片开汤，茶叶自下而上陆续下沉，沉至杯底。尝：宝绿鲜汤，晶莹透亮。入口之后，栗香四溢，味道甘醇清爽，一种少有的绵长滋味从心底浮起，仿佛要醉了，这就是醉茶。

六、吟咏

明代科学家徐光启特别喜爱六安茶，他在其农学专著《农政全书》之中，特地列出六安茶，指出："六安州之片茶，为茶之极品。"明代学者陈霆其也是一位品茶高手，尝遍了天下名茶，他在他的随笔《雨山默谈》中说：六安茶，为天下第一。有司包贡之余，例馈权贵与朝士之故旧者。明代大学者李东阳、萧显、李士实三位大臣和文士一生好茶，也是一起品茶的好友，他们在玉堂联句中，写下了《咏六安茶》：七碗清风自里边，每随佳兴入诗坛。纤芽出土春雷动，活火当炉夜雪残。陆羽旧经遗上品，高阳醉客避清欢。何时一酌中霖水？重试君漠小风团！

清乾隆四十一年（1702年）修定的《霍山县志》称："霍北迤逦而西，约二百余里，皆茶山也。"书中列出这一带的州茶山多达三十四处，包括：独山、麻埠、苏口、齐头冲、龙门冲、流波撞、香花岭等。从历史上看，这一带出产茶叶，名声远扬的茶叶有梅花片、兰花头、松罗春等，统称为小茶；蒸青饼茶，称薄片茶，又叫片茶。清代慈禧太后特别喜爱六安瓜片，曾明令每月专门供给齐山云雾瓜片茶叶十四两。贡茶味美，茶农艰辛，诗人曾写诗描述茶农之苦：催贡文移下官府，那管山寒芽未吐。焙成粒粒似莲心，谁知侬比莲心苦。《竹枝词》则这样描绘当年贡茶入京的情景：春雷昨夜报纤芽，雀舌银针尽内衙。柳外龙旗喧鼓吹，香风一路贡新茶。

明代名著《金瓶梅》、清代名著《红楼梦》都不惜笔墨地记述了六安茶。尤其是曹雪芹，他本人喜爱的茶叶就是六安茶，他在《红楼梦》

《乾隆抄本百廿四红楼梦稿》书册

一书，有八十多次提及六安茶。在第四十一回《贾宝玉品茶栊翠庵》中写道：妙玉听了，忙去烹了茶来。宝玉留神看她怎么行事，只见妙玉亲自捧了一个海棠花式雕漆填金云龙献寿的小茶盘，里面放一个成窑五彩小盖钟，捧与贾母。贾母道：我不吃六安茶。妙玉笑道：知道，这是老君眉。贾母接了，又问是什么水。妙玉笑回：是旧年蠲的雨水。贾母便吃了半盏，便笑着递与刘姥姥说：你尝尝这个茶。刘姥姥便一口吃尽，笑道：好是好，就是淡些，再熬浓些更好了。贾母众人都笑了起来。然后，众人都是一色官窑脱胎填白盖碗。……又见妙玉另拿出两只杯来，一个旁边有一个耳，杯上镌着三个隶字……妙玉笑道：你虽吃的了，也没这些茶糟蹋。岂不闻，一杯为品，二杯即是解渴的蠢物，三杯便是饮牛饮驴了！试想想，精通品茶之道的妙玉月下细品宝绿六安瓜片，那情景一定非常生动。

雀舌茶

雀舌茶是指一种嫩芽茶，因为其形状尖小，如同雀舌而得名。五代十国时，蜀人毛文锡写《茶谱》，他说："其横源雀舌、鸟嘴、麦颗，盖取其嫩芽所造，以其芽似之也。"唐代大诗人刘禹锡在《病中一二禅客见问因以谢之》诗中说："添炉烹雀舌，洒水净龙须！"

雀舌茶是安徽出产的一款贡茶，以金地、金龙雀舌最负盛名。金地雀舌又称金地茶，出于九华山。《九华山志》有东岩雀舌、金地茶条目的记载，每年以少量精品进贡宫廷。采摘时，鲜叶一芽一叶初展。制作上，有摊青、杀青、烘焙等工序。成形茶叶形似雀舌，直条稍扁，色泽黄绿油润，嫩香持久，滋味醇美鲜爽。金龙雀舌产于安徽休宁县西北的金龙山，这里与黄山毛峰产茶区相毗邻，品质最优的出产于金龙山上的金龙寺、上窟、官山等处，曾一度以贡品而闻名遐迩。后来，茶业不振，雀舌茶失传了相当长时间。1978 年、1984 年，金龙、金地雀舌经过调研以后，恢复生产。

珠兰茶

珠兰茶产于安徽歙县，很早就成为皇帝御用的宫廷贡茶。珠兰茶又称为珠兰花茶，幽香持久，清新淡雅，沁人肺腑。珠兰炒青、珠兰大方、珠兰黄山芽是珠兰茶之上品好茶，这种茶与茉莉花茶、白兰花茶不同，珠兰茶是窨制茶品，有一百天的吸香转化期，只有经过这一百天的转化期后，茶味花香才会达到极优效果。

清·雍正宜兴窑珠兰款芦雁纹茶叶罐

松萝茶

松萝茶，又称休宁松萝，出产于安徽休宁城北松萝山一带，因山而得名。《诗经·小雅》称："茑与女萝，施于松柏。"松萝之名，源于此诗。明代时，大画家沈周写《书芥茶别论后》，有新安松萝之说。康熙三十二年（1693年）修成《休宁县志》，书中记载："茶，邑之镇山曰松萝，远麓为榔源，多种茶。僧得吴人郭第制法，遂名松萝，名噪一时，茶因踊贵。"松萝茶是炒青制成的茶品，在质量上优于唐宋时期的蒸青茶，自问世以后，闻名遐迩，成为皇帝御用贡茶。各大茶区纷纷仿效，借用松萝茶名。

康熙二十三年（1684年）修成《江南通志》，书中记载："宁国府宣、泾、宁、旌、太诸山产松萝茶。"从各地地方志记载上看，名松萝茶者，主要有安徽九华金地、松萝，六安霍山松萝，歙之北源松萝，湖北黄州松萝，江西婺源松萝，福建武夷松萝、福安松萝等。成品松萝条索紧密，卷曲匀壮，色泽绿润，香气清爽，滋味浓厚，有橄榄香醇的味道。松萝最大的特色，就是三重：色重、香重、味重。也就是通常所说的，松萝三特色：色绿、香高、味浓。

银针茶

银针茶，是六安银针茶之一种，是银针茶的极品茶。清代学者袁枚在《随园食单》中，专门写到六安银针茶。清乾隆四十一年（1776年）修成《霍山县志》，书中记载："本山货属，以茶为冠。其品之最上者，曰银针（仅取枝顶一枪），次曰雀舌（取枝顶二叶微展者），又次曰梅花片（择最嫩叶为之），曰兰花头（取枝顶三五叶为之，曰松萝（仿徽茗之法，但徽制截叶，霍制全叶），皆由人工采制，俱以雨前为贵。其任枝干之天然而制成者，最上曰毛尖，有贡尖、蕊尖、雨前尖、雨后尖、东山尖、西山尖等名（西山尖多出雨后，枝干长大，而味胜东山之雨前）。次曰连枝，有白连、绿连、黑连数种，皆以老嫩分等次也。至茶至老而不胜细摘，则并其宿叶捋而雉之，曰翻柯，皆为头茶。至五月初，复苗新茎，其叶较头茶大而肥厚，味稍近涩，价不及头茶连枝之半，是为子茶。"

梅片茶

梅片茶，又称梅花片，是六安银针茶之一种。

黄山云雾茶

黄山云雾茶，出产于黄山悬崖峭壁、云雾缭绕之中而得名。明清时期，是皇帝御用的贡茶，以其特有的风味而闻名遐迩。《黄山志》记载：黄山云雾茶，是僧人在石隙间植养，微香冷韵，远胜匡云雾。清代学者汪澄云在《素壶便录》中说：黄山有云雾茶，产高峰绝顶，烟云荡漾，雾露滋培，其柯有历百年者。气息恬雅，芳香扑鼻，绝无俗味，当为茶品中第一。（《素壶便录》卷上）

十二　江西贡茶

江西也是中国重要的产茶区，以庐山和贡茶而驰名天下。江西在历史上出产了不少名茶，以庐山云雾茶和砖茶、芥茶作为皇帝御用的贡茶而闻名遐迩。

庐山茶

庐山，古称匡山、匡庐。相传，殷、周之际，有匡姓兄弟在这里结庐定居，隐逸山林，故称。庐山位于江西北部，九江之南，星子县西边。主峰叫汉阳峰，海拔 1474 米。庐山濒临长江，山下是浩渺的鄱阳湖。庐山高山耸立，峭壁如林，泉水流泻，古木苍翠。每当阳光明媚之时，庐山云蒸霞蔚，雾气弥漫，气候湿润，是茶树生长的极佳之地。大约在汉末时，庐山就建造了许多佛寺，僧侣云集，香火极旺。他们种茶、栽茶、品茶、赏茶，过着神仙一样的生活。从此，庐山就成了文人雅士、隐君豪客、僧侣道人的寄身之所，也是他们种植茶树、以茶会友的天堂。唐代大诗人白居易就喜爱庐山，曾在香炉峰下结草庐而居，开辟茶园种植茶树。他写下了《香炉峰下新置草堂即事咏怀题于石上》一诗，他在诗中写道："架岩结茅宇，断壑开茶园。"大约从宋代起，庐山云雾茶就闻名遐迩，成为皇帝御用的贡茶，每年解送宫廷。

永安、永新、安远砖茶

砖茶，以成品茶形状如砖而得名。这是一种紧压茶，古时称为压砖。宋代时，砖茶就十分有名。宋诗人梅尧臣喜欢这种茶，曾写有《志来上人寄示酴醾花并压砖茶有感诗》。江西永安、永新、安远以产砖茶而闻名遐迩，成为朝廷指定的贡茶。江西永新二十里左右的外义山下，有一种泉水，人称聪明泉。泉水从石中渗出，甘冽可口，宜于煮茶、泡茶，以聪明泉沏永新砖茶，是文人雅士们向往的美好生活享受。宋代诗人刘沆就是义山人，他写诗感叹："义山之下有灵泉，泉号聪明自古传。四百年中三相出，不才何幸继前贤！"

宁邑芥茶

芥茶出产于江西宁都，是这里最负盛名的贡茶之一。宋代乐史在《太平寰宇记》中说："江南西道诸茶产，虔州土产。"清代学者赵学敏在《本草纲目拾遗》中说："《宦游笔记》：芥茶出赣州府宁都县，制法与江南之芥片异。"《茶疏》："芥茶不炒，甑蒸熟。然后，烘焙，此指江南者而言耳。出江西者，大叶多梗，但生晒不径火气，枪叶舒畅，生鲜可爱。其性最消导，储饭一瓯，以茶泡之，径半日，饭不加涨，而消少许。故饱食者，宜饮此茶。"

明清时，芥茶以其独特的品质闻名遐迩，渐渐成为地方进献宫廷的贡茶。清雍正十年（1732年）《江西通志》记载："芥茶，出宁都紫云峰，香味第一，不可多得。"（《江西通志》卷二十七）清道光四年（1824年）修成《宁都直隶州志》，书中记载："芥茶，出州治之西一带石山，而以冠石为最。明季，南昌林时益寓居此山，遂家焉。课子弟，艺茶为业，种茶、采茶、造茶、储茶，各得其法，世称林芥。近日如黄竹寨、竹坑村、官人山、赤竹峰等处，所产色香味均无不美，向时土贡，悉产于此。瑞金以铜钵山产者为佳，石城以通天岩产者为佳，二县称其几与林芥争胜，益见芥茶之足珍也！"（《宁都直隶州志》卷十二）

十三　湖北贡茶

　　湖北湖泊众多，人称千湖之省、鱼米之乡。湖北多山地、丘陵，濒临江河湖泊，云雾缭绕，阳光充足，土壤肥沃，出产优良茶叶。湖北历史悠久，名茶辈出，主要包括砖茶、白茶、云雾茶、黄州茶、峡州茶、通山茶、郧尔茶、蕲州团黄、碧涧芽茶、巴东真香茶。《麻城县志》记载："蕲州茶生黄梅县山谷，黄州茶生麻城县山谷，品与荆州、梁州同。真香茶出产于巴东郡，又称为真茶。"唐茶圣陆羽在《茶经》中

湖北的丘陵风光

说："巴东别有真茗茶，煎饮令人不眠。"《茶谱》称："渠江有薄片，巴东有真香，项链名皆著。"

白茶

《湖北通志》记载："白茶，《元和郡县志》、《唐书·地理志》：'归州贡。'《寰宇记》：'归州土产。'按《大观茶论》：'白茶，自为一种，与众茶不同。林崖间偶然生出，非人力所可致，盖非种莳得之者也。'"（《湖北通志》卷二十二）

峡州茶

《湖北通志》记载："《茶经》：'峡州茶，生宜都、夷陵山谷。'《茶谱》云：'峡州小江园碧涧寮、明月寮、芳药寮、茱萸寮，皆茶之极品，是峡茶旧已擅称。故《通典》、《元和志》、《唐书地理志》皆言峡州贡茶。'《寰宇记》亦言峡州土产茶。《宋史食货志》言归、峡二州皆置场采造，隶于官，此并唐、宋时峡州出茶之证也。"（《湖北通志》二十二）

峡州碧涧寮出峡州，其茶称碧涧茶，其地在今湖北宜昌、宜都和远安等地，唐、宋、元、明著作多有记述。此茶又称碧涧茶，是湖北特产。唐李肇《唐国史补》、杨华《膳夫经手录》，明顾元庆删校《茶谱》，清《致富寄书广集》都有记载。宋代乐史《太平寰宇记》记载："'荆州土产，松滋县出碧涧茶。'沈子曰：'茶饼茶芽，今贡。'"另外，峡州明月寮出产茶叶称明月茶，峡州茱萸寮所产茶称茱萸茶。

通山茶

通山茶是湖北著名贡茶，出产于通山。在通山还形成了一种特殊

清·道光宜兴窑石楳摹古款紫砂镶玉槟榔木壶

的戏曲曲种，称为通山采茶戏，流行于通山一带，与黄梅采茶戏、江西采茶戏有渊源。

蕲州团黄

《湖北通志》记载："《唐书地理志》：'蕲州蕲春郡，土贡茶。黄州齐安郡，土贡松萝。'按《群芳谱》引《西吴枝乘》云：'茗以武夷、虎丘者为第一，淡而远。松萝、龙井次之，香而艳也。是松萝，乃茶名。……蕲州茶，出蕲春、蕲水二县之北山。'又云：'茶山在蕲水县北深川，每年采造贡茶之所。'《舆地纪胜》言：'天书崖在蕲州东，有茶场。此可证唐、宋时出产之饶也。'"（《湖北通志》二十二）唐李肇写《唐国史补》，书中称："蕲州有蕲门团黄。"杨华《膳夫经手录》记："蕲州蕲水团黄，团薄饼。"清人《致富奇书广集》记："自古入贡，茶品最高者，有蕲州月圆茶。"

碧涧芽茶

《宋史·地理志》称:"碧涧芽茶,江陵府贡。"《寰宇记》:"荆州土产。"按《茶经》言:"茶出山南者,以荆州为次,其茶生江陵县山谷。"《宋史·食货志》言:"榷场之务六,采造之场十三,江陵府皆居一焉。其茶有片,有散,片茶出江陵者,有龙溪、雨前、雨后十一等。崇宁元年,定诸路措置茶事官,复置司于荆南。"清修《明史·食货志》称:"茶产之所,湖广曰荆州,是江陵产茶,自唐至明皆著称,今无闻矣。"

十四 湖南贡茶

湖南地处长江中游，其潭州、岳州都是产茶胜地。这里山高水阔，云雾缭绕，名山汇集，特别是君山、衡山耸立江崖，是茶树天然生长的极佳之地。湖南名茶荟萃，主要包括安化茶、界亭、君山茶、衡山茶等。

安化茶

湖南安化出产好茶，人称安化茶，是历史上有名的贡茶。安化茶是黑茶中的名品，是经过精心制作而成的一种篓装茶。安化茶，古称仙茶。明代修《一统志》，记载："安化出茶。"清同治十一年（1872 年）修成《安化县志》，书中称："仙茶园，在县治东六十里归化乡，仙茶水出焉。"《潇湘听雨录》称："湘中产茶，不一其地。安化售于湘潭，即名湘潭，极为行远。邑土产推此为第一，盖缘芙蓉山有仙茶，故名益著。"

君山茶

君山茶，是指湖南岳阳洞庭湖君山岛所产的茶。君山产茶，历史十分悠久，很早就被列为贡茶。据说，君山岛上有一座崇圣寺，寺院墙壁上，有一块大石碑。这块石碑是明朝文物，为明世宗嘉靖年间中宪大夫孙继鲁所立。孙继鲁好茶，　也是一位品茶大师。他久闻君山茶的美名，在督学湖广时，曾亲自登临君山，细品君山茶，写下了《登山记》，树碑立传，刻文留念，在文中详细地记述了君山茶的来历。据孙氏说，君山茶有数千年的历史，它的第一粒茶种是舜帝南巡时，由娥皇和女英亲自在君山播种的。经过精心培育，这些茶种终于在白鹤寺栽培成功，长出了三蔸健康茁壮的茶苗，这就是君山茶的鼻祖。君山茶，源于三蔸茶的传说，就是起源于此。

唐时，君山茶已经闻名遐迩。李肇《唐国史补·因话》称："风俗贵茶，茶之名品益众。剑南有蒙顶石花，或小方，或散牙，号为第一。湖南有衡山茶，岳州有澧湖之含膏。"裴汶著《茶述》，书中记载："今宇内土贡实众，而顾渚、蕲阳、蒙山为上，其次寿阳、义兴、碧涧、澧湖、衡山，最下有鄱阳、浮梁。"唐末僧人齐已喜爱君山茶，他写诗描写了君山出产贡茶的特别感觉："澧湖惟上贡，何以惠寻常？还是诗心苦，堪消蜡面香。碾声通一室，烹色带残阳。若有新春者，西来信勿忘。"（《全唐诗》卷八四）

澧湖，今岳阳市南湖。南湖是古湖，曾一直是古代洞庭湖的一个小湖汊。南湖水面很浩渺，曾与君山连成一体，环绕澧湖的青山与著名的君山相邻。澧湖茶，就是指今北港龙山、龟山、君山等环澧湖诸山所产的茶叶。从史料上看，唐代初期、中期，君山茶已经闻名遐迩，成为地方的优质茶。大约在唐末时，君山茶正式成为进贡宫廷由皇帝御用的贡品茶。

宋代茶事发达，也是中国茶叶事业的大发展时期。当时，经济繁荣，人们生活很富裕，品茶蔚然成风。皇帝注重饮茶，官府设立贡茶院，专门负责贡茶事务，精心钻研制茶工艺，品评茶叶，选拔优质贡茶。一时之间，名茶迭出，许多名品贡茶进入宫廷。当时，岳州澧湖含膏、黄翎毛独步当世，成为一代名品，选定为皇室专用的贡茶。马端临在《文献通考》中说："独行灵草、绿芽、片金、金茗，出潭州。大小巴陵、开胜、开卷、小卷生、黄翎毛，出岳州。双上、绿芽、大小方，出岳、辰、澧州。"明陈仁锡著《潜确类书》，他多年研究湖南茶叶，对佳品湘茶很有见地。他说："潭州之独行灵草，岳州之黄翎毛，岳州之含膏冷……此皆唐、宋时产茶地及名也，见《茶谱》、《通考》。以上，为昔日之佳品。"

　　澠湖茶，在岁月变迁中不断地扩大再生产，产茶地域也不断扩大，渐渐衍而为君山茶与北港茶。明代时，许多文臣儒士撰写诗词文赋，记述君山茶，称赞君山茶清香味美。明诗人姜廷颐，品尝君山茶，写下了《过君山值雨》诗："十二青螺寺作家，晓寻诗句乞僧茶。"花湛露游览君山，喜欢在古壁题诗。他在《游君山遍览诸胜仿长吉古体书壁》诗中写道："满山犄角饱寺僧，数亩紫茸供过客。"才子沈间闲游君山，写下《游君山》诗："竹产方龙千岁杖，茶凝甘露玉硝馨……僧煮茶兮香雾横，

清末锡制海棠式錾花茶叶筒

采方竹兮果奇珍。"士人胡容游君山,写下《游君山》赋,赋中有一名句:"茶烟歇于僧舍,归鸟栖于林窦。"

清代时,君山茶分为尖茶、蔸茶。当时,采摘茶叶之后,先行拣尖,将茶叶芽头和叶片分开。茶叶芽头形状如箭的,称为尖茶,芽头上满是白毛,茸然可观者,作为进呈皇宫的贡品,称为贡尖。拣尖以后,将贡尖之外剩下的茶叶蔸在一起,称为贡蔸。贡蔸不用作贡茶,颜色发黑,茸毛较少。经过多年的栽培、发展,清代的君山茶成为一代名茶。清代江昱推君山毛尖茶为湘茶第一,他在《潇湘听雨录》说:"洞庭君山之毛尖,当推第一,虽与银针、雀舌诸品较,未见高下。但所产不多,不足供四方尔。"

清代学者袁枚也推崇君山茶,认为君山茶与龙井不相上下。他在《随园食单》中说:"洞庭君山出茶,色味与龙井相同,叶微宽而绿过之,采掇最少。"王湘琦是一代品茶大师,喜爱饮君山茶。据他说,君山茶很特别,尤其特别之处是茶叶叶尖上冲,所以,皇帝南郊祭天时,用君山茶。学者徐珂在《梦湘呓语》一书中,引用王湘琦论茶:"琦尝饮君山茶矣,则茶之至白者也。君山庙,有茶树十余棵。当发芽时,岳州守派员监守之,防有人盗之也。岁以进贡,郊天时用之,以其叶上冲也。"

湖南的地方志书中,对君山茶也有大量记载。同治《湖南省志》记载:"巴陵君山产茶,嫩绿似莲心,岁以充贡。"同治《巴陵县志》认为:"君山有白鹤翎茶,又称白毛尖,由单芽头制成,白毫茸然,形似羽毛。"又有贡尖茶,茶叶采回后,抽出芽头制成,形质如同白鹤翎。在贡尖基础上,最后形成了君山银针茶。志书上说:"君山贡茶,自国朝乾隆四十六年(1781年)始,每岁贡十八斤。谷雨前,知县遣人监山僧采制一旗一枪,白毛茸然,俗呼白毛尖。""邑茶盛称于唐,始贡于五代马殷。旧传邕湖诸山,今则推君山矣。然君山所产无多,正贡之外,山僧所货贡余茶,间以北港地背平冈,出茶颇多,味甘香,亦胜他处。"意思是说,环邕湖诸山,也包括君山;邕湖茶,也就是君山茶和北港茶。

光绪时期，君山茶依旧是湖南茶中第一，出产少，专门用于进贡宫廷。光绪年抄本《巴陵乡土志》记载："茶，君山最贵，北港次贵。邕湖诸山，各洞皆茶。……洪桥茶，每岁出二万余斤，得价四千串左右，由水运销行武昌、汉口、芜湖、南京等处。化钱炉茶，每岁出三万余斤，得价六千串左右，由水运销行上海、广东等。河塘茶，每岁出二万余斤，得价四千串左右，由水运销行江西各处。各洞茶，每岁出五十余万斤，得价十万余串，由水运销行汉口、外洋等处。北港茶，每岁出十万余斤，得价二十万串左右，由水运销行华容、九都、安乡、长沙、湘潭、汉口等处。君山茶，出产无多，解贡作用。"

清道光以后，因为官场腐败，社会动荡，茶僧受到侵害，君山茶业严重受损。清同治《巴陵县志》收录了吴敏树所著《湖上客谈》，书中生动地记述了动荡时代贡茶的命运："贡茶，君山岁十八斤。官遣人监僧家造之，或至百斤，斤以钱六百偿之。僧造茶成，已斤费二千余钱矣。向时，买者可得四千。近以军事武弁过此，必买茶以馈大官，斤率九千六百，多则十二千，僧利害略相当。然事平，军船日少，茶已不售，而官供如故，则败茶之道也。"

进入民国以后，君山茶日渐衰败。民国十一年（1922年）10月17日，《大公报》发表了一位署名"老农"的文章《君山游记》，文中称："予于席间，举君山茶、泪竹二项，询诸住僧孙某（系湖北人）。据云，凡山上所产之茶，均称君山茶。此茶散种密林间，并不以为畛界分好歹，唯每年茶额仅三十余斤，每两售洋一元或二元不等。今年此项茶叶，已于五月间被匪劫掠尽净。今日各位所吃之茶，系拣摘零星茶叶而成。至于泪竹，早为游人连根挖去，据为私有，现在山中无此竹。"

君山银针茶

君山银针产于湖南岳阳洞庭湖君山，是中国十大名茶之一。君山，一称湘山、洞庭山，意思是神山、仙境。君山位于湖南岳阳市洞庭湖

清末锡制四方委角錾花茶叶筒

畔，这里古代称为岳州。在历史上，岳州是名城，君山是名山，许多古代神奇的故事和动人的传说都发生在这里，最有名的就是舜妃湘君游处，故称湘山。据史料记载，大约四千多年前，圣主帝舜勤于政务，一生劳禄，晚年时还奔波南巡。不幸的是，由于劳累过度，他死于苍梧，葬于九嶷山下。九嶷山位于湖南宁远县，又称苍梧山。《水经·湘水注》称："九嶷山盘基苍梧之野，峰秀数郡之间。罗岩九举，各导一溪，岫壑负阻，异岭同势，游者疑焉，故曰九疑山。"不得一日之清闲的圣主辞世，一时之间，大雨倾盆，天地为之动容。舜的两个爱妃娥皇、女英闻讯奔丧，风餐露宿，一路南行。她们坐船过洞庭湖，因为忧伤过度，忘记了风波之险。狂风大作，电闪雷鸣，船不幸被风浪打翻，两妃落入水中。危险时刻，烟波湖上，悠然漂来七十二只青螺，她们托起两妃，聚成一座君山。两妃扶掖南望，烟波浩渺，湖水茫茫，她们不禁扶着竹子伤心痛哭，汩汩的泪水滴在竹叶上，斑斑驳驳，这些竹子，人称湘妃竹，成为世代爱情的象征。二妃是君主之妃，所以人们称这里为君山。

君山位于湖南省洞庭湖之中，在岳阳城西约 30 里。这是一个美丽的小岛，岛上土壤很肥沃，土壤多砂质。这里风景秀丽，气候宜人，是茶叶理想的生长地，年平均温度 16℃左右，年平均降水量大约在 1300 毫米。春夏季节，湖水蒸发，终日云雾弥漫，岛上生机勃勃，竹木丛生，夏天的相对湿度约 80%，是茶叶生长的极佳生态环境。徐珂是位浪漫的文人，喜爱清谈和品茶。他在《梦湘呓语》中，大量记述了文人墨客的聚会。文人们喜欢品茗论茶，喝酒赋诗。他们觉得，茶以清雅为佳，太淡恨无味，太浓恨过苦，都不好，相比之下，君山茶最佳，故以君山为最贵。徐珂认为，君山茶很早就有名，早在唐宋时期就已经在文人中流行。他说："东坡云，茶欲其白。琦尝饮君山茶矣，则茶之至白者也。君山庙有茶树十余棵，当发芽时，岳州守派员监守之，防有人盗之也。岁以进贡，郊天时用之，以其叶上冲也。"

柳毅传书的故事感人至深，流传了上千年，故事就发生在君山。唐代李朝威写传奇小说《柳毅传》，写的是洞庭龙女遭夫家虐待，书生柳毅帮助她脱离苦海，两人相互爱慕，历经波折，终成眷属。元剧作家尚仲贤写杂剧《洞庭湖柳毅传书》，取材于《柳毅传》，生动地描写了书生柳毅传书救洞庭龙女的故事。直到今天，君山还有柳毅井。据说，柳毅井至今还有清泉，用井水烹茶或者酿酒，味道甘美，清香芬芳。君山的古迹很多，有秦始皇"封山"印、龙涎井、飞来钟。君山的自然风光极美，历代大诗人有不少诗歌称赞君山，唐代大诗人李白写诗描述："淡扫明湖开玉镜，丹青画出是君山。"唐代大诗人刘禹锡写诗将君山比喻为青螺："遥望洞庭山水翠，白银盘里一青螺。"

正如刘禹锡所描述的景色，君山是玉镜嵌君山，银盘托青螺。君山风光秀丽，不过，君山最有名的，还是君山银针茶。清代学者江昱研究湖南茶叶，他在《潇湘听雨录》中记载："湘中产茶，不一其地。……洞庭君山之毛尖，当推第一，虽与银针、雀舌诸品校，未见高下，但所产不多，不足供四方尔。"清代袁枚通晓饮食之道，对各地名茶有相当造诣，他在《随园食单》一书中将君山茶与龙井进行比较："洞庭君山出茶，色味与龙井相同，叶微宽而绿过之，采掇很少。"清代诗人万年谆喜爱君山茶，曾这样写诗描述自己的感觉："试把雀泉烹雀舌，烹来长似君山色。"

清代方志专家黄本骥著《湖南方物志》，书中较真实而全面地记录了湖南产茶的概况。《湖南省志》称："巴陵君山产茶，嫩绿似莲心，岁以充贡。"《巴陵县志》说："君山贡茶自清始，每岁贡十八斤。谷雨前，知县邀山僧采一旗一枪，白毛茸然，俗呼白毛茶。"曾燠诗云："一旗一枪此时采，煎入瓷瓯湘水毛。"白毛茶、湘水毛就是君山毛尖。从史料记载上看，君山茶分为贡尖、贡兜。茶叶采回之后，进行分拣，挑出芽头，称为尖茶。尖茶是上品茶，白毛茸然，用作进贡皇宫的贡品，故称贡尖。剩余的茶，称为贡兜，也是不错的君山茶。贡尖的精品，就是君山银针茶了。君山银针茶，起码在晚清时已经出现。《红楼梦》中提到的"老君眉茶"，就是君山银针茶。

君山银针的采摘时间很讲究，通常是在清明前三天，派经过训练的专门采茶工，直接上树或者架梯，从茶树上选采茶叶芽头。采茶工都带着茶篮，篮内铺一层白布，以防止篮子擦伤选采的芽头和芽头茸毛。选采芽头也是十分讲究的，尺寸、形态、芽叶等都有严格要求：芽头长约25毫米至30毫米，宽约3毫米至4毫米。芽头带芽蒂，芽蒂长约2毫米。芽头必须肥硕厚实，色泽鲜绿。每个芽头必须带有三四个已经长出、分化却没有完全展开的叶片。特别重要的是，君山银针历来讲究"九不采"，必须严格遵守，就是：雨天不采、露水芽不采、紫色芽不采、空心芽不采、开口芽不采、冻伤芽不采、虫伤芽不采、瘦弱芽不采、过长过短芽不采。

君山银针茶属于芽茶，是用特选的芽头制作而成的。这种君山茶，茶树特殊，品种优良，是出产上好芽头的好茶种。这种茶树树干粗壮，树枝稀疏，长出的芽头尤其肥壮厚实。据说，每斤君山银针茶，大约有

清末宜兴窑凸雕岁寒三友六方壶

2.5 万个芽头。君山银针茶是稀有的茶叶，每年产量不多。君山银针茶很有特色，个性鲜明，很容易鉴别：芽头肥壮，芽叶挺直，芽身金黄；茶叶密实，身披白毫；茶汤色泽橙黄，明亮干净；茶水清纯，香气持久，味道甜爽。

君山银针茶的主要标志是其芽头，根据芽头的肥壮程度，君山银针茶分为三级：特号、一号、二号。君山银针茶是一代名茶，其制造工艺较为复杂，做工十分精细，茶叶别具一格。君山银针茶特别讲究拣选和制作，每份成品茶叶，必须经历三昼夜，历时七十余小时才能完成。君山银针的制作过程有着严格的程序，根据其工艺的不同，主要分为八个阶段，又称为君山银针八道工序，这就是杀青、摊晾、初烘、初包闷黄、复烘、摊晾、复包闷黄、足火。

杀青：杀青前，将鲜叶杀青入锅进行清洁，然后磨光、打蜡。杀青时，将芽头放入大约 20℃的茶锅中。茶锅的火温很重要，要掌握火候，做到先高（100℃~120℃），后低（80℃）。每锅茶叶不能过多，投放茶叶大约在 300 克。茶叶下锅后，手工操作杀青：衣着干净整洁，伫立在锅前，平心静气，两手入锅，轻轻捞起茶叶，由怀内向前推，向上抖开、抛散，让芽头沿着茶锅下滑。如此循环反复，大约经过 4 分钟至 5 分钟。手工操作时，动作必须轻捷，手法要灵活，千万不能用力抛摔，如果重力摩擦，芽头就会弯曲、脱毫，茶叶芽头颜色变暗。一锅茶叶，经过杀青之后，芽蒂变得萎软，青气基本消失，茶叶发出淡淡的茶香，茶叶的重量减少约 30%，就算完成了，可以出锅。

摊晾：杀青芽头出锅之后，放在专用的小篾盘中。然后，轻扬篾盘多次，散发出锅内茶叶的热气，过滤茶末、杂片。摊凉大约 5 分钟，就可进行初烘。初烘：将摊晾好的芽头，放在炕灶上烘烤。特别注意的是，炕灶用炭火，初烘芽头时，要准确掌握温度，控制在 50℃至 60℃。初烘时间不宜过长，20 分钟左右，最多不超过 30 分钟，芽头大约干到五成，初烘完成。如果过干，初包闷黄的时候就会出现转色困难的情况，芽头的叶色仍然带着青绿，就不能做到香高色黄，自然就不是优质芽茶了；如果过湿，就会香气不足，茶叶的颜色发暗，没有光泽。

初包：初烘芽头之后，要进行短时的摊晾，然后就用专门的牛皮纸将芽头包好。每一包茶，大约 3 斤，放在专门的茶箱内，经过两天左右，大约 48 小时，称为初包闷黄。初包闷黄，意在形成色黄、香浓的君山银针茶，这是君山银针所特有的茶质，也是君山银针最重要的工序之一。特别注意的是，每包茶叶不宜过多，也不能过少，茶量要适中。茶量太多，芽头之间的化学变化较为剧烈，相互影响，芽头就会发暗。茶量太少，芽头颜色变黄较为缓慢，不能达到初包闷黄的要求。初包闷黄时，包中芽头经氧化反应，大量放热，温度升高，在 24 小时内，能达到 30℃左右。所以，闷黄一天左右，就要及时翻包，这样做，是为了使芽头闷黄颜色均匀。还有一点，就是初包闷黄的时间长短，要注意天气和气温。气温 20℃时，闷黄约 40 小时。同理，气温过高，可适时减少时间；气温过低，应适当延长时间。芽头出现黄色时，就可以松包了，进行下一个程序：复烘。

复烘：初包闷黄后，进行复烘，意在进一步蒸发芽头多余的水分，将初包闷黄时形成的颜色和香气固定下来，减缓其化学反应过程。复烘的温度控制在 50℃左右，时间不能太短，大约一个小时。复烘芽头，到八成干时，复烘完成。如果初包闷黄变色不足，就应该多留些水分，烘至七成干。摊晾：复烘后，仍然要进行适时摊晾，散发其热量。复包：复包与初包目的相同，方法也相同，大约 20 个小时，仔细观察芽头，颜色金黄，清香四溢，复包完成。足火：足火的目的是为完成芽头的色泽、水分达到适宜的程度，将茶叶定型下来。足火的温度很重要，一般是控制在 50℃至 55℃，烘茶的茶量不宜太多，通常是 1 斤左右，直到烘干为止。

完成了八道工序，君山银针茶就新鲜出炉了。然后，根据芽头的大小、肥瘦、曲直、色泽进行分级。最优者，芽头壮实，茶叶挺直，颜色亮黄。相对而言，茶叶瘦弱、弯曲、暗黄的列为次品。君山银针制作完成后，储藏也是十分重要的，储藏条件也极讲究。专业储藏方法是，将优质石膏烧熟捣碎，铺在茶箱底部。石膏上面，垫两层皮纸。然后，将皮纸包成小包的茶叶，一包包放在垫付的皮纸上面，平稳整齐，封箱盖好。如果长久保存，要定时更换石膏，这样，水分和温湿度保持在相对稳定的状态，银针茶才会经久保鲜，不变味，不变质，保持固有的色泽和香味。

冲泡君山银针茶也很讲究，最好是用洁净、透明的茶杯。茶水冲泡时，透过明净的杯子，可以看到沸水初始冲泡时芽尖朝上、蒂头下垂的动感情景。随后，芽头悬浮在水面，然后缓缓下降。芽头竖立在透明的杯底，或上或下，升降多次，通常是在三次左右。所以，君山银针茶，人称"三起三落"茶。最后，芽头竖立，沉于杯底，看上去恰如刀枪林立一般，也像雨后春笋。杯中的芽茶色泽鲜丽，芽叶和水色，浑然天成，整个杯子一片绿色，手拥玉翠，悠然品尝，自然神清气爽。

1954 年，君山银针首次参加德国莱比锡国际博览会，获金质奖章。

1955年至1956年，君山茶在日本、印度尼西亚等国展览，人称"金镶玉"。君山银针，是中国十大名茶之一，多次荣获国家级的奖励。1956年，在莱比锡国际博览会上，评定君山银针茶"金镶玉"，赢得了最高的金质奖章。

十五　江苏贡茶

　　江苏是中国有名的茶乡，以宜兴阳羡贡茶、春池茶、常州紫笋茶、扬州蜀冈茶、罗岕山罗岕茶、天池山天池茶、太湖洞庭山碧螺春茶、太湖洞庭山水月茶、苏州虎丘山虎丘茶、顾渚山明月峡明月茶最负盛名。古时，人们喜爱喝南茶，南茶包括江苏、浙江的茶品。清代诗人钱谦益写《余宰饷刁酒戏题示家纯中秀才》诗，其二称："北酒盈樽菜满盘，每因西笑忆长安。如今又想南茶吃，悔掷旗枪上马鞍。"

阳羡茶

　　阳羡茶出产于江苏宜兴，人称贡茶、国山茶。宜兴，濒临太湖，层峦叠嶂，风光绮丽，是产茶的绝好之地。阳羡茶的主要出产地是宜兴唐贡山、南岳寺、离墨山、茗岭等地。阳羡茶有三大特点：一是汤清，二是幽香，三是味醇。明代学者周高起喜爱阳羡茶，写下了《洞山茶系》一书，称赞说："阳羡茶淡黄不绿，叶茎淡白而厚。制成，梗极少。入汤色，柔白如玉露。味甘，芳香藏味中。空深永，啜之愈出，致在有无之外。"元代诗人吴克恭写《阳羡茶》诗：

南岳高僧开道场，阳羡贡茶传四方。

蛇衔事载风土记，客寄手题春雨香。

故人惠泉龙虎癭，吾兄紫笋鸿雁行。

安得茅斋傍青壁，松风石鼎夜联床。

一、历史

江苏宜兴产茶，历史很久远。古时，就称这里为毗陵茶、晋陵紫笋、阳羡贡茶、阳羡紫笋。宜兴，古时称为阳羡。宜兴，三代夏、商、周时，属扬州，名荆溪。春秋时，属吴国。灭吴后，隶越。楚宣王灭越，属楚。吴、越、楚时，宜兴由荆溪改称荆邑，属扬州。秦始皇统一全国，推行郡县制。秦政二十五年（前222年），扬州荆邑改隶会稽郡。第二年，荆邑更名为阳羡县。后来，更名为义兴、宜兴县。

大约在东汉时，阳羡开始产茶，闻名遐迩。三国之时的孙吴时期，阳羡茶就已经驰名大江南北，时人称为国山茶。国山是地名，就是今天的离墨山。据《宜兴县志》记载："离墨山，在县西南五十里。……山顶产佳茗，芳香冠他种。"阳羡茶，昌盛于唐朝。唐人陆羽一生嗜茶，人称茶圣。他为了研究好茶，特地在阳羡南山住了下来，静心研究，进行长时间地考察。陆羽撰写了名著《茶经》，他在开篇之中写茶之源，确定了上品之茶的生长条件："阳崖阴林，紫者上，绿者次，笋者上，芽者次。"陆羽经常品尝山僧进献的阳羡茶，认为这阳羡茶芳香冠世，可推为上品，可供御上方之家。由于陆羽的推重，阳羡茶名扬天下，不久就被确定为贡品，人称阳羡贡茶。

唐肃宗时，常州刺史李栖筠醉心茶事，在每年春天的茶汛季节，他在常州、湖州交会之地举行茶会，成为茶史中的雅事。皇帝特派专使前往宜兴，设立贡茶院，专门负责贡茶事务。贡茶制成后，通过专门驿道，日夜兼程，送往京城，赶上清明之前，用于皇宫清明宴，所以，时称此茶为急程茶。唐代诗人李郢《茶山焙歌》诗："凌烟触露不停采，官家赤印连贴催。……十里皇程路四千，到时须及清明宴。"

阳羡茶成熟于宋代，明清时期得到了极大的发展。宋代阳羡茶深受皇帝喜爱，皇亲国戚、达官望族、文人雅士都以品阳羡茶为时尚。苏轼是一位豪放的文人，喜爱江南山水，曾多次到宜兴，打心眼里喜欢阳羡茶，他对朋友们说，想买田阳羡，种橘养老。苏轼多次写诗词称赞阳羡茶，最有名的诗句就是："雪芽为我求阳羡，乳水君应饷惠泉。"史书《万历志》卷四记载："每年贡荐新茶九十斛，岁贡金字末茶一千斛，茶芽四百一十斛。"元代时，进贡阳羡茶数量是十分可观的。元朝贡茶院和磨茶所，兼管宜兴的贡茶。明清时期，阳羡茶一直确定为每年进献的贡品。

《宜兴县志》记载，阳羡茶的创始人，是一位农民，名叫潘三，当地人至今尊他为宜兴土地神。《苕溪渔隐丛话》收录了《重修义兴茶舍记》，记载：有一位农民，将阳羡山中的一种野茶，送给常州太守李栖筠。李太守请陆羽品尝、鉴定。陆羽确定为上品佳物，建议将这种灵草进贡给唐代宗。皇帝品尝之后，十分喜欢。唐诗人卢全，一生爱茶，人称亚圣。卢全喜爱宜兴，更喜爱阳羡茶，他在《走笔谢孟谏议寄新茶诗》中称赞说："天子须尝阳羡茶，百草不敢先开花。"明代文学家袁宏道品评天下名茶，指出："武夷茶有药味，龙井茶有豆味，而阳羡茶有金不味，够得上茶中上品。"清初刘继庄写《广阳杂记》，提出："天下茶品，阳羡为最。"

二、吟咏

阳羡茶，通常是在谷雨前采制，称为阳羡春茶。春茶焙制为成品后，茶条紧直，色翠显毫。汤色清亮，叶片匀整。清香淡雅，滋味甘醇。甘甜可口，沁人肺腑。阳羡茶，源于唐代诗人卢全的诗句。"阳羡"是"宜兴"的古称，以地名茶，指宜兴进贡的贡茶。唐时，"阳羡"称"义兴"，贡茶称"顾渚紫笋"或"义兴紫笋"。唐代顾渚贡茶，始于圣历初年，历时一百八十余年。唐张文规《湖州贡焙新茶》中说："凤辇寻春半醉回，仙娥进水御帘开。牡丹花笑金钿动，传奏吴兴紫笋来。"

苏州刺史白居易写《夜闻贾常州崔湖州茶山境会因寄此诗》："遥闻

境会茶山夜，珠翠歌钟且绕身。盘下中分两州界。灯前合作一家春。青娥对舞应争妙，紫笋齐尝各斗新。"宋朝停贡阳羡，改贡建瓯北苑。北宋文人晁说之写《谢仲长通判朝议兄惠顾渚茶》诗，感叹："天子不尝阳羡茶，二百余年空咨嗟。吾侬咨嗟苦未休，涛江春色远含羞。"大文人梅尧臣在《得雷太简自制蒙顶茶》诗中主说："陆羽旧《茶经》，一意重蒙顶。比来唯建溪，团片敌金饼。顾渚及阳羡，又复下越名。近来江国人，鹰爪夸双井。凡今天下品，非此不览君。"

宋北苑贡茶，历时一百六十余年。南宋绍兴年间，学者叶梦得说："草茶极品，推双井、顾渚，亦不过各有数亩。……顾渚在长兴县，所谓吉祥寺也，其半为今刘侍郎希范家所有。两地所产，亦止五六斤。……其精者在嫩芽，取其初萌如雀舌者谓之枪，稍敷而为叶者谓之旗。旗非所贵，不得已取一枪一旗犹可，过则老矣，此所以为难得也。"元朝时，在常州、湖州和平江三地，设立茶园都提举司，为皇家御茶之所管理茶区茶事，用四品印章，负责进贡金字末茶。

明代成化《毗陵志》记载："常州岁贡金字末茶一千斤，芽茶四百一十斤。"明朝废除了贡焙制，但阳羡茶依然确定进贡皇宫。明徐献忠记载说："我朝太祖皇帝喜顾渚茶，今定制岁贡止三十二斤。清明年（前）

清·宜兴窑荆溪惠孟臣制款菊瓣壶

二日，县官亲诣采造，进南京奉先殿焚香。"阳羡茶进贡的数量，据《毗陵志》载："国朝，荐新细芽茶一百斤。"《续志》说："洪武十年，岁贡芽条四十斤，岁进芽茶一万三千斤。"

元朝诗人谢应芳写《阳羡茶》诗，描述："南山茶树化劫灰，白蛇无复衔子来。频年雨露养遗植，先春粟粒珠含胎。待看茶焙春烟起，箬龙封春贡天子。谁能遗我小团月，烟火肺肝令一洗。"明学者谢肇淛品评天下名茶，提出："今茶品之上者，松萝也、虎丘也、罗岕（长兴）也、龙井也、阳羡也、天池（产吴县）也。"这里所说的"阳羡"，就是宜兴岕茶。张谦德在《茶经》中，列全国四十二种名茶，评定："其名皆著，品第之，则虎丘最上，阳羡真岕、蒙顶石花次之，又其次则姑胥天池、顾渚紫笋，碧涧明月之类是也。"

明代诗人马治喜爱阳羡茶，写《阳羡茶》诗称赞这种绝品贡茶：

> 灵芹发天秀，泉味带香清。
> 蛇衔颇怪事，凤团虚得名。
> 采摘盈翠笼，封贡上瑶京。
> 愿因锡贡余，持赠君远行。

明代文人蒋如奇品尝阳羡茶，对阳羡泉格外感兴趣，写下了《阳羡泉》诗：

> 城南佳气日徘徊，
> 胜逐清芬到碧隈。
> 闲坐一泓争共鉴，
> 经春百草避先开。
> 贡题上品珍天府，
> 锡卓芳流净戒台。
> 自是荐新勤长吏，

几人不道采茶回。

明代学者吴宽喜爱品茶，他喝阳羡茶，自认为得山人品茶真传，所以，他在《饮阳羡茶》诗中说：

> 今年阳羡山中品，
> 此中倾来始满瓯。
> 谷雨向前知苦雨，
> 麦秋以后欲迎秋。
> 莫夸酒醴清还浊，
> 试看旗枪沉载浮。
> 自得山人宣妙诀，
> 一时风味压南州。

明代大画家唐寅是位很挑剔的文人，对于阳羡茶，他却毫不吝惜

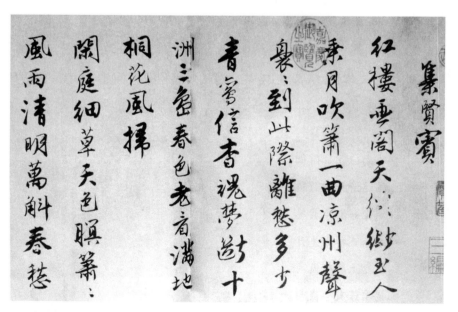

明·唐寅行书《自书词》

笔墨，写《咏阳羡茶》，热情洋溢地大加赞颂：

> 千金良夜万金花，
> 占尽东风有几家？
> 门里主人能好事，
> 手中杯酒不须酤。
> 碧纱笼罩层层翠，
> 紫竹支持叠叠霞。
> 新乐调成蝴蝶曲，
> 低檐将散蜜蜂衙。
> 清明争插西河柳，
> 谷雨初来阳羡茶。
> 二美四难俱备足，
> 晨鸡欢笑到昏鸦。

碧螺春茶

碧螺春，产于江苏吴县太湖洞庭山。

一、传说

苏州太湖洞庭山，滋养了天赐佳茗的碧螺春，也造就了许多动人的传说。

传说之一：

据史书记载，洞庭东山有一座碧螺峰，峰下石壁峭立。在石壁间，不知从什么时候开始，生出一些绿油油的野茶。十分奇特的是，这些野茶，都是出奇的清香。每年茶季的时候，当地百姓采摘这些茶叶回家，自己饮用。有一年，茶树长得特别茂盛，大家争相采摘茶叶，茶筐堆得都装不下了，只好往自己怀里装。大家一身是汗，收藏在怀中的茶叶在衣服里受热以后，奇异的香味飘荡而出，氤氲四野，采茶的众人都惊呆了，大声惊呼："吓煞人香！吓煞人香！"从此，这种香茶人称吓煞人香。

清康熙皇帝南巡，特地来到太湖，品尝这种香茶，真是喜出望外。康熙皇帝问其来历，感觉吓煞人香这名字太不雅观。康熙皇帝决定为这种香茶改名，他沉吟片刻，御赐佳名：碧螺春。从这以后，太湖洞庭山畔的名茶碧螺春成为皇帝御用的贡茶，皇帝钦定的芳名也从此名垂史册。吓煞人香的传奇经历，让品茶之人争相一睹这款香茶的芳容。清代时，北京城中以拥有皇帝御赐的碧螺春为时尚，都人以饮碧螺春为无上荣耀。所以，当时，在京城之地，有《吓煞人香》一诗在街巷传唱：

> 从来隽物有嘉名，
> 物以名传逾见珍。
> 梅盛每称香雪海，
> 茶尖争说碧螺春。
> 已知焙制传三地，
> 喜得揄扬到上京。
> 吓煞人香原夸语，
> 还须早摘趁春分。

传说之二：

吓煞人香的名字，还有一个传说：相传，有一个尼姑，十分清秀。有一天，她上山游春，顺手摘了几片茶叶，闻一闻，非常清香。她带回去，用沸水泡茶，奇香扑鼻。尼姑十分兴奋，脱口说道："香得吓煞人哪！"从此，当地人就传开了，称此茶为吓煞人香。

传说之三：

碧螺春茶名的由来，还有一个动人的民间传说。很早的时候，在太湖之滨的洞庭西山上居住着一位孤女，她名叫碧螺，长得很美丽，为人勤劳、善良。碧螺十分聪慧，喜欢唱歌，特别迷人的是，她有一副清亮的嗓子，她的歌声圆润嘹亮，优美动听。山里的人忙碌农活，老人和年轻人都很喜欢她，每天都喜欢听她清脆的歌声。在洞庭东山上，居住着一个青年，名为阿祥。他年轻健壮，以打渔为生。阿祥为人正直，勇敢果断，乐于助人。阿祥的名声和事迹在洞庭山一带传播，方圆数十里，年轻人都很敬佩他。他早就听说了西山有一位碧螺姑娘，人很美丽，他还多次听到过她那甜美悠扬、动人婉转的歌声。所以，内向的阿祥对碧螺产生了倾慕之情，在心里默默地喜欢着碧螺。

有一年早春，天气依然有点儿冷。有一天，大家惊慌失措，突然哄传，在太湖里出了一条恶龙！这条恶龙兴风作浪，盘踞湖中，占据洞庭山，强迫湖山周围的人纳贡效忠，为他驱使，否则立即扑杀。这条恶龙提出三条：一是必须在西洞庭山上建造一座龙王庙，每天烧香祭拜；二是必须进献贡物，所有茶叶都是贡品；三是必须每年选一个美丽的少女送进湖中，做他的太湖夫人。太湖沸腾了，洞庭山的人民义愤填膺，他们不畏强暴，勇敢抗争。恶龙翻江倒海，大发淫威，扬言要荡平太湖，扫荡洞庭山，劫走碧螺。

阿祥听说了恶龙的所作所为，怒火中烧，决定挺身而出，为民除害。他发誓一定要保护碧螺，保护太湖和洞庭山的家乡父老。半夜时分，阿祥手执利器，潜入太湖，与恶龙展开激烈交战。他们从湖中打到洞庭山，恶战了整整七个昼夜。阿祥杀了恶龙，但却身负重伤，倒在血泊之中。乡亲们赶到太湖之畔，将身负重伤的阿祥救回村里，紧急抢

清·宜兴窑刻回纹龙首直足壶

救。碧螺坚决要求把阿祥抬到自己家里，她亲自护理，一直守护在阿祥身边，照顾他，为他疗伤。因为伤势太重，阿祥始终处于昏迷之中，生命垂危。

善良的碧螺心急如焚，得知有一种灵草可以治疗阿祥的重伤，她立即前往湖中寻找。有一天，碧螺来到阿祥与恶龙交战的地方，在阿龙流血之处，她猛然发现，这里生出了一片茶树，苍翠欲滴，枝繁叶茂。碧螺敬仰阿祥，就将这些茶树移植到自家门前，日夜精心护理。茶树生机勃勃，长得十分旺盛。清明刚过，茶树吐出了鲜嫩的芽叶，一片葱绿。与此同时，阿祥的身体一天天衰弱，最后竟然汤药不进了。清晨，阳光灿烂，可是，看着阿祥面无血色，口唇干裂，碧螺万分心疼，忧心忡忡。焦虑之中的碧螺来到茶树前，信手采摘了一些新鲜的茶叶，放在衣服口袋里，满身清香。碧螺别出心裁，选择一些最好的芽茶，放在嘴里，一路上口含着，满嘴清香。她回到屋中，立即亲手冲泡。茶汤翠绿，满屋清香。碧螺双手捧着，亲自喂给即将告别人世的阿祥。

奇迹就这样突然间出现了：奄奄一息的阿祥闻过之后，突然醒了。饮过香茶之后，阿祥突然睁开了眼睛，神清气爽。碧螺精神振奋，立即再端一碗茶汤喂阿祥，阿祥坚毅苍白的脸上渐渐有了血色，也渐渐出现了灿烂的笑容。碧螺泪流满面，心里充满了无尽的喜悦。阿祥问她是谁，问喝的是什么仙汤，为什么如此清香。碧螺含着眼泪，慢慢回答。两人说着话，不知不觉，太阳下了山。阿祥和碧螺靠得很近，心也很近，两人一起品着茶香，也一起在心里憧憬着未来，设想着属于他们的美好生活。

从此，碧螺每天清晨上山，在云雾之中，采摘饱含露水的新茶。碧螺特地选择最好的茶芽，以口衔回。她将茶叶揉搓焙干，冲成香汤，慢慢调理阿祥。整整两个月过去了，阿祥的身体渐渐康复。可是，碧螺因为劳累过度，天天口衔茶芽，身体失去了元气，不久便憔悴而死！阿祥痛不欲生，他万万没有想到，碧螺用自己年轻的身体挽回了他的生命，他阿祥得救了，却失去了聪明美丽、善良多情的碧螺。阿祥和众乡亲都悲痛欲绝，他们聚集在一起，为碧螺举行隆重的葬礼，将这个美丽的女孩葬在洞庭山最清香的茶树下。人们怀念碧螺，就将这株奇香扑鼻的茶树称为碧螺茶。后来，每年春天，人们上山采茶，惊奇地发现，茶叶纤秀，形状弯曲似螺。茶叶色泽翠绿，鲜嫩欲滴。冲泡以后，茶汤清澈，汤色碧绿，清香四溢。人们怀念碧螺，感念她和阿祥的爱情，就称此茶为碧螺春。

二、特色

扬名中外的太湖洞庭东山的碧螺春茶，素有一嫩三鲜的美称。嫩指芽叶嫩，鲜指色、香、味俱佳。碧螺春属于绿茶类，是清代最负盛名的贡茶，也是中国十大名茶之一。它主要出产于江苏省苏州市，以吴县太湖的洞庭山茶区的茶叶为代表，所以，人称洞庭碧螺春。洞庭碧螺春的主产区是洞庭山东山和西山，这两山的碧螺春茶有四大特色，就是芽多、浓香、汤清、味醇。苏州市太湖洞庭山，分东、西两山，风景十分秀丽。洞庭东山蜿蜒翠绿，看上去就像是伸进太湖之中的一个半岛。洞庭西山与东山对应，西山静静地屹立在湖中，是一个湖中的仙岛。

洞庭两山地理独特，气候湿润，阳光充足。温和的气候条件使得山地雾气氤氲，极适宜茶叶的生长。这里年平均气温是 16℃ 左右，年降雨量 1400 毫米。每天清晨，阳光灿烂之时，太湖水面云雾缭绕，水气蒸腾，湿润的空气滋润着整个山区。在这种特殊的自然环境保护之下，这里山地的土壤呈微酸性或酸性，土地肥沃，土质十分疏松，是优良茶树的天然生长乐园。

可以说，洞庭碧螺春产区是中国最为著名的茶叶、果品的出产区之一。这种天然环境优良的地方生长着多种茶树和果树，包括碧螺春和桃、李、杏、梅、柿、橘、白果、石榴等众多茶叶、果木，它们交错种植，生机勃勃地生长在一起。每年春天，漫山遍野，一片绿色，这一片是苍翠欲滴的茶树，另一片是浓荫覆盖的果木，它们吸收着土壤的肥沃养分，在湿润的云雾中旺盛地生长。它们沐浴着温暖的阳光，枝杈交融，根脉相连，茶树吸收着果香，花果浸润着茶味。它们相互陶冶，相互滋润，让大地重塑它们幽雅清香的天然品质。明代学者深知各种茶树、果木相互熏陶、相互滋养的好处，不能杂植其他恶木，所以，在《茶解》一书中明确指出："茶园，不宜杂以恶木，唯桂、梅、辛夷、玉兰、玫瑰、苍松、翠竹之类，与之间植，亦足以蔽覆霜雪，掩映秋阳。"

碧螺春作为一种绿茶，有着鲜明的特色，外形上条索紧密，叶片卷曲，形状如螺，叶上白毫毕露；颜色上叶片呈银绿色，叶芽幼嫩苍翠；沸水冲泡后，叶片徐徐舒展，上下翻腾；茶汤清澄碧绿，清香四溢，沁人肺腑；香味醇厚袭人，口感清凉甜润，鲜爽可口，回味生津。茶农概括说，碧螺春有一嫩三鲜：一嫩是指芽叶细嫩，三鲜是指色、香、味鲜。有人更加形象地描述碧螺春：铜丝条，螺旋形，浑身毛，花香果味，鲜爽生津。

三、历史

碧螺春，也叫碧萝春，俗称佛动心、吓煞人香。碧螺春茶是地方名茶，大约有一千多年的历史。当地人最早称它为洞庭茶，后来又称为吓煞人香。至于这吓煞人香始于何时，无法考证。但从史料记载上看，这里在六朝时期就开始产茶，宋代时已经确定为贡茶。唐、宋、明、清的文人笔记和大量史料，记载了古称长州的太湖地区是中国有名的产茶地，大量史书记载了这里产茶的盛况，以及吴人如何采茶、加工茶叶和碧螺春茶的辉煌历史。

江苏苏州吴县洞庭山是中国古代最著名的风景胜地，也是最古老的茶区之一。至迟在晋代时，这里就出产茶叶。唐代学者杨华是研究饮食方面的专家，他撰写了一部《膳夫经手录》，成书于唐宣宗大中十年（856年），他在书中说："茶，古不闻食之。近晋、宋以降，吴人采其叶煮，是为茗粥。"从这一记述看，有如下信息：一是晋代以前，人们不知道茶为何物，晋时的吴人已经知道茶了；二是晋宋时，吴人采茶煮饮，已经是一种普通现象；三是其时生煮羹饮，称为茗粥。唐代人陆羽是研究茶叶的专家，他在《茶经》中专列一部分讲述茶叶的出产，将洞庭山列为中国最重要的茶叶出产地之一。他说："苏州长洲县生洞庭山，与金州、薪州、梁州同。其时，已加工茶叶，为蒸青团茶。"

北宋乐史是宋太宗时期的学者，写了一部《太平寰宇记》，成书于雍熙四年（987年）前后。在这部书中，他第一次提到洞庭山茶叶确定为贡茶，时间是宋初太宗年间。他说："江南东道苏州长洲县洞庭山……山出美茶，岁为入贡。"关于洞庭茶为宋代贡茶，一百年后的朱长文也作了肯定的记述。朱长文是宋神宗时期的学者，写有《吴郡图经续记》，成书时间是元丰七年（1084年）前后，他说："洞庭山出美茶，旧入为贡……近年，山僧尤善制茗，谓之水月茶，以院为名也，颇为吴人所贵。"

所谓水月茶，是以寺院水月寺命名的，又称为小青茶。《三吴杂志》成书于16世纪初的明孝宗时期（1488—1505年），书中记载了吴地的风俗物产，书中说："《洞庭实录》云，在缥缈峰北一里，水月寺相近。……上有池，可半亩。……出茶最佳。谚云：墨君坛畔水，吃摘小青茶。又称，缥缈峰西北扩里坞，曰水月寺。……产茶入贡，谓之水月茶。"

从上述记载看，北宋时期，太湖洞庭山一带墨君水、小青茶十分出名，而且，这个时期的茶叶比起陆羽之时，明显有了质的飞跃，已经是整个北宋之时宫廷必用的御用贡茶了。这里的小青茶，又称水月茶，就是早期的碧螺春。从唐宋一直到明代，学者们都记述了洞庭山茶的独有特色和非凡味道。明代学者王世懋写《二酉委谭》，记载说："西山云雾新茗初至，张右伯适以见遗。茶色白，大作蔓子香，几与虎丘捋。……汲新水烹尝之……两腋风生。念此境味，都非宦路所有。"

不过，最早称太湖洞庭山茶为碧螺春的史书，可能是《随见录》，可惜此书已经失传。清代学者陆廷灿研究茶事，于雍正十二年（1734年）前后写《续茶经》，他转引《随见录》中所说："洞庭山有茶，微似芥而细，味甚甘香，俗呼为吓杀人。产碧螺峰者尤佳，名碧螺春。"清乾隆十二年（1747 年）修定的《苏州府志》记载："茶出吴县西山，以谷雨前为贵。唐皮（日休）、陆（羽），各有茶坞诗。宋时，洞庭茶尝入贡。水月院僧所制尤美，一号水月茶，载《续图经记》。近时，佳者名碧螺春，贵人争购之。"清代学者戴延年研究茶事，于乾隆三十六年（1771 年）写有《吴语》，他在书中记载："碧螺春，产洞庭西山，以谷雨前为贵。唐皮、陆，各有茶坞诗。宋时，水月院僧所制尤美，号水月茶。近易兹名，色玉香兰，人争购之，泡茗中尤物也。"

清代学者王应奎研究茶叶有年，对碧螺春的研究尤其深入。王应奎，常熟人，号东溆。乾隆二十二年（1757 年），他写了一部《柳南续笔》，对于碧螺春名称的来历和品质特色作了详细的记载，这应该是较为权威的说法："洞庭东山碧螺峰石壁，产野茶数株。每岁，土人持竹筐采归，以供日用。历数十年如是，未见其异也。康熙某年，按候采者如故，而其叶较多，筐不胜储，因置怀间，茶得热气，忽发异香，采茶者争呼吓杀人香。吓杀人香者，吴中方言也，因遂以名是茶云。自是以后，每值采茶，土人男女长幼，务必沐浴更衣，尽室而往。储不用筐，悉置怀间。而土人朱正元独精制法，出自其家，尤称妙品。康熙己卯，车驾南巡，幸太湖。巡抚宋（荦）购此茶以进。上以其名不雅，题之曰碧螺春。自是，地方大吏，岁必采办，而售者往往以伪乱真。正元没，制法不传，即真者亦不及（曩）时矣。"

这段记载，有如下信息：一是太湖洞庭山碧螺峰下产茶，当地人采摘享用，数十年了。二是康熙初年，茶树生长旺盛，当地人采茶时，将装不了的茶叶放进衣服，遇热，发出异香，当地人惊称吓杀人香，以朱正元家所制茶叶最佳。三是康熙三十八年（1699 年）皇帝南巡，江苏巡抚宋荦购最佳之茶进献，康熙皇帝十分喜爱，只是认为吓杀人香的名称不雅，赐名碧螺春。四是从此以后，地方官员每年负责采办进贡。五是以假乱真者不少，从朱正元以后，朱氏制茶法失传，很少能够做出以前的好茶。宋荦，于康熙三十一年至四十四年（即 1692—1705

年）出任江苏巡抚，前后长达十三年，巡抚衙门就在苏州。

有关史书也大量记载了碧螺春，称其为上佳之茶，品质优异，是贡品中的佼佼者，以清香闻名遐迩。康熙五十九年（1720 年）前后，清代学者方开济写《龙沙纪略》，书中说："茶自江苏之洞庭山来，枝叶粗杂，函重两许，值钱七八文。八百函为一箱，蒙古专用，和乳交易，与布平行。"清乾隆十五年（1750 年，庚午），《太湖备考·卷六·物产类·饮馔之属》称："茶出东西两山，东山者胜。有一种名碧螺春，俗呼吓杀人香，味殊绝，人矜贵之。然所产无多，市者多伪。"《清嘉录》称："谷雨节前，邑侯采办洞庭东山碧螺春茶入贡，谓之茶贡。"

清代《野史大观》卷一记载："洞庭东山碧螺峰石壁，产野茶数株，土人称曰吓煞人香。康熙己卯……抚臣宋荦购此茶以进。……以其名不雅驯，题之曰碧螺春。自地方有司，岁必采办进奉矣。"又据相传，明朝期间，宰相王鏊，是东后山陆巷人，碧螺春名称，系他所题。又据《随见录》载："洞庭山有茶，微似岕而细，味甚甘香，俗称吓煞人，产碧螺峰者尤佳，名碧螺春。"清代学者光祖喜爱碧螺春，于道光十九年（1839 年）写《一斑录杂述》，他说："浙地以龙井之莲心芽，苏州以洞庭山之碧螺春，均已名世。"

龚自珍（1792—1841 年）是清道光年间进士，曾多次前往太湖洞庭东山品尝碧螺春茶，他在《龚自珍全集》中说："茶，以洞庭山之碧螺春为天下第一，古人未知也。近人始知龙井，亦未知碧螺春也。会稽茶乃在洞庭、龙井间，秀颖似碧螺而色白。与浓绿者不同，先微苦，涤脾，甘甚久。与龙井骤芳甘不同，凡所同者，山水芳馨之气也。其村名曰平水，平水北七里曰花山，土人又辨花山种细于平水，外人益不知。戊戌七月，会稽人来此，予细问其天时、地力、人力，大抵花山采以清明，平水采以谷雨。明年当（谒）天台大师塔，归路访禹陵旧游，再诣稽山，印之诗以代发愿。明年不反棹浙江，有如此茶矣。茶星夜照越江明，不使风草负重名。来岁天台归稽罢，春波吸尽镜湖平。"

清光绪九年（1883 年），学者俞樾撰《茶香室丛抄》。他说："今杭

清·嘉庆宜兴窑二泉款诗句壶

州之龙井茶，苏州洞庭山之茶，皆名闻天下。"清末学者震钧著《茶说》，书中称："茶以碧萝春为上，不易得。则苏之天池，次则龙井。岕茶稍粗……次六安。"1912 年，民国学者王维德写《林屋民风》，称："土产茶出洞庭包山者，名剔目，俗名细茶。出东山者品最上，名片茶。制精者价倍于松萝。"从这些记载上看，民国时期，洞庭山的茶叶名品有多种，包括西山云雾茶、东山片茶和包山剔目茶。剔目茶，又称细茶。部分茶装八百函一箱，运往蒙古，是粗杂茶。

清史学家徐珂，名仲可，杭县（今杭州）人，录写闾巷风俗、遗闻旧事，完成《清稗类钞》，约三百万字，共四十八册。他在书中，专门记载了碧螺春，认为十一种名茶之中，碧萝春茶名列榜首："碧萝春，茶名，产于苏州之洞庭山碧萝峰石壁。初未见异，康熙某年，土人按候而采，筐不胜载，因置怀间。茶得热气，异香忽发，采者争呼为吓杀人香。吓杀人，乃吴之方言也，遂以为名。自后采茶，悉置怀间。而朱正元家所制独精，价值尤贵。己卯，圣祖驾幸太湖，改名曰碧萝春。"

在这部书中，徐珂详细记载了康熙南巡之盛况：

　　第三次南巡，为己卯（三十八年），奉慈圣太后以行。三月十四日，驾抵苏州。在籍绅耆接驾，俱有黄绸旛，旛上标明籍贯、姓名，恭迎圣驾于姑苏驿前虎丘山麓。凡驻跸之所，皆建锦亭。联以画廊，架以灯采，结以绮罗，备极壮丽。视甲子，已逾一千倍矣。十八日，恭逢万寿。诗若干，分天、地、人、和四册，以祝万年之颂。例于诸山及城中名刹，普设祝圣道场。十九日，召苏州在籍官员翁叔元、缪日藻、颜开、王原祁、慕深、徐树谷、徐升入见，赏赐各有差。又赐彭孙（走橘）、尤侗、盛符升御书匾额。

　　二十日辰刻，御驾出蔚门。登舟，幸浙江。时，两江总督为遂宁张鹏，江苏巡抚为商丘（宋牵）也。上问云：闻吴人每日必五餐，得毋以口腹累人乎？鹏奏云：此习俗使然。上笑云：此事恐尔等亦未能劝化也。四月朔，驾由浙江回苏。初二日，传旨：明日，欲往洞庭东山。初三日，晨出胥口，行十余里，渔人献鲫鱼、银鱼二筐。又亲自下网，获大鲤二尾。上色喜，命赏渔人元宝。时，巡抚已先候于山。少顷，有独木船二，拨桨前行。御舟近岸，而从者未至。巡抚备大竹山轿一乘，伺候升舆。笑曰亦颇轻巧。有山中耆老百姓等三百余人，执香跪接。又有比丘尼，艳妆，跪而奏乐。上云：可惜，太后未来。

　　先驱引导者，倪巡检陈千总也。在山士民老幼妇女，观者云集。上谕众百姓：你们不要踹坏了田中麦子。是时，菜花结实成角。命取一枝，细看。问巡抚：何用？奏云：打油。上曰：凡事，必亲见也。是日，有水东民人告菱湖坍田赔粮，收纸，付巡抚。上问扈驾守备牛斗云：太湖广狭若干？奏云：八百里。上云：何以具区志止称五百里？奏云：积年风浪，冲坍堤岸，故今有八百里。上云：去了许多地方，何不奏闻？开除粮税乎？奏云：非但水东一处，即入乌程之湖娄，长兴之白茅嘴，宜兴之东塘，武进之新村，无锡之沙澱口，长洲之贡湖，吴江之七里港，处处有之。上云：朕不到江南，民间疾苦利弊，焉得而知耶！初四日，由苏起銮回京。

《吴县志》记载："茶，出吴县西山，以谷雨前采焙极细者为贵。唐皮、陆各有茶坞诗。宋时，洞庭茶入贡，水月院僧所制尤美，号水月茶，载《图经续记》。近时，东山有一种，名碧螺春最佳，俗称吓杀人，香味殊绝，人矜贵之。然，所产无多，市者多伪。又虎丘金粟山房旧产茶叶，微带黑，不甚苍翠，点之色白如玉，而作豌豆香，性不能耐久，宋人呼为白云茶。"

民国时，学者许明煦研究碧螺春，于民国三十五年（1946年）写《莫厘游志》。他在书中说："碧螺峰，自灵源寺后登山。古木参天，大可合抱。访李根源，民国十八年为寺僧宏度题碧螺春晓于危崖。碧螺峰，盛产碧螺春茶，茶以汤色清澈鲜绿，味道隽永芳香，著称于世。"关于碧螺春之得名，相传，清康熙初年，碧螺峰上，长有野茶数株，山人摘作饮料，竟然色味均佳，并有异香，时人称为吓杀人香。圣祖南巡至东山，江苏巡抚宋将吓杀人香进，上嫌其俗，赐名碧螺春。寺僧辄以藏茗飨客，以灵源泉泡碧螺春，其味隽永，可谓双绝。游人得饱口福，为一大快事。

《辞海》（1979年版缩印本）有东西洞庭山条目："洞庭东山，一称东洞庭山，俗称东山，古称青母山。在江苏省吴县西南，原系太湖中小岛，元、明后始与陆地相连成半岛。主峰莫厘峰，海拔293米。与洞庭西山同为著名果园区，产枇杷、杨梅和碧螺春茶叶。名胜，有九龙山等。……洞庭西山，一称西洞庭山，俗称西山，古称包山。在江苏省吴县西南。为太湖中最大岛屿，主峰缥缈峰，海拔336米。为太湖名胜，产枇杷、杨梅、红橘、茶叶等。"碧螺春条目："碧螺春，也叫碧萝春，成品绿茶之一，原产江苏洞庭山碧萝峰。叶片经加工后，成螺状卷曲，茸毛显露，色泽青翠、光润，具清香，茶汤清澈鲜绿。"

四、采制

民国时期，学者朱献准遍访洞庭东山茶户，历时十五年详细考察，于民国九年（1920年），编纂完成了《洞庭东山物产考》，他在灌木部茶目中说："洞庭山之茶，最著名为碧螺春。树高二三尺至七八尺，四时不凋。二月发芽，叶如栀子。秋花如野蔷薇，清香可爱。实如芘芭，核而小，三四粒，一毬，根一枝，直下，不能移植。故人家婚礼用茶，取从一不二之义。茶有明前、雨前之名，因摘叶之迟早，而分粗细也。采茶以黎明，用指爪掐嫩芽，不以手揉，置筐中，覆以湿巾，防其枯焦。回家，拣去枝梗，又分嫩尖一叶二叶，或嫩芽尖连一叶，为一旗一枪，随拣随做。"

做法："用净锅，叶约四五两。先用文火，次微旺。两手入锅，急急抄转，以半熟为度。过熟，则焦而香散。不足，则香气未透。抄起，入瓷盆中，从旁以扇扇之。否则，色黄，香减矣。碧螺春，有白毛。他茶无之。碧螺春，较龙井等为香，然味薄之，不过三次。饮之，有清凉、醒酒、解睡之功。种宜山地，不喜肥土。冬初，取老子和湿土藏之。来春二月，取种树下，或背阴处，浇以米泔、蚕沙或小便稀粪等，和水，微微润之。不可太湿，根太湿必烂。"

碧螺春的采制，包括采摘、制作两道关键工序，每道工序都有严格的要求，必须技艺高超。采摘方面，有三大特点：一是早摘，二是采嫩，三是拣净。每年春分前后，开始采摘，大约谷雨前后结束。通常地说，以春茶为贵。春茶中，以春分至清明前采制的茶品质最好，也最为名贵，称为明前茶。采摘时，采一芽一叶初展，芽长2厘米左右，叶形卷如雀舌，称为雀舌茶。炒制500克碧螺春，大约需七万颗芽头。据说，历史上，曾创下了500克干茶、九万颗芽头的最高纪录。采回芽叶后，必须及时挑选，精心剔除，尤其必须及时剔去鱼叶和异形芽叶，保持芽叶均匀、整齐。通常采摘约三个小时，挑选约六个小时。其实，挑选芽叶，也是鲜叶摊放的过程。挑选好茶芽后，就要及时进行炒制。必须做到当天采摘，当天挑选，当天炒制，不炒隔夜茶。

杀青：用平锅，或者斜锅。当锅温近200℃时，鲜叶入内，以鲜叶500克为度，双手翻炒。翻炒，以抖为主，同时，要眼到手到，做到抖散、捞净，必须杀匀、杀透，约 4 分钟，以三无为宜：无红梗，无红叶，无烟焦叶。揉捻：锅温 70℃时，开始揉捻。交替使用抖、炒、揉三种手法，边抖，边炒，边揉。抖动要均匀，炒时松紧要适度，揉时不能太过，大约十分钟。

搓团：揉捻后，茶叶约六七成干时，降低锅温，开始搓团、显毫，大约 14 分钟。这是形成条状、卷曲似螺的关键工序，揉团到位，满身茸毫，基本成功。降低锅温，通常是 50℃ 左右，一边炒，一边用力揉搓，将茶叶全部揉成小团。搓成条状，外形卷曲，茸毫显露，大约八成干时，就开始烘干。烘干：轻揉、轻炒、轻搓，固定成形，蒸发水分。当九成干时，起锅，将全部茶叶出锅，摊放在桑皮纸上，连纸一起放在锅上，继续烘干，以文火烘至全干。锅温通常是约 40℃，干叶含水量7%，历时 8 分钟。

碧螺春的炒制，大约为 40 分钟。其炒制时，必须做到：手不离茶，茶不离锅；揉中带炒，炒中平揉；炒揉结合，连搓带干；一气呵成，起锅成品。碧螺春的储藏条件要求也很高，传统保存方法也很讲究。传统的储藏方法主要是纸和石灰：以纸包茶叶，袋装块状石灰进行干燥，茶、灰间隔，放在缸中，加盖密封，吸湿储藏。现在，储藏更加科学，采用三层塑料保鲜袋包装，存放在 10℃以下冷藏箱中储藏，能够保鲜一年有余，其色、香、味犹如新茶，鲜醇爽口。

五、鉴别

按照国家标准，碧螺春茶分为五级：特二级、特一级、特级、一级、二级。其级别越低，其炒制锅温越高，投叶量越多，做形用力越重。碧螺春的最大特点，是条索纤细，卷曲如螺，满身披毫。其具体的特征是：银白隐翠，香气浓郁；滋味鲜醇，味道甘厚；汤色碧绿，汤汁清澈；叶底嫩绿，叶色明亮。简称：一嫩三鲜。一嫩，是芽叶嫩；三鲜，是色、香、味鲜。当地茶农概括碧螺春是：铜丝条，螺旋形，浑身毛，花香果味，鲜爽生津。

鉴别真假碧螺春，应着眼如下：一是看色泽，正品碧螺春色泽柔和，颜色鲜艳；假品碧螺春则是加色素，颜色灰暗，人为地发黑、发绿、发青。二是看汤汁，正品碧螺春冲泡后，颜色明亮、鲜绿；假品则是加色素，看上去灰暗、陈旧。三是看绒毛，正品碧螺春满身披白毫，上有白色小绒毛；假品则是绿色的，而且是染绿的。

六、品饮

环境优美，茶具清洁，万籁俱寂，可品出碧螺春之真滋味。品饮之时，要做到四点：静，没有杂音；洁，茶具干净整洁；水，泉水沸腾；赏，冲杯展叶，绿浪翻滚，赏心悦目。水，以初沸为上。以沸水烫杯，杯余热气，能够最大限度地发挥茶香。温杯，轻嗅，细细玩味。一杯在手，清香四溢，沁人肺腑，感觉茶香袭人，神清气爽，一时不知今夕何夕。碧螺春，宜喝第三泡。因为，碧螺春茶叶带毛，沸水初泡，茶毛从叶上分离，浮在水上，所以，第一泡茶水应该倒去。第二泡，味道鲜爽可口，但不是碧螺春的最佳味道。第三泡，碧螺春完全舒展，原汁原味完全呈现，色、香、味俱全，这才是真正的碧螺春茶香。

周恩来总理一生喜爱碧螺春，在重大外交活动中就以碧螺春待客。1972年，中美发布《中美联合公报》，周恩来总理很高兴，特地在上海邀请美国国务卿基辛格一起品茶，品的就是碧螺春。精通茶艺的人员将碧螺春投入杯中，沸水冲泡，茶叶沉底。一时间，只见杯内白云翻滚，雪花飞舞。茶雾袅袅升腾，清香四溢，浓香袭人。宾主观茶，只见杯中，雪浪喷珠，春染杯底，绿满水晶，三种奇观，令客人目瞪口呆。品饮其味，第一杯，色淡，鲜雅；第二杯，汤绿，味醇；第三杯，碧清，浓厚，回甘无穷。

碧螺春茶有一套独特的茶艺，称为上投法：

精心选择茶具一套，一只紫砂壶，四只茶杯，一个木茶盘，一个茶荷，一个茶池，一条茶巾。如果有雅兴，可备一个香炉，一把檀香。第一步焚香，点香洁身。第二步涤器，沐浴净器。第三步备水，玉壶清泉。第四步赏茶，碧螺现翠。第五步投水，瀑涨春池。第六步点茶，白云翻飞。第七步观色，满眼春色。第八步品茶，口含玉液。第九步回味，神游天地。

七、吟咏

碧螺春产于太湖洞庭东、西山，据说，这里曾是吴王夫差和西施的避暑之地。中国古书《尔雅》记载，吴人，以其叶为茗。洞庭东、西山，茶圣陆羽多次涉足。有一天，诗僧皎然拜访陆羽，得知陆羽去洞庭东、西山了。好友采茶游山去了，皎然惘然，坐在那里，随手写下了《访陆处士羽》一诗："太湖东西路，吴主古山前。所思不可见，归鸿自翩翩。何山尝春茗？何处弄春泉？莫是沧浪子，悠悠一钓船。"

洞庭东、西山不仅是茶树的天堂，也是诗人们的心灵胜地。唐代诗人皮日休（834—883 年）、陆龟蒙（?—约 881 年）经常来到洞庭山，品茶吟咏，人称皮陆。皮日休留传于世的名作就是《茶中杂咏》十首，陆龟蒙作《奉和袭美茶具十咏》。皮氏游西洞庭山，在崦里流连忘返，写下《崦里》一诗："几家傍潭洞，孤戍当林岭。罢钓时煮菱，停巢或焙茗。"陆龟蒙游洞庭山，写《茶坞》诗，成为《奉和袭美茶具十咏》之一："茗地曲隈回，野行多缭绕。向阳就中密，背涧差还少。遥盘云鬟慢，乱簇香篝小。何处好幽期，满岩春露晓。"宋代诗人苏舜钦，喜爱洞庭山，曾到西山水月坞，水月庵僧焙制小青茶招待。苏饮茶后，感觉极美，写《三访上庵》诗称赞，称天下好茶。

清代诗人陈康祺喜爱碧螺春，写下了《碧螺春》诗：

从来隽物有嘉名，物以名传愈自珍。
梅盛每称香雪海，茶尖争说碧螺春。
已知焙制传三地，喜得揄扬到上京。
吓煞人香原夸语，还须早摘趁春分。

十六　云南贡茶

　　云南地处中国最西南边陲，山脉纵横，雨水丰饶，高山峡地云雾笼罩，是出产茶叶的最佳之地。世界上最早的茶树就是生长在中国西南地区的云南、贵州、四川原始森林之中，是由宽叶木兰和中华木兰的古木兰演化而来的。中国最早的野生大茶树，大部分都生长在云南的原始森林之中，包括澜沧大茶树、金平大茶树、勐海巴达大茶树、凤庆本山大茶树等。其中，云南有世界上年龄最大的茶树，有二千七百余岁。云南盛产茶叶，最有名的就是贡茶普洱茶。普洱茶品种众多，制作工艺独特，是独具特色的一种茶品，深受清皇帝、后妃的厚爱。清代宫廷中，皇帝、后妃们十分讲究季节喝茶：夏喝龙井，冬饮普洱。

普洱茶

　　普洱茶的起源，大约是从中原传到云南的。据史料记载，诸葛亮教西双版纳基诺族人种茶。三国时，诸葛亮传授种茶技艺的传说，在云南攸乐山流传至今。相传，基诺族人的祖先，是三国时随诸葛亮南征而来的，他们因为途中好酒贪睡，而被队伍丢落。后来，将"丢落"二字附会为攸乐。这些被丢落的人，醒来以后，日夜兼程，赶上了诸葛亮。但诸葛亮不再收留他们，考虑到他们的生计，就赐以茶子，教他们好生种茶，同时，教他们按照帽子的式样建造房屋。其实，诸葛亮没有到过西双版纳，但他的聪明智慧传播到了那里，攸乐人出于对他的爱戴，世代传播这一故事，所以，他们称攸乐山为孔明山。攸乐山地区和生活在这里的易武人，都尊孔明为茶祖，每年农历七月二十三日，是孔明的诞辰日，他们都要举行集会，纪念茶祖，放孔明灯。

普洱茶是泛指中国云南地区生产的一种茶叶，主要产区是在西双版纳和普洱地区。这里山峦起伏，溪壑纵横，云雾缭绕，日照充足，雨量充沛，是茶树生长的天然宝地。西双版纳是普洱茶的真正源头，但是，在历史上，闻名于世的普洱茶产地是在普洱地区，清朝时属云南省普洱府（今普洱市），所以，人们泛称为普洱茶。从茶叶分类上，普洱茶是属于黑茶类。普洱茶是发酵茶，分生普洱茶和熟普洱茶两类。直接再加工为成品的普洱茶，称为生普洱茶。经过人工速成发酵后再加工而成的普洱茶，称为熟普洱茶。普洱有六大茶山，它们是易武、倚邦、攸乐、曼洒、曼砖、草登，易武是六大茶山之首。易武地处勐腊北部，最高山峰海拔 2023 米，最低则是 600 米。

普洱茶是一种加工茶，从形制上看，可分为散茶和紧压茶两大类。普洱茶是用云南独有的大叶种茶树的新鲜茶叶制作而成的，外形上条索粗壮，叶片肥大，所以，人称普洱散茶。其颜色呈褐红色，有人说是乌润猪肝色，俗称猪肝茶。普洱茶成品以后，继续进行自然陈化和发酵过程，所以，时间越久，普洱茶越香醇。越陈越香，就是普洱茶的独特品质。此茶味道醇香回甘，具有独特的陈香味儿，多饮常饮，有利于养颜美容，所以，有人称之为美容茶。

一、茶马古道

有普洱茶的地方，就有通往外界的一条古道，人称茶马古道。有茶马古道的地方，就流传着藏族的古老谚语："加察热！加霞热！加梭热！"汉语的意思是：茶是血！茶是肉！茶是命！的确，茶在西南地区是各少数民族的血肉和生命，是他们日常生活的必须品。开门七件事，茶可能摆在十分突出的位置。茶马古道是古代云南普洱地区茶叶外运

普洱茶饼

的重要通道，也是云南地区对外物资交流的唯一通道。云南地区普洱茶的对外流通路线，主要有三道六线。三道六线是：北道，一条线，从云南至北京；西道，一条线，从云南至西藏；南道，四条线，从云南出南洋，通往世界各地。

三道六线之中，西道一线，也就是从云南至西藏的路线，历史最为悠久，道路条件也是最为艰苦。这一条路线，大约从唐代时就已经开通，是大理、丽江与西藏历史、文化、宗教交流的重要通道，对云南、西藏地区的繁荣，起着十分重要的作用。云南普洱茶，从云南各地汇集到大理，向西经过丽江之后，进入西藏和康藏地区。西藏香格里拉之地是普洱茶的重要聚散地，从这里流向西藏的各个地方。进入康藏的普洱茶，一部分流向木里、乡城、稻城、理塘等地；一部分销往打箭炉，也就是今天的康定地区，在这里重新包装，将云南普洱茶的旧包装换为牛皮包装，然后，继续前进，走人迹罕至的康藏线，直到雪线以上、海拔近 4000 米的拉萨地区。

可以说，数百年来，普洱茶长途跋涉，路程漫漫，险阻重重，通过茶马古道，将普洱茶销往世界各地。大约在明清时期，基本上形成了以云南普洱为中心的五条茶马古道，普洱茶正是通过这五条通道，向国内外源源不断地输出普洱茶，运回大量云南地区所需要的物资。这五条茶马古道是：（一）北方茶道：由云南普洱出发，向北经昆明，中转内地各省，直到北京；（二）南方茶道，也就是江莱茶道：从云南普洱出发，向南过江城，进入越南莱州，然后，再转运到西藏和欧洲等地。（三）旱季茶道：从云南普洱出发，经过思茅糯扎地区，渡过澜沧江，然后，转到孟连，出缅甸。（四）勐腊茶道：从云南普洱出发，过勐腊，转销老挝各地，或者出南洋。（五）景栋茶道：从云南普洱出发，过景洪、勐海、打洛，出缅甸景栋转销各地。

二、历史悠久

云南地理位置独特，气候宜人，也是茶树生长的天堂。所以，云南是世界上所有茶树的原生地。几乎可以说，全中国、全世界各种各样的茶叶茶树，它们的根源都是在云南的普洱茶产区。普洱茶，茶香味浓，历史非常悠久。东晋时期，学者常璩写《华阳国志》，称三千年前的周武王伐纣时期，周武王君临天下，云南濮人臣服，确定每年贡茶给周武王。当然，那时并没有普洱茶的称谓。普洱茶的名称从何而来？有人说是因族名而称的，也有人说是因地名而命名的。

大约在唐朝时，滇南银生府是云南地区的主要产茶区。普洱，古属银生府，滇南地区的茶叶大都汇集于普洱地区。所以，大约从唐代开始，普洱地区开始大规模地种植普洱茶。随着生产规模的不断扩大，普洱茶销往各国，人们开始称之为普茶。宋明时期，中原王朝逐渐认识了普洱茶，知道了普洱茶的非凡价值，普洱茶成为重要的贡茶。明朝时，依然称普洱茶为普茶。明太祖下令停止进贡龙团茶，改为进贡叶茶。明成祖朱棣明确下令，取消进贡紧压茶，也就是黑茶，但是，保留边境云南地区的紧压茶。

据史料记载，云南很早就产茶，中原地区也一直知道这里产茶，只是历代称谓不同：秦人称药茶，六朝时称诧茶，唐代称团茶，宋代称团茶、抹茶，明清称清饮。清代是普洱茶的黄金时代，也是普洱茶作为皇帝御用贡茶而闻名天下。从此，普洱茶繁荣发展，进入到其鼎盛时期。清代皇帝确定普洱茶作为皇室贡茶，皇帝品用之外，还将普洱茶作为国礼赏赐给外国使者。

　　乾隆皇帝就很喜欢普洱茶，多次写诗称赞普洱茶的清香醇厚。乾隆九年（1744 年），乾隆皇帝命云贵总督进：普洱大茶、中茶各一百圆，普洱小茶四百圆，普洱女茶、蕊茶各一千圆，普洱芽茶、蕊茶各一百瓶，普洱茶膏一百匣。随后，乾隆命云南巡抚进：普洱大茶、中茶各一百圆，普洱小茶二百圆，普洱女茶、蕊茶各一千圆，普洱嫩蕊茶、芽茶各一百瓶，普洱茶膏一百匣。从此，进贡普洱茶，成为大清定制。末代皇帝溥仪说，皇宫之中，有一个约定俗成的说法，就是：夏喝龙井，冬饮普洱。清宫留下了大量的普洱茶，各种品种都有，故宫博物院至今都有收藏，包括大茶、中茶、小茶、女茶、蕊茶、茶膏和金瓜贡茶，等等。

　　唐人封演在《封氏闻见录》中说："茶，南人好饮之，北人初不多

清宫碎普洱茶膏

饮。"清初，檀萃所写的《滇海虞衡志》记载："普茶，名重于天下！此滇之所认为产而资利赖者也。茶山周八百里，入山作茶者数十万人。茶客收运于各处，每盈路，可谓大钱粮也。"清代学者阮福著《普洱茶记》，指出：普洱名遍天下，味最酽，京师尤重之。……茶产六山，气味随土性而异。生于赤土，或土中杂石者，最佳，消食，散寒，解毒。谭方之在《滇茶藏销》一书中说：

> 滇茶为藏人所好，以积沿成习，故每年于春冬两季，藏族古宗商人，跋涉河山，露宿旷野，为滇茶不远万里而来。……藏人之对于茶也，非如内地之为一种嗜品，或为逸兴物，而为日常生活上所必需，大有一天无茶则滞，三日无茶则病之慨。

文学家曹雪芹在《红楼梦》中，多次提到普洱茶，称赞普洱茶。在第六十三回《寿怡红群芳开夜宴》中，详细写到府中喝普洱茶的情况：那天是贾宝玉的生日，平常和宝玉好的八个姑娘为宝玉做生日，一直闹到很晚没有睡觉。荣国府的女管家是林之孝家的，她带着几老婆子，到怡红院查夜，看见大家玩得高兴，还没有睡觉，催促赶快睡。宝玉说："今日吃了面，怕停食，所以，多玩一回。"林之孝家的又向袭人等笑说："该焖些普洱茶喝。"袭人、晴雯二人忙说："焖了一茶钮女儿茶，已经喝过两碗了。"

民国时期，普洱茶身价倍增，这是普洱茶发展的又一个黄金时代，也是普洱茶价格的最高时期。据学者柴萼在《梵天庐丛录》中记载："普洱茶性温味厚，产易武、倚邦者尤佳，价等兼金。品茶者谓，普洱之比龙井，犹少陵之比渊明，识者贬之。"这段话的意思是说：普洱茶性较温厚，味道香醇，以出产于易武和倚邦两地为最佳。其价格相当于金子的两倍！懂得品茶的人认为，普洱茶和龙井茶，犹如杜甫和陶渊明。

2008年12月1日，国家正式出台了普洱茶的国家标准。国家标准严格定义了普洱茶:"普洱茶,必须以地理标志保护范围内的云南大叶种晒青茶为原料,并在地理标志保护范围内采用特定的加工工艺制成的茶叶。"国家质检总局明文规定,普洱茶地理标志产品保护范围,包括云南省普洱市、西双版纳傣族自治州、昆明市等十一个州市所属的六百三十九个乡镇。截至2008年9月底,云南省共有八百五十二家茶叶生产加工企业获得了食品生产许可证,可以生产普洱茶,其中,质量优良的普洱茶,能够贴上普洱茶地理标志产品标志。

普洱茶入宫

清《普洱府志》记载:"普洱,古属银生府。则西蕃之用普茶,已自唐时。"云南思茅、西双版纳地区,在唐代南诏时,称为银生节度地。这里,在唐代就出产茶叶。这里所产的茶叶,古称银生茶,主要用于日常生活和茶马贸易。明学者谢在杭写《滇略》一书中,在谈到普洱茶时,他说:"士庶所用,皆普茶也,蒸而成团。"清雍正四年(1726年),云贵总督鄂尔泰实行改土归流,废除土司制度,设立官府,加强边疆统治。雍正七年(1729年),由皇帝批准,正式设立普洱府。雍正十三年(1735年)十月,设立思茅厅,统辖倚邦、车里、六顺、易武、勐腊、勐遮、勐笼、橄榄坝九大土司和攸乐土目,统称八勐地区,废除思茅通判,攸乐同知治所迁往思茅,改称思茅同知。普洱府负责八勐地区,六大茶山属于思茅厅管辖。

清雍正七年(1729年),鄂尔泰总督在思茅设立普洱茶叶总店,指定通判直接负责,掌管总茶店,负责所有贡茶事务,也负责贡茶之外茶叶的统购和专销。《大清会典事例》记载:"雍正十三年,题准云南商贩茶,系每七团为一筒,重四十九两,征收税银一分。每百斤给一引,应以茶三十二筒为一引,每引收税银三钱二分。于十三年为始,颁给茶引三千,颁发各商,行销办课,作为定额,造册题销。"

清乾隆时期,确定云贵总督、云南巡抚分别按例恭进贡茶。总督进贡：普洱大茶、中茶各一百圆，普洱小茶四百圆，普洱女茶、蕊茶各一千圆，普洱芽茶、蕊茶各一百瓶，普洱茶膏一百匣。巡抚进贡：普洱大茶、中茶各一百圆，普洱小茶二百圆，普洱女茶、蕊茶各一千圆，普洱嫩蕊茶、芽茶各一百瓶，普洱茶膏一百匣。故宫博物院现存有大量清宫旧茶，普洱茶数量最多，包括普洱珠茶、蕊洱蕊茶、普洱芽茶、普洱大茶、普洱中茶、普洱小茶、普洱女茶、黄缎茶膏等，造型最美的就是清光绪时期进贡的普洱金瓜贡茶了。

普洱茶作为贡茶，至迟是在清雍正年间确定下来的。雍正四年（1726年），云贵总督鄂尔泰推行改土归流政策，正式确定每年进贡普洱茶。普洱茶的特殊功效，早在明代时，有识之士已经有所认识。明末学者方以智是崇祯年间进士，精通医学和药学，撰写了著名专著《物理小识》，曾谈到过普洱茶："普洱茶，蒸之成团，西蕃市之，最能化物。"清乾隆年间的学者赵学敏写《本草纲目拾遗》，专门讲到普洱茶："普洱茶，味苦性刻，解油腻、牛羊毒，苦涩，逐痰下气，刮肠通泄。普洱茶，膏黑如漆，醒酒第一。绿色者更佳，消食化痰，清胃生津，功力犹大也。……普洱茶膏能治百病，如肚胀、受寒，用姜汤发散，出汗即可愈；口破喉颡，受热疼痛，用五分嚼口过夜即愈。"

清代学者阮福写《普洱茶记》，他在书中说："普洱茶，名遍天下，味最酽，京师尤重之。……小而圆者，名女儿茶。女儿茶，为妇女所采，于雨前得之，即四两重团茶也。"清代学者檀萃写《滇海虞衡志》，他说："普洱茶，名重于天下。"曾经侍候过慈禧太后的宫女沈仪羚和作家金易合作，写了一部《宫女谈往录》，书中回忆说："老太后进层，坐在条山炕的东边。敬茶的先进上一盏普洱茶。老太后年事高了，正在冬季里，又刚吃完油腻，所以，要喝普洱茶，因它又暖，又能解油腻。"末代皇帝溥仪说，普洱茶是宫中的宠物，也是宫中身份、地位的标志之一。他说："清宫生活习惯，夏喝龙井，冬喝普洱。"拥有普洱茶，是皇室地位的标志。通常情况下，皇帝每年都不放过品茗普洱头贡茶的良机。

中国贡茶制度历史悠久，各地名茶进贡宫廷，成为皇帝的御用之物成为惯例。明代时，贡茶制度十分完备。清沿明旧，在贡品上有所增损。清初，已经确定了贡茶之制。清初确定，岁进茶芽。顺治初年，由户部执掌。顺治七年（1650 年），改归礼部负责。顺治七年，礼部照会产茶各省市政司，每年谷雨后十日起解，定限日期到部，延缓者参处。(康熙二十九年《康熙会典》) 从现存史料看，普洱茶确定正式入贡宫廷的时间，应该是在清雍正时期。雍正四年（1726 年），云贵总督鄂尔泰推行改土归流政策，获得了清世宗的大力支持。其时，确定岁贡云南特产普洱茶。雍正十二年（1734 年）三月，清廷颁布《禁压买官茶告谕》："每年应办贡茶，系动公件银两，发交思茅通判承领办送。"

据《普洱府志》记载："每年进贡之茶，例于布政司库铜息项下，动支银一千两，由思茅厅领去转发采办，并置办茶锡瓶、锻匣、木箱、茶费。其茶，在思茅本地收取鲜茶时，须以三四斤鲜茶方能折成一斤干茶。每斤备贡者，五斤重团茶，三斤重团茶，一斤重团茶，四两重团茶，一两五钱重团茶。又，瓶盛芽茶、蕊茶，匣盛茶膏，共八色，思茅同知领银承办。从这段记载上看，有如下信息：一是云南进贡普洱茶，由布政司负责统管；二是有关采办进贡银两，发交思茅厅负责普洱茶的统一采办，并且要采购标准的各种茶具；三是收取鲜茶时，以三四斤鲜茶折合为一斤干茶；四是贡茶制成多种规格进贡；五是团茶之外，还进贡芽茶、蕊茶和茶膏等八色茶品，也是由思茅厅负责采办。"（《普洱府志》卷十九）

普洱茶是每年二月采办毛尖，选择最佳茶芽上贡，贡品验收合格后，当地方能出售其余茶叶。清阮福《普洱茶记》说："二月，采毛尖，以作上贡，贡后方能出售。"普洱茶的采摘和制作经过，都是有严格规定的，《普洱府志》有详细记载："二月间，采蕊，极细而白，谓之毛尖，以作贡，贡后方许民间贩卖。采而蒸之，揉为团饼。其叶之少放而嫩者，名芽茶。采于三四月者，名小满茶。采于六七月者，名谷花茶。大而圆者，名紧团茶。小而圆者，名女儿茶。女儿茶，为妇女所采，于雨前得之，即四两重团茶也。"这段记载，有如下几点值得注意：一是每年采茶时间，定在二月采摘；二是采摘时，采茶蕊，选择极细极白的茶芽，作为贡品；三是贡品验收合格之后，方许民间贩卖；四是采摘之后，杀青，制作成团饼，形成不同品种的普洱茶，以毛尖、芽茶为贵。

普洱茶作为清宫贡茶，贡茶从采摘到进宫都有一套严格的制度。采摘、制作普洱茶，在茶农之中，有约定的标准，就是五选八弃。五选，就是五种选择标准，按照采摘顺序：一是选日子，二是选时辰，三是选茶山，四是选茶树，五是选茶枝。八弃，就是剔除不合乎规定、标准和不健康的茶叶：一是弃无芽，二是弃芽瘦，三是弃芽曲，四是弃叶大，五是弃叶小，六是弃色淡，七是弃色紫，八是弃食虫。

精心选择好茶叶之后，就着手制作。制作之前，按例要祭茶祖和沐浴熏香：茶祖是诸葛亮，掌锅师傅沐浴熏香，斋戒三日，烧香祭祖，然后请锅，开始制作。九道工序：采茶、杀青、揉捻、烘干、堆渥、晾干、筛分、制型、干燥。每一道工序必须精确到位，而且务必干净整洁。特别是揉捻时，茶师赤着上身，在热锅前两手熟练地进行翻、抖，手指轻揉、轻按、轻捻、轻搓，助手备好毛巾，随时擦拭，不许有半点儿汗水掉进茶中，否则，不能选定为贡茶。

贡茶的采摘、制作十分严格，进呈宫廷更是制度森严，实行专人管理，层层把关，逐级进呈。贡茶的采制，都一一落实到茶户。贡茶制作完成后，由乡、县、府、道主管官员出面，逐级组织权威行家进行筛选，选择最优、最好、最精的茶品作为贡茶。茶业行家选定以后，由地方行政长官按照惯例、标准和宫中专使的要求，确定贡茶的规格、品种、数量和备选贡茶。选定的贡茶，包括团茶、饼茶、散茶、蕊茶、茶膏，等等，用宫廷专用的黄包袱和瓶、匣，按照标准规格，装好、包好贡茶：团茶、饼茶，用黄包袱包裹；芽茶、蕊茶是散茶，装入专用的锡瓶内，外裹黄包袱；茶膏装入锦缎木盒，外裹黄包袱。

专送贡茶的官员奉官方公文，负责送贡茶进京。负责护送的八旗千总、把总率领八旗兵丁护送贡茶，须臾不离贡茶左右。贡茶由专人保管，他们头顶黄包袱包裹的黄茶，一身盛装地来到县衙门，恭敬地跪伏在大堂上，送呈县令查验。县官一身官服，恭迎贡茶入衙，验明身份后，取出县衙大印，在黄包袱上钤盖县衙大印。然后，贡茶分别恭送到府台衙门、道台衙门，恭敬用印。这些用印，表明是地方衙门最高行政长官验收合格之后，由地方正式呈送进宫的贡品。道台发交兵部统一制作的火牌，将火牌郑重交给押送官员。押关官员领取火牌后，正式将贡茶装入专用木箱，打捆上驮架，组成庞大的马帮，扬鞭上路。火牌所到之处，畅通无阻，正是：过州吃州，过县吃县。贡茶马帮从普洱府宁洱县出发，过十七个重要栈口，历磨黑、上把边、通关哨、布固江、黄草坝、墨江、大歇厂、莫浪、元江州等处，到达昆明巡抚衙门，直接交给恭候在此的总督、巡抚，总督、巡抚亲自点查，验收无误后，派遣专人恭送贡品进京。

普洱府贡茶，品种繁多。清雍正时定为贡茶以后，经过数十年的发展，到乾隆六十年（1795年），确定由思茅厅负责贡茶事宜，普洱府贡品分为四种：团茶、芽茶、膏茶、饼茶。其中，皇帝御用珍品贡茶是上品团茶，分五种规格：五斤团茶、三斤团茶、一斤团茶、四两团茶、一两半团茶。清《普洱府志》记载："每年贡茶，例分四种。团茶为五斤重团茶，三斤重团茶，一斤重团茶，四两重团茶，一两五钱重团茶。瓶盛芽茶、蕊茶，匣盛茶膏共八色。"在这四种贡茶之外，云南还有两种特产贡茶：一是墨江的须立贡茶，二是景谷民乐秧塔白茶，又称白龙须贡茶。

云南安乐号茶庄、车顺号茶庄是承办贡品的著名商号，由云南易武茶商李开基、车顺来创办。清光绪二十年（1894年），因为承办易武正山七子饼茶贡品而驰名四海。由于承办贡茶有功，云南布政使奏明朝廷，皇帝允准，特赏大匾悬挂其茶庄："瑞贡天朝"。同时，由皇帝颁敕，特赏李开基、车顺来例贡进士。李开基为人豁达，吏部审验后，奏明皇帝，由皇帝特敕授与修职佐郎。清光绪二十九年（1903年）二月，思茅府迫于朝廷的压力，催交贡茶，正式向倚邦茶山送达催交贡茶的官方文书，官札中称："为札饬遵办事，照得本府于二月初二日案。奉思茅府谢札，开除原文，有案外封实采办，先尽贡典，生、熟、蕊、芽办有成数，方准客茶下山，历办在案。兹当春芽萌发之际，亟应乘时采办，切勿迟延，致干参究等因。奉此唯今本府票差前往各寨坐催外，今行札知。为此仰本山头目及管茶人等遵照，谕到即行饬令茶民，乘时采摘贡品芽茶及头水细嫩官茶，速急收就，运倚（邦）交仓，以凭转解思辕。事关贡典，责任非轻。该目等务须认真札催申解，勿得延挨，违误摘采。即期不缴，定即严提比追不贷，懔之切切！特札右札，仰本山头目及管茶人准此！"

普洱六大茶山是云南的重要产茶区，也是贡茶的重要出产地，对这些地区必须进行重点保护，茶区茶树的管理、养护也是有严格规定的。从地理上看，云南勐腊县象明乡的倚邦、曼庄、革登、莽枝等地气候温和，环境优美。这些地方，一直是盛产茶叶的古茶山，也是清代贡茶的重要出产地。清代制度明文规定，这些提供贡茶的茶山，冬季要注意养护茶树，春季只许采摘芽茶。每年冬天的时候，凡是确定来年采摘茶叶作为贡茶的茶树，都要一一认真检查，仔细登记造册，树木要进行特别护理：土壤要进行松动和培肥，树木要进行全面整理，茶树枯黄的枝叶、旧根都必须整修和清净。第二年春天时，茶树刚刚抽芽，负责贡茶事务的官府衙门开始向各辖区贡茶产地下发公文，公文逐级传达，直接送到茶农手中，催采贡茶。官府对贡茶提出明确要求，并选派官差，前往各乡各寨，严格按照贡茶的要求，指导采摘，督促制作。

每年春天，云南勐腊的倚邦土司就十分紧张，他们必须亲自出面，召集属下各山头目，认真落实贡茶采摘，并往各个山头派出官差，仔细察看各家茶树，随时掌握各山茶园茶树的发芽、抽芽、茁壮成长的状况。一旦茶芽达到了贡茶规定的长度，土司就吩咐民差，催逼主人立即采摘，并认真按照规定流程采摘和制作，不得有任何损毁。贡茶的每一道工序都是十分严格的，要求也很细致。比如晾晒茶叶，必须搭建露天竹楼。竹楼高约 1.5 米，上放簸箕、篾席，将采摘的茶叶经过挑选之后，放在竹楼上晾晒。据说，在云南勐腊县象明、易武等茶区，至今还保留着用簸箕、篾席盛放茶叶在晒掌上晾晒的古老传统。

在茶叶之中，毛尖和芽茶在采摘时就是严格区分的。毛尖采摘的是仅仅有胎叶的白毫，芽茶则是采摘新叶，这种新叶是根本没有长开的笋状茶芽。有趣的是，采茶的季节也是十分严格的，用于贡茶的茶叶，采摘的是精品茶叶，芽茶通常不能超过节令小满，也就是在三月底至四月初左右。新茶采收以后，严格精选，晾晒加工，等候官府收取。官府在收取贡茶前，通常是要进行严格抽查。负责贡茶的官员，要求有关官差，先行任选少许茶叶，给采茶主人尝试。确认安全无恙之后，再由官差亲口品尝。经过官差验证无误，确定没有异味，正式收取贡茶，押送官府指定的仓库。一般地说，官差收取贡茶时，由官吏、衙役和民夫等组成临时收缴队，收取、集中。官差将贡茶交付官仓时，仓库官吏也要进行严格的验收，经过验证、抽查，确定无误之后，才将贡茶分类入库，妥善保存，设定专人看守。

清初期，贡茶是女儿茶和人头团茶，这是一种紧茶，这种紧茶样式是由官府确定的，经过官府严格审查、登记造册的茶农按照样式制作。大约从清顺治十八年（1661 年）开始，清廷着手在贡茶地区设立贡茶厂，加工进呈皇宫的贡茶。这一工作一直持续到雍正六年（1728 年）前后，由官府完成了设置贡茶厂的工作。如清廷在倚邦，正式设立了贡茶厂，每年由贡茶厂加工收取的茶叶。大概从雍正七年（1729 年）开始，云贵总督鄂尔泰进奏皇帝允准，思茅设立贡茶总茶店，设立通判之职总司其事。从史料上看，贡茶中的紧茶都要求做成人头团茶，在特殊情况下，由官方指定少数几个茶庄，将部分贡茶加工为饼茶。同时规定，民间用茶和商贩贩茶，一律不允许加工和流通官方确定的贡茶样式，只能做成方形或者圆形的饼茶。

值得注意的是，每年贡茶加工之前，是各地贡茶事务最为繁忙的时节。这个时候，负责贡茶的官府一方面要督促官差采摘和收取贡茶，同时，还要派出专门人员挑选制茶师傅。制茶师傅的挑选是十分严格的，通常到相应地区打听最好的制茶师傅，再从中挑选人品端正、身体健康、制茶技术一流的人充当贡茶的制茶师傅。与此同时，每年这个时候，宫廷侍臣奉旨选派皇帝钦定的御医，前往贡茶地区，如云南思茅、倚邦等地，参加贡茶的初选、复选，甚至整个贡茶的采摘、加工过程，只有经过御医的认真检验，验收合格之后，制茶师傅才有资格加工皇帝专用的贡茶。

云南普洱茶是中国有名的贡茶，加工普洱茶的工房是经过皇帝钦定的，为一座封闭式的茶房。普洱茶的制茶师傅，要求身穿官府指定的青布工作服，工作服一律无袋，无夹层，无异味。每位制茶师傅必须在指定的岗位工作，未经许可，不得随意走动，不得随便出入工房。每天准时工作，准时下班，出入工房时，要集体行动，统一搜身。每天贡茶的茶叶加工，定额定量，不许增多，也不许减少。贡茶加工前，要称茶叶重量，加工之后要再次称茶叶的重量。一旦茶叶重量或者数量有出入，这批茶叶作废，查清原因，制茶师傅承担相应的责任，严重者收押看管，或者入狱充军。制茶工房区域都是封闭的，工房门外，间隔一定距离，设有茅厕。这处厕所，是官府指定的，茅厕内有净水，有便桶，茅房由专人管理，便桶指定专人负责。制茶师傅如厕以后，必须到茅厕门口的专用净水槽洗手和换工装。净水槽设专人把守，监督每一个如厕的制茶师傅净手、换装。不按规定者，或者稍许违规者，当日制作的普洱贡茶全部作废，制茶师傅将受到重罚。不仅如此，清廷规定，受罚的制茶师傅来年还要负责补足前一年作废的贡茶。

普洱茶的加工和品饮

一、加工工艺

普洱茶是云南大叶种茶，茶芽长而壮硕，白毫较多，一身银色，叶大质软，茎粗节长。据测试，其生物碱、茶多酚、维生素、氨基酸等含量丰富。将这种大叶茶制成青茶，滋味醇厚，清香可口。制成绿茶，香高味浓，回甘无穷。制成红茶，汤红味醇，鲜爽宜人。历史上的普洱茶，主要是指思茅地区的青毛茶和勐海地区的南糯白毫、女儿茶。青毛茶压制成各种紧压茶，包括沱茶、方茶、团茶、竹筒茶和七子饼茶等。春茶采摘以后，制成女儿茶，是茶中之上品。

清光绪《普洱府志》记载，普洱茶，唐代时已经行销西蕃：普洱，古属银生府，则西蕃之用普茶，已自唐时。宋代时，这里设立茶马贸易。明代《滇略》说："士庶所用，皆普洱茶也。"明代，普洱茶年销量在十万担以上。清初，普洱运往西藏的普洱茶就达三万驮。清代中期，在普洱府、思茅厅设立官茶局，茶商从官府领取茶引方能经营普洱茶。道乐《普洱府志》说："车里（景洪）为缅甸、南掌（老挝）、暹罗（泰国）之贡道，商旅通焉。威远（景谷）、宁洱（磨黑）产盐，思茅产茶，民之衣食资焉！"

据《普洱府志》记载，普洱茶的栽培历史有一千七百余年，茶园有数万亩。其加工制作方面，《普洱府志》有详细记载：

二月间采，得极细而白，谓之毛尖，以作贡。贡后，方许民间贩卖。采而蒸之，揉为团饼。其叶之少放而嫩者，名芽茶。采于三四月者，名小满茶。采于六七月者，名谷花茶。大而紧者，名紧团茶。小而圆者，名女儿茶。女儿茶，为妇女所采，于雨前得之，即四两重团茶也。其入商贩之手，而外细内粗者，名改造茶。将揉时，预择其内之颈黄而不卷者，名金月天。其团结而不解者，名疙瘩茶，味极厚。难得种茶之家，蔓锄备至，旁生草木则味劣难售。或与他物同气，则染气而不堪饮矣！

普洱茶历史悠久，传统制作工艺较为复杂，主要包括七道工序：采茶、杀青、揉捻、晒干、筛分、制型、干燥。现代制作工艺则是人工熟化，无论是采用什么流水作业，或者是机械化程序，其主要工序没有什么不同，主要也是在传统七道工序基础上增加两道工序：采茶、杀青（锅炒、滚筒）、揉捻（机器加工）、烘干、增湿渥堆（洒水、茶菌）、晾干、筛分、蒸压制型、干燥（烘干）。

普洱茶分两大类，也就是熟茶、生茶。熟茶具有药理作用，老生茶有，生茶没有。所以，对于品尝、收藏普洱茶，应该知道有三大准则：品老茶，喝熟茶，存生茶。云南普洱茶的原料是晒青毛茶，也就是滇青茶。这种茶与云南烘青绿茶是有所不同的，主要体现在杀青温度与干燥方式方面。杀青温度：传统滇青普洱茶，是从云南大叶种茶树上将茶叶采摘下来的，先经过短暂的风干或日光萎凋，然后进行炒制杀青。现代滇青普洱茶炒青在180℃上下，六分钟左右。现代滇绿普洱茶，则是将鲜叶放入滚筒或锅炒进行杀青。杀青之后，叶片颜色由鲜绿转成深绿或墨绿。干燥：传统滇青，通常在上午10点左右，完成采摘、杀青、揉捻，然后，把毛料茶叶均摊在竹席上晾晒，直到下午4点左右。滇绿干燥，通常使用烘干机，温度在100℃至130℃。

二、保健功能

普洱茶是古董，可以喝，也可以收藏。主要保健功能：一是降脂，二是降压、抗动脉硬化，三是防癌、抗癌，四是健齿护齿，五是护胃、养胃，六是抗衰老，七是防辐射，八是醒酒，九是美容。清人赵学敏《本草纲目拾遗》称："普洱茶，性温味香。……味苦性刻，解油腻、牛羊毒，虚人禁用。苦涩逐痰，刮肠通泄。普洱茶，膏黑如漆，醒酒第一。绿色者更佳，消食化痰，清胃生津，功力尤大也。"

普洱茶中，最有名的就是贡茶了，主要包括：一是饼茶：扁平圆盘状，其中，以七子饼贡茶最佳，每块净重357克，就是老的七两。每七个为一筒，表示七七四十九，寓意多子多孙，故名七子饼。二是沱茶：形如饭碗，每个净重100克、250克。三是砖茶：长方形或正方形，250克至1000克居多。四是金瓜贡茶：压制成大小不等的半瓜形，从100克到数百斤均有。五是千两茶：压制成紧压条形，每条茶较重，都在100斤以上，故名千两茶。六是散茶：茶叶为散条形的，称为散茶，分为索条粗壮肥大的叶片茶和用芽尖部分制成细小条状的芽尖茶。

三、冲泡

普洱茶冲泡，宜用腹大的紫砂壶。冲泡时，要先温杯，然后洗茶。洗茶是十分重要的，因为许多陈年普洱茶至少都在十年以上。品饮时，要趁热闻香，慢啜入口，能够感觉满口芳香，生津回味，清香四溢，持久不散。普洱茶是茶中之王，具有暖胃、降脂、养气、益寿、延年的功效，是古代品茗中的圣品。明清时期，皇帝、亲王、皇室贵族都崇尚喝普洱茶，人称长寿茶。

如何辨别普洱茶？普洱茶可持续发酵，越陈越香。新普洱茶是刚制成的普洱茶，外观颜色较绿，茶上有白毫，味道浓烈。老普洱茶是陈放较久的普洱茶，茶叶外观呈枣红色，茶上白毫转变成黄褐色。

鉴别普洱茶，第一步，闻香：有茶香，无霉味。有些商人加入菊花，可能就是为了掩盖霉味。第二步，辨色：观察茶汤颜色。陈年普洱茶，经过多年发酵，茶汤颜色较深；新普洱茶，茶汤颜色较淡。第三步，品尝：好的普洱茶香醇可口，不会有霉味，也不会苦。新普洱茶，有白毫，未经陈化，会有苦涩味。

辨识和鉴别普洱茶，要综合各方面因素，积累品赏经验，主要是通过外形、汤色、香气、口感、叶底、包装等方面进行鉴别。一是看外观：条形完整，叶老或嫩，老叶较大，嫩叶较细；色泽呈棕褐或褐红，褐中泛红就是好茶。二是看汤色：汤色红浓明亮，上有金圈，汤上有油珠膜。三是闻气味：香气浓郁、纯正，陈香悠久，就是好茶。四是品滋味：滑口、回甘，味道香浓甘醇，润喉生津。

普洱茶雅事

清代文学家曹雪芹喜爱普洱茶，曾写《普洱茶》诗：

普洱名茶喷鼻香，饮茶谁识采茶忙？

若怜南国采茶女，忍渴登山与共尝。

清代诗人舒熙也喜爱普洱茶，写有《普洱茶》诗：

鹦鹉檐前屡唤茶，春酒堂中笑语哗。
共说年来风物好，街头早卖白棠花。

清代诗人许廷勋痴迷普洱茶，写了一首《普洱吟》长诗，叙述了普洱茶贡茶的辉煌和茶农的艰辛生活：

山川有灵气盘郁，不钟于人即于物。
蛮江瘴岭剧可憎，何处灵芽出岑蔚。
茶山僻在西南夷，鸟吻毒茧纷廖葛。
岂知瑞草种无方，独破蛮烟动蓬勃。

味厚还卑日注丛，香清不数蒙阴窟。
始信到处有佳茗，岂必赵燕与吴越。
千枝俏倩蟠陈根，万树搓丫带余蘖。
春雷震厉勾潮萌，夜雨沾濡叶争发。

绣臂蛮子头无巾，花裙夷妇脚不袜。
竟向山头采撷来，芦笙虽和声嘈赞。
一摘嫩芷含白毛，再摘细芽抽绿发。
三摘青黄杂揉登，便知粳稻参糠乞。

筥蓝乱叠碧毛毛，松炭微烘香必宰。
夷人恃此御饥寒，贾客谁教半干没。
余前给本春收茶，利重遄多同攘夺。

土官尤复事诛求，杂派抽分苦难脱。

满园茶树积年功，只与豪强作生活。
山中焙就来市中，人肩渎汗牛蹄蹶。
万片扬箕分精粗，千指搜剔穷毫末。
丁妃壬女共熏蒸，笋叶藤丝重捡括。

好随筐篚贡官家，直上梯航到宫阙。
区区名饮何足奇，费尽人工非仓促。
我量不禁三碗多，醉时每带姜盐吃。
休休两腋自更风，何用团来三百月！

清代云南宁洱教谕在茶区生活多年，对普洱茶十分熟悉，他特地写了一首《茶庵鸟道》诗，描写采茶的艰辛：

崎岖道仄鸟难飞，得得寻芳上翠微。
一径寒云连石栈，半天清磬隔松扉。
螺盘侧髻峰岚合，羊入回肠屐迹稀。
扫壁题诗投笔去，马蹄催处送斜晖。

清代普洱知府朱稔文喜爱普洱茶，也写《茶庵鸟道》诗，写有三首，其中一首七绝：

仄径生机一线通，茶庵旅店暂停骢。
分明雉堞山头见，犹在盘回鸟道中。

云南景东县是普洱茶的重要产茶区，每年的采茶是这里一件大事。光绪时期，广东新惠人黄笛楼出任景东郡守，这位有着诗人情怀的郡守，写了一首十二月《采茶曲》，从官方的眼光记述了当时采茶的盛况。
《景东县志稿》收录了这首十二月长诗曲，内容如下：

正月采茶未有茶，村姑一队颜如花。
秋千戏罢买春酒，醉倒胡麻抱琵琶。
二月采茶茶叶尖，未堪劳动玉纤纤。
东风骀荡春如海，怕有余寒不卷帘。
三月采茶茶叶香，清明过了雨前忙。
大姑小姑入山去，不怕山高村路长。

四月采茶茶色深，色深味厚耐思寻。
千枝万叶都同样，难得个人不变心。
五月采茶茶叶新，新茶还不及头春。
后茶哪比前茶好，买茶须问采茶人。
六月采茶茶叶粗，采茶大费拣工夫。
问他浓淡茶中味，可以檀郎心事无。

七月采茶茶二春，秋风时节负芳辰。
采茶争似饮茶易，莫忘采茶人苦辛。
八月采茶茶味淡，每于淡处见真情。
浓时领取淡中趣，始识侬心如许清。
九月采茶茶叶疏，眼前风景忆当初。
秋娘莫便伤憔悴，多少春花总不如。

十月采茶茶更稀，老茶每与嫩茶肥。
织缣不如织素好，检点女儿箱内衣。
冬月采茶茶叶凋，朔风昨夜又前朝。
为谁早起采茶去，负却兰房寒月宵。

清·光绪款银镀金洋錾透花茶船

腊月采茶茶半枯，谁言茶有傲霜株。

采茶尚识来时路，何况春风无岁无。

普洱芽茶

　　普洱芽茶，是普洱茶中的一种，是贡茶中的珍品茶之一。普洱芽茶比普洱毛尖要壮硕，做成团饼式。清代学者张泓在《滇南新语》中说："芽茶较毛尖稍壮，采治成团，以二两、四两为率，滇人重之。"清代学者阮福写《普洱茶记》，他在书中说："采而蒸之，揉为团饼，其叶之少放而犹嫩者，名芽茶。"

云贵总督进贡中型普洱茶团

普洱毛尖

普洱毛尖，是普洱茶中的一种，是贡茶中的珍品茶之一。清代学者张泓写《滇南新语》，他说："普茶珍品，则有毛尖、芽茶、女儿之号。毛尖即雨前所采者，不作团，味淡香如荷，新色嫩绿可爱。"清代学者阮福懂得品茶，他在《普洱茶记》中说："于二月间采，蕊极细而白，谓之毛尖，以作贡。贡后，方许民间贩卖。"

附录　宫廷生活问答

一个清朝太后或者皇帝、以及一个皇室贵族的子弟，按照宫中的礼仪制度，他的一天生活起居是如何安排？包括吃穿用度的器物是怎样的？关于这些器物，是否有一些围绕它们发生的有趣故事？

关于这个问题，可以说说慈禧太后的一天。

据有关档案、史料记载，慈禧太后一天的活动，是从头一天的晚上开始的。晚上大约 8 点的时候，西一长街敲响打更的梆子声。这声音，储秀宫听得十分清楚。这也是一个信号，就是没有差事的太监，此时之前必须离开后宫了——因为，每天晚上 8 点钟一过，后宫的宫门都要按照程序上锁，钥匙统一交送敬事房。宫门上锁之后，再想出入就不可能了。晚上 8 点钟以前，值班的老太监将值夜太监带到皇极殿西配房，经过总管太监检查之后，分配好任务，带班的太监带领着值夜人员，进入储秀宫。

体和殿的穿堂门上锁了，南北不能通行。晚上 9 点，储秀宫内的宫女们开始当差，通常是五人。9 点整，正殿的大门要关上一扇（通常是东扇）。8 点钟以前，值夜人员预备好又厚又柔软的、可以靠着坐的毯垫子。给太后夜里当差，叫做值夜，宫里人称为上夜。每天早晨，大概五点至六点，慈禧太后就起床了。大约在"二次垂帘"之后，慈禧太后经常是在四点左右就起床。但局势平稳以后，慈禧太后真正地执掌着最高权力，从此，她开始晚起了，过着优哉游哉的晚年生活。

女官何荣儿回忆说：大概每天到了寅时（3—5 时），太后的寝室就有动静了。该当班的宫女，就要准备当差了，这时是宫女的大聚会。太后屋里的灯一亮，就是打开遮灯的纱布罩，室内的两个宫女就开始恭敬地在卧室门口侍候着。干粗活的宫女，已经备好了一桶热水，送到寝宫门外。太后寝室里有亮光了，整个寝宫就开始悄无声息地动了起来。寝宫的西南角上，最先亮起一道红光，这是老太监在这里熬了一夜的银耳，此时拿开护罩，准备给太后送上起床后的第一道养颜美容的敬献。太后起床后的第一道养颜美容敬献，是银耳，侍女恭敬地端进寝宫，送到太后的手中。

太后起床以后，得到侍寝宫女的暗示，司衾的宫女们鱼贯而入，悄无声息地收拾床铺，叠好被子，然后送上一盆热水。这一盆热水，就是太后起床之后的第二道养颜美容敬献：侍水的宫女，双手端着银盆，盆内放满了冒着腾腾热气的热水。侍女用热手巾先把慈禧太后的手包起来，放在银盆的热水里浸泡，等水变温渐凉之时，再换热水，再次浸泡，就这样换水三次，把手背、手指的关节都泡随和了，看上去白里透红、细嫩柔软的，就达到了最佳的养护效果。

热水浸泡之后，太后心情舒畅，宫女们随之就送上第三道太后养颜美容敬献的热敷。这热敷美容保健妙法，是太后自己发明的养颜秘方之一，也是她自己最为津津乐道的永葆青春之妙方。热敷法，当时宫里的侍女们称为洗脸，确切地说，就是用热气腾脸，也就是现代人美容的所谓热敷。用宫里特制的银盆，装满洒了香料的热水，再以细腻柔软的纯棉毛巾，浸透热水之后，按照肌肤的纹理，细心地敷，感觉就像是在细软的绸缎上滑动一样。长年累月地做热敷，脸上基本上没有任何皱纹，而且总是能够保持得光鲜滑润，白皙美丽，富于光泽。

热敷过后，光彩夺目的太后，就静静地坐在梳妆台前。这时，侍寝的宫女，走上前来，用手轻轻地拢拢太后的两鬓，然后开始在脸上敷一点粉，在两颊和手心上，涂一点儿胭脂。值得注意的是，这些粉和胭脂，不是进贡的贡品，而是太后自己研制的粉和胭脂，她只用自己的产品，也只适应自己的化妆品，别的贡品，即使是上好的东西，她只是偶尔用用，平常很少问津。接着，传梳头太监，为太后梳头。慈禧太后一生很刚强，很有自尊，她从四十岁时就开始头发脱落，变得稀疏，最后几乎秃了顶，只剩下两鬓的一点儿头发了。但是，她自始至终，一直很注意自己的形象，一生都很注重自己的发型，所以，宫人们都知道，梳头成为太后每天早晨最重要的工作之一，甚至比军国大事还要重要。

这时，侍寝的宫女把寝室的窗帘一打，在廊子外头眼睛早就紧盯着窗帘的李莲英、崔玉贵、张福等，像得到一声号令一样，在廊子的滴水底下，一齐跪在台阶上，用男不男、女不女的鸡嗓子，高声喊道：老佛爷吉祥！老太后春风满面，容光焕发，笑盈盈地接见他们，有时特别给他们脸，还走到中间正座上，接受他们的朝见。这都是侍寝的打窗帘给暗号的功劳，起床伊始，就来个碰头彩。然后，太后开始上朝，裁理政务，批阅奏折。回到寝宫以后，她就坐在临窗的地方，静静品茶。宫中贡茶的种类很多，每个皇帝、太后、皇后、嫔妃的口味不同，喜好也不一样。不过，她们的份例都是有严格规定的。慈禧太后的生活，大致年年如此。

对于一个皇帝来说，哪些特殊的生活器物是必备的、体现皇室身份的？

宣统皇帝溥仪是末代皇帝，他的宫廷生活也很丰富。皇帝的特殊身份决定了他们在许多方面都是与众不同的，特别是在色彩、衣服、宫室和器具方面，有许多禁区，皇帝之外的任何人都不许擅自使用，包括王子王孙和王公大臣。溥仪身为皇帝，他每天都要到毓庆宫读书，到后宫给太妃请安，然后就是游乐御花园等消遣活动。每个活动，皇帝的身后都跟着一个大尾巴：前面是敬事房的太监，嘴里不断地发出"吃"、"吃"的声音，用于净道。随后是两名总管太监，在路两侧行走，鸭行鹅步行进。然后，就是中心人物的皇帝或者太后。

如果皇帝坐轿，两边各有一名御前太监扶轿杆而行。再后面，一名太监举着大罗伞，伞后是一大群拿着各种各样皇帝日用品的御前太监：衣服、马扎、雨伞等。御前太监之后，是御茶房太监，捧着各种各样的点心食盒。然后是御药房太监，挑着担子，内装各种常备药品，必须备办的是痧药、灯心水、菊花水、竹叶水、竹茹水、芦根水、避瘟散、万应锭、六合定中丸、藿香正气丸、金衣祛暑丸等。最后，是携带大小便器的太监。如果不坐轿子，轿子就在后面跟随着。皇帝到哪里，这几十人的大尾巴就跟到哪里。

皇室的家规——对于一个贵族家庭，必须秉承一些信条或者规矩，那么，中国末代的皇室贵族们，他们的家族信条是什么？

醇亲王的儿子载湉，是慈禧太后的外甥。同治皇帝去世以后，慈禧太后颁发懿旨，命近侍奉载湉入宫，选择吉日在养心殿即皇帝位。面对突如其来的变故，一向老实本分的醇亲王有点不知所措，听了慈禧太后的懿旨，要宣自己的儿子入宫为帝，醇亲王一下子昏死了过去。随后几天，他一直处于非正常状态，身颤心摇，如梦如痴。

醇亲王的一生，都是十分谨慎的，他不仅说话做事都小心翼翼，而且在教育子女方面也是如履薄冰，唯恐不经意之间招至灾祸。他知道，满招损，谦受益。他特别告诫家人，要防止子孙骄傲自大，不思进取。他在正房大堂，悬挂一匾：谦思堂。他喜欢读书，他的大部分时光都是在书房度过的。他在自己的书房，也悬挂一匾，上书：退省斋。他的书案之上最显著位置，摆放着一件十分精巧的欹器，器上铭刻着六个字：满招损，谦受益。

欹器是孔子极其喜爱的一件器物，这件东西的价值，主要不在其精巧，而是在于其独特的构造：虚则欹，中则正，满则覆。孔子亲自将水注入欹器之中，一次次试验，一次次都令他感到震惊。他又让弟子注水入欹器，结果还是一样：中而正，满而覆，虚而欹。孔子感叹："吁！（老天啊），恶有满而不覆者哉！"醇王从妻子的口中和自己的观察之中知道，当今的慈禧太后，虽然是自己的妻姐，但这个女人，不是一般的女流之辈，特别是对于权力，从来不苟且。

每当醇亲王想到国事，想到太后，他就会感到恐惧，就会更加诚惶诚恐。他坐在自己的书斋之中，冥思苦想，终于悟出了什么。他饱蘸笔墨，恭敬地写下四个大字，告诫自己，也告诫自己的儿孙："恭谨敬慎。"不仅如此，醇亲王亲书治家格言，悬挂在自己子女的房中，时时提醒他们，日夜告诫他们，满招损，骄招祸。他的治家格言是：

　　财也大，产也大，后来子孙祸也大。

　　若问此理是若何？子孙钱多胆也大。

　　天样大事都不怕，不丧身家不肯罢！

**　　在清末鼎革的时代，对一个普通的皇室成员来说，皇室的生活发生了怎样的变化？有没有特别典型的人物例子？**

　　清末皇室成员，最典型的人物，可能就是恭亲王了。恭亲王身份特殊，他是咸丰皇帝的六弟。道光皇帝有九个儿子，第四子奕詝，就是后来的咸丰皇帝；第六子奕䜣，就是恭亲王；第七子奕譞，就是醇亲王。他一生大起大落，四遭严谴，赋闲十年。生活的一次次变故让他失去了斗志，晚年十分不幸。光绪十一年（1885年）春天，恭亲王爱子载滢夭折。五十二岁的恭亲王抑郁于怀，肝病旧疾复发。痛苦难耐的恭亲王带上家小仆从，携带几卷唐诗，前往西山游历，长达四十余日。他从昆明湖泛舟，来到玉泉山，游文昌阁，过绣绮桥，直到万寿寺、龙泉庵、香界寺、宝珠洞，然后步行来到普觉寺。普觉寺俗称卧佛寺，三十年前他曾陪同咸丰皇帝游历这里，这次重游，恭亲王感慨万千。他特地在此留宿，写诗留念：

　　寥落悲前事，回头总是情。

　　僻居人不到，今夜月分明。

　　地古烟尘暗，身微俗虑并。

水深鱼极乐，照胆玉泉清。

恭亲王游历岫云寺、极乐峰、太古观音洞。留住云居寺，对雨吟诗。盘桓石经塔院，信步闲游。过华严洞，看天柱峰，前往退居庵，拜访八十六岁高龄的瑞云禅师，探讨长寿之道和养生秘诀。这次游览，恭亲王恢复了健康。然而，这年夏天，他的长子载澄病故，他悲愤交集，再次病倒。随后两年，恭亲王灾祸不断，先后四位妻子、三个子女相继去世，他的眼泪都流干了，心情一直不能平复。他对天长叹：呜呼！人事固有未尽耶？抑天事预有定数耶？系乎人，系乎天，其当皆归于命耶？随后，他写了一组悼亡诗词，寄托自己对妻儿的无限哀思。他在悼妻词中写道：

眼应穿，人不见，花残菊破丛，洒思临风乱。无言独上西楼，愁却等闲分散。黄昏微雨画帘垂，话别情多声欲战。

他写的悼女词：

花淡薄，雨霏霏，伤心小儿女，相见也依依。绿倒红飘欲尽，晚窗斜界残晖。无由并写春风恨，不觉凭栏又湿衣！

恭亲王虽然赋闲在家，但他仍然保持着对西洋事物的好奇和喜爱。可以说，他是北京最早接触西洋照相机的人，也是最早接触照相术的皇室人员。早在咸丰十年（1860 年），他就接受照相，为自己照了一张冠顶宝珠公服像，那一年他二十七岁，这恐怕是他最早的标准照了。赋闲在家期间，他照了许多像：《自题友松啸竹图小照一律》、《再题歌唐集句图小照二律》、《将友松啸竹图小照分寄潭柘岫云、戒台万寿二寺各留一幅以致香火因缘并纪一律》等。他坐在特别喜爱的秋水山房书斋前照的一张相片，他十分喜爱，特地赋诗《题照像山房闲坐图》：

半潭秋水一房山，顿隔埃尘物象间。

自笑微躯长碌碌，消遥心地得关关。

陶庐僻陋那堪比，谢守清高不可攀。

忽喜叩门传语至，殷勤为我照衰颜！

中日甲午战争期间，慈禧太后恢复了恭亲王的职务，让他再次成为首席军机大臣，负责军机处、督办军务处和总理各国事务衙门。但是，十年赋闲，恭亲王更加衰弱了。从此以后，他没有了锐气，变得十分顺从了。他不再埋头苦干，而是用更多的时间陪同慈禧太后游玩。十月初四日，慈禧太后接受庆亲王请示，任命恭亲王督办军务处，以庆亲王帮办，以翁师傅、李鸿藻、荣禄、长麟会办。同时，设立巡防处，由恭亲王负责。十月初九至十一日，慈禧太后六十大寿庆典，三天歌舞升平，停止办公。由于恭亲王承办庆典妥慎周详，慈禧太后特地赏赐御书大匾一方：锡福宣猷；御书长寿字一张，通玉如意一柄，貂褂一件，金寿字缎四匹。

光绪二十四年（1898 年）初，光绪皇帝急切想变法，恭亲王尽力阻止，认为祖宗之法不可变。二月末，他的旧疾复发，终于病倒。在他病重期间，慈禧太后和光绪皇帝曾二次到恭王府探望他，问候病情。四月初十日（5 月 29 日），他离开人世，终年六十七岁。临终前，他盯着光绪皇帝说："对变法，当慎重，不可轻信小人言也！"恭亲王留下遗折，仍然对光绪皇帝进言：伏愿我皇上敬天法祖，保泰持盈，首重尊养慈闱，以隆圣治。况值强邻环伺，诸切隐忧，尤宜经武整军，力图自强之策。至于用人行政，伏望恪遵成宪，维系人心，与二三大臣维怀永图！

皇室后裔在今天生活是多样的，如果把他们的生活方式概括起来，有哪些类型？譬如低调隐忍、高调宣扬这样的分类？各有哪些人物？

这个问题很敏感，涉及皇室人员和他们的后裔。他们是皇室，其血管里流淌着皇家的热血，许多人都是德高望重，有着特殊的地位和身份他们的生活状况，不便在此多说。

为什么皇室的话题总是在大众中长盛不衰，大家依然会对这样的家族感兴趣，愿意去想象？

我想，主要有三方面的原因：一、身份特殊，皇帝是至高无上的，皇帝的特殊身份也决定了皇室是天下第一家庭的特殊性。至高身份，让野心家异想天开；二、地位尊贵，皇帝唯我独尊，皇室也同样享受着只有第一家庭才能享受的尊贵生活和特殊供应，皇家尊贵，令臣民们高山仰止；三、宫禁神秘，皇帝和皇帝生活的皇宫是人间禁地，任何人不得越雷池半步，否则，犯大不敬罪。因此，皇帝生活的皇宫称为禁宫，明清时期，称为紫禁城。禁宫，一直笼罩在一片神秘的迷雾之中，皇帝之外的任何人都不知道皇帝及皇室生活的内幕。所以，越是神秘，人们越想知道内幕，越有兴趣去议论和想象。有时，他们甚至会为自己的想法而激动。

您是什么时候到故宫博物院工作的？什么时候对皇室的研究感兴趣？其中的乐趣是什么？

1979年，我考进了武汉大学，那时，我感觉一脚踏进了一个崭新的时代。子在川上曰：逝者如斯夫，不舍昼夜！时光如白驹过隙。那时降生的孩子已经大学毕业了，并开始了各自的人生。我们这一代人，从总体上说，是躬逢盛世，但从个体而言，也是蹉跎岁月。说到躬逢盛世，是说我们有机会通过考试进入大学深造，在恰当的年龄就从事学术研究，继续前人被中断了的国学事业，在充分掌握第一手资料的前提下继承和发展国学，以脚踏实地的研究和富有心得的成果迎接一个新的儒学时代的到来。说到蹉跎岁月，其实是一种人生煎熬，无影无形，也是对人的毅力、心智、忍耐力的一种考验。

从武汉大学毕业到故宫工作，我一直关注的是中国君主。如果说是喜欢哪个历史人物，自然是君主了：皇帝是乾隆，女皇则是武则天、慈禧太后，因为，他们几乎可以代表一个时代。乾隆的文治武功，在中国历史上是无人能出其右的，比如《四库全书》、《满文大藏经》、十全武功等。他的成就和功绩令人敬仰，至今仍惠及华夏儿女。武则天在男权社会的中国君主时代，占有一席之地，而且干得有声有色，可圈可点。比如说，唐代的疆域，在她的手上，翻了一倍，很好地完成了中华各民族的大融合。可以说，她活得很有个性，令人钦佩。

在故宫里工作，与历史无时无刻不在碰撞，有怎样的特殊感觉？有没有一些与这个场景有关的有趣故事？

人不可能永生，但是，文字却能够超越千百年的时空。翻开那些纸质变黄的宫廷古籍和墨香犹存的档案文献，你会觉得，历史并不遥远，皇宫生活仿佛就在眼前。有一次，我翻开清逊帝溥仪的练习册，看到他在空白的练习册上，用铅笔十分清楚却歪歪扭扭地写道：溥佳是个疯子。风光两百余年的大清在溥仪手中灭亡了，可是，还是孩子的溥仪，不知道丢失江山的伤痛和羞耻，更不知道、也不会理会成群的遗老遗少正在为失去的荣耀而长嘘短叹。这行铅笔字表明，孩子就是孩子，不管是帝王之身还是平民百姓。在故宫工作，就是有一种直面历史的感觉。许多年来，我一直很努力，很敬佩那些孜孜不倦从事国学研究和那些为民请命、默默无闻的长辈，敬仰他们的人品和学识。我要求不高，只期望每天能有所收获，能够不但地丰富自己，充实自己，让自己尽量成为一个对社会有用的人，一个充满感恩、知足常乐的人，一个回忆青春往事不后悔的人，如是而已。

您与皇室后裔接触的时候，觉得他们是怎样的一群人，是否有一些让您特别印象深刻的事例？

说到皇室后裔，如果慈禧太后算女皇，她的家族后裔叶赫那拉根正先生就是根正苗红的皇室后裔了。事实上，清皇室的正宗血脉，正是爱新觉罗和叶赫那拉氏的后裔。我和根正先生很熟悉，也是很好的朋友。记得有一次，在君馨阁接受《财富》杂志的采访，和根正先生一起，说到他的家事，我的印象十分深刻。

他说：据我们叶赫家族的家谱记载，慈禧太后出生之地，是北京西四碑楼辟才胡同。史料上说，惠征兄弟三人，实际上，家谱记载是四人，有一人出走了，好武，不知所终，荣禄就是他的干儿子。慈禧是家里的老大，有一个妹妹，三个弟弟，大弟照祥，小名佛阁；二弟桂祥，小名佛保；三弟福祥，小名佛佑。慈禧真的很歹毒？对家人不好，六亲不认？在这一点上，人们的认识是不对的。其实，慈禧应该是很理性的，家和国，分得很清楚。她对家人，从来不乱赏赐钱财，乱封官职，包庇犯罪。她一直鼓励家人，要自己成才，自己奋发。她很孝顺，做事做人都很讲究。她执政长达半个世纪，可是，只是按照旧例，给家人封了个承恩公，还是三等，封给自己的祖父。可惜，她的祖父寿命不长，接着才由她父亲惠征承袭。可叹的是，惠征去世也早，就由她大弟弟照祥袭爵。两年后，大弟弟也走了，最后由二弟桂祥继承。她的三弟福祥，一直没有官职，依靠二哥生活。

根正先生感叹地说：其实，慈禧确实有些冤枉，她是一直在很认真地做人。至于她做女皇怎样，做天下之主如何，那是历史学家评说的。都说慈禧不孝顺，为人狠毒。其实，真的错了，她是很孝顺的。她进宫以后，家人有困难，她都尽力帮助，给一些粮食，给点钱，都不多。她一直鼓励家人，要认真做人，要奋斗，要自食其力。所以，慈禧的家人，没有一个做大官的。她很孝顺，是个好女儿。光绪二年，她母亲七十大寿，慈禧太后写了一个大"寿"字，题诗一首。慈禧太后还回过一次家，是回家省亲，我们家里就有一张慈禧回家省亲的照片。

在慈禧亲笔手书的"寿"字上，这样题诗：

世间爹妈情最真，泪血融入儿女身。

殚竭心力终为子，可怜天下父母心！

后记 享受工作

一

当我迈进武汉大学风景如画的校园时候，经历过浩劫的文化中国正在复苏，开始步入一个光明的、充满梦幻般希望的新时代。我从武汉大学毕业，分配到故宫博物院工作，现在想来，真是很幸运，也是我一生的福气。不过，说真的，从某种角度上说，这也可能是天意。我是湖北麻城人，感觉北方是苦寒之地，冬天奇冷，没有大米吃，所以，毕业分配时，我填写的志愿全部是武汉。组织最后宣布分配地点，才知道我到故宫博物院工作。当时，北京真是寒冷，冬天在零下 15℃左右，每个月真的没有多少大米吃，只供应 6 斤。最难受的是气候干燥，头三年，脸上手上血口子一道一道的。不过，来到北京工作以后，发现北京不是苦寒之地，而是文化沃土。北京是八朝古都，文化灿烂，文明源远流长，丰富多彩的皇宫珍宝，是中华各族儿女智慧、文化、科技的结晶。北京都城规模宏大，生活舒适，冬天有暖气，相比之下，南方才是苦寒之地。

记得从湖北到北京的路上，第一次踏上远离故乡的列车，感觉一切都很新鲜。那是一个炎热的夏天，坐在硬坐的车座上，座位都是烫的。透过车窗，看着窗外移动的风景，仿佛感觉自己的美好生活就在脚下，灿烂的前程就要展现在自己的眼前。特别是火车进入河南省界以后，一路之上，满眼都是火红的芙蓉花，心里就有一团火在悄悄燃烧，那是未来希望田野上的光明之火啊。可是，进入工作状态之后，才发现，真实的北京与自己想象的北京不一样，真实的生活与自己曾经憧景的生活也大不相同，真实的工作状态与自己当年设想的工作环境更是相距十万八千里。特别是复杂的人际关系，简直让人匪夷所思！不过，幸运的是，二十多年过去了，无论遇到什么样复杂的、甚至是糟糕的人和事，我一直能够保持自己的原生状态，努力让自己做一个真正的人，一个问心无愧的人，一个任何时候都能够坦然心静、从容淡定的人，我很知足。若真修道人，不见世间过也。

二十多年来，我一直在红墙碧瓦的宫院之中，默默地从事宫廷历史、宫廷版本方面的学习和研究。每当从落满尘土的书架中发现一篇有价值的文章、一段令人惊叹的史料，就会欣喜若狂。每当从光线昏暗的书室中发现一份档案，或者一部有价值的古书，就会有一种相见恨晚的感觉。最初的时候，我也觉得奇怪，许多人都在躁动不安的经济时代奋不顾身地投身到商海之中，我怎么能如此平静地坐在这紫禁城中，一头埋进故纸堆里？可是，当我真正接触到一部部明黄缎面的古籍，看到一件件档案中那沉默的史迹时，我突然明白了，历史是鲜活的，历史就是人生。这时，我明白了，在故宫工作，这就是我想要的生活，这也正是我想要的工作环境，它虽然寂寞，但我知道如何在工作之中享受。

在整理宫廷古籍和珍贵档案时，我常常感叹，中国历史真是独一无二的。中国的文明史之所以没有像古代其他文明那样中断，其主要的原因之一就是文字的力量，儒学的力量。越积越厚的文化遗产，令那些曾以暴力手段夺取政权的帝王们为之叹服，为之花费一生的精力和大量时间虚心学习，孜孜不倦，乐此不疲。从古书中感觉历史，从档案中感受历史，从文字中感知历史，这就是在故宫工作的真实感受。在故宫工作久了，感觉历史都是鲜活的，历史人物仿佛就在眼前，触手可及。特别是琳琅满目的宫廷珍宝，每一件都是先民才情和智慧的结晶。才情者，人心之山水。智慧者，天地之才情啊。

历史研究，是一件很严肃的事情，对一些历史疑案，可以大胆假设，小心求证。至于通俗历史，也是一件严肃的事情，在基本历史原则上是不能苟且的。历史，可以用文学的语言描写，但历史人物、事件、史实等都必须是真实、可信的，事情经过也应当尽可能真实地复原历史原貌。也就是说，你的史料来源应该是真实可信的。研究历史，可信的史料来源，主要有三个方面：一是原始的文献档案、史料笔记，包括圣旨、奏折、朱批、信札、医案；正史、实录、起居注等史料、族谱家谱、文人笔记等；二是宫殿、史迹、文物、实物等，包括历代宫殿及宫殿遗迹、宫廷珍宝文物、所有与研究人物、事件有关的宫廷原状、实物之类；三是当事人的有关日记、书信、资料，包括当事人、历史人物相关人员以及其后人的所有史料、采访、笔记、口述，如皇帝、后妃、宫女、太监以及御医、御膳、御茶、御酒、御前侍卫等所有侍从人员的相关史料等。

<h1 style="text-align:center">二</h1>

经常有记者、朋友问，办公室悬挂的两个字幅，是什么意思？其实，这两幅字，没有什么特别的，只不过是闲适之时随意闲书而已。这两幅字，都是大画家常宝立先生写的，写的字体与众不同，恐怕很少有人知道是什么书体。

第一个字幅：呆頭獃脑。

四个字，很平常，两边都是一繁一简，删繁入简，简简单单。我常说，呆头呆脑，这没有什么不好的。人们喜欢将傻里傻气的人，形容为獃板，不灵活，认为是迟钝、笨拙之人，就是呆头呆脑。有关呆木之人，民间的歇后语很多，形容也很丰富，包括木头鸡、阿二当差、疯子摇头等，就是呆头呆脑之意。元词曲家马致远先生，在《岳阳楼》第三折中，有这样的描述：似这等呆脑呆头劝不回，吥！可不干赚了我奔走红尘九千里。大作家曹雪芹写《红楼梦》，他在《香菱学诗》中描写道：你本来呆头呆脑的，再添上这个，越发弄成个呆子了。

第二个字幅：天地心。

天地心，源于哲人孟子的民贵之说。在君主集权时代，孟子就有民本思想，他说："民为贵，社稷次之，君为轻"。后来，文人进一步发挥，提出了民心说。大诗人皮日休认为："古之取天下也，以民心。今之取天下也，以民命"。在民本、民心的基础上，北宋著名理学家张载正式提出了天地心之说。张载，字子厚，人称横渠先生，他在人世间仅仅活了五十七年（1020—1077 年）。然而，这位关学领袖为后人留下了十分珍贵的文化遗产，其中，最著名的就是他的四句惊世名言：

为天地立心，为生民立命，为往圣继绝学，为万世开太平。

"为天地立心"，通常的解读是天地没有什么心；但是，人有心，人之心，就是天地之心。也就是说，"为天地立心"，就是以拟人化的思维方法，认知大自然。这种解释，对，也不完全对。古人讲究三才合一，三才，就是天、地、人。从儒家的角度看，"天地"，就是"天地之间"的意思，包括自然、社会和个人，是一个宏观的整体概念。天地没有心？答案是否定的，天地有心。儒家经典《周易·复卦》中曾明确地提出了这一看法。易学大师张载说："天地之心，惟是生物。"从这里看，张载先生肯定了天地是有心的。既然有心，何必人来立呢？天地自然之心有，但仁义之心却没有，"为天地立心"，就是为天地之间立一套"仁、义"之心。乾隆皇帝特别喜爱这四句话，经常闲步行吟，御笔书之，悬挂于大殿、寝宫之中，日夜观摩、回味。《四库全书》之纂修成功，乾隆皇帝甚为欣慰，曾挥笔大书：

为天地立心，为生民立命，为往圣继绝学，为万世开太平！

图书在版编目（CIP）数据

心清一碗茶：皇帝品茶 / 向斯著. —— 北京：故宫出版社，
2012.9（2019.3 重印）

ISBN 978-7-5134-0273-6

Ⅰ. ①心… Ⅱ. ①向… Ⅲ. ①宫廷–茶–文化–中国
Ⅳ. ①TS971

中国版本图书馆 CIP 数据核字（2012）第 123733 号

心清一碗茶——皇帝品茶

著　　者：向　斯
责任编辑：徐　海
封扉设计：气和宇宙
出版发行：故宫出版社
　　　　　地址：北京市东城区景山前街 4 号　邮编：100009
　　　　　电话：010-85007808　010-85007816　传真：010-65129479
　　　　　网址：www.culturefc.cn　邮箱：ggcb@culturefc.cn
制　　版：保定市万方数据处理有限公司
印　　刷：保定市中画美凯印刷有限公司
开　　本：787 毫米 × 1092 毫米　1/16
印　　张：26
字　　数：375 千字
版　　次：2012 年 9 月第 1 版
　　　　　2019 年 3 月第 3 次印刷
印　　数：10001–14500 册
书　　号：ISBN 978-7-5134-0273-6
定　　价：46.00 元